Leben – Teilhaben – Altwerden

Anton Amann

Leben – Teilhaben – Altwerden

Vermutungen und Gewissheiten

Anton Amann
Universitat Wien
Wien, Österreich

ISBN 978-3-658-27229-6 ISBN 978-3-658-27230-2 (eBook)
https://doi.org/10.1007/978-3-658-27230-2

Die Deutsche Nationalbibliothek verzeichnet diese Publikation in der Deutschen Nationalbibliografie; detaillierte bibliografische Daten sind im Internet über http://dnb.d-nb.de abrufbar.

Springer VS

Springer VS ist ein Imprint der eingetragenen Gesellschaft Springer Fachmedien Wiesbaden GmbH und ist ein Teil von Springer Nature.
Die Anschrift der Gesellschaft ist: Abraham-Lincoln-Str. 46, 65189 Wiesbaden, Germany

Ich hatte mir manches zu arbeiten vorgesetzt, daraus nichts geworden ist, und manches getan, woran ich nicht gedacht hatte; das heißt also ganz eigentlich das Leben leben.

(Johann W. v. Goethe an Friedrich A. Wolf 16.12.1808)

Günter Dux
zugeeignet

Vorwort

Vermutungen (Hypothesen) sind wissenschaftlicher Art, wenn sie methodisch begründet sind, Gewissheiten sind praktischer Art, wenn sie aus der Erfahrung des Gelingens stammen. An diesen beiden Sichtweisen sind alle Überlegungen in diesem Buch ausgerichtet. Soziologisches Meinen, also Wissen, von dem vorgegeben wird, dass es soziologisch sei, aber jener eigenen soziologischen Qualität entbehrt, die Soziales aus Denken, Handeln und Sprechen hervorgehen lässt, ist unerheblich. Dieses Meinen erfasst die Sache selten, um die es geht, zielt meist treffsicher daran vorbei. Zudem gilt: Weder lässt sich das Soziale auf psychisches Geschehen reduzieren, noch erschöpft es sich in anonymen Strukturen, es sind die handelnden Menschen, die ihre eigene Welt mithilfe der vorhandenen Welt konstruktiv ständig neu und sie verändernd hervorbringen, auch wenn ihnen manchmal entgehen mag, was die Folgen ihres Tuns sein werden.

Mitten im Leben zu stehen, zusammen mit anderen mit Vertrauen in die Zukunft schauend, und am Geschehen teilzuhaben, das wünschen sich fast alle. Der digitale „openthesaurus.de" bietet dazu folgende Synonyme an: „am Leben teilhaben, (mitten) im Leben stehen, (sein) Leben gestalten, (sein) Leben in die Hand nehmen, (sein) Leben (zu) meistern (wissen), (das) Leben (zu) nehmen (wissen), lebenstüchtig (sein)"; die dazu geläufigen Assoziationen lauten: „(sich) auf die Kunst zu leben verstehen, (das) Leben zu nehmen wissen, aktiv sein, nicht nur vor dem Fernseher sitzen, (etwas) unternehmen." Wahrlich eine vielgestaltige Aufgabe. Doch, was befähigt den Menschen, am Leben teilzuhaben, welche individuellen und strukturellen Momente lassen die Teilhabe gestalten oder misslingen, und nach welchen Vorstellungen wird sie bewertet? Diese drei Fragen bergen die relevanten Landmarken für die Fahrt in ein Gebiet sehr heterogener Forschungstraditionen und an den verschiedenen möglichen Antworten wird sich erweisen, dass Teilhabe weder fraglos gegeben ist, noch im Selbstlauf zustande kommt. Von frühester Kindheit an, ja noch vor der Geburt, bereitet sie sich vor, bildet sich heran, gestaltet sich aus. Unumgänglich muss darüber Klarheit zu gewinnen getrachtet werden, was Leben meint und was Teilhabe bedeutet. Ihre Ziele, Inhalte und Gestaltungsweisen sind vielfältig und ändern sich in der Geschichte und im individuellen Lebensverlauf aus den verschiedensten Gründen, wobei Teilhabe im Alter eine eigene Spezifikation der Bedingungen bedeutet, die in den eingangs genannten drei Fragen enthalten sind.

Diese Vorgaben legen nahe, dass eine Diskussion, die voraussetzungslos an dem beginnen möchte, was der Beobachtung als Teilhabe einfach vor Augen steht, in die Irre gehen müsste. Es gibt keine Fakten, die „für sich sprechen", zu Befunden werden sie erst durch Interpretation im Rahmen verbindlicher Konzeptionen. Zumindest gilt dies aus einer erkenntniskritischen Sichtweise, wie ich sie hier verfolge. Sie ruht, wie sich später noch zeigen wird, auf der These, dass die Formen gesellschaftlichen Lebens in keiner wie immer gearteten Weise auf nicht weiter erschließbaren idealistischen Voraussetzungen oder angeborenen Verhaltensformen beruhen, sondern von den Menschen in konstruktiver Weise ständig selbst geschaffen und auch verändert werden. Begriffe wie biologisches Schicksal, bessere Rasse, außermenschliche Kräfte, anonyme Mächte oder das angeblich immer Gültige erweisen sich unter dieser Perspektive für die soziologische Analyse als wenig tauglich oder gar in der Sache absurd. Das Buch ist ein Versuch, zu einer ganzheitlichen Sichtweise des Teilhabegeschehens wesentliche Elemente beizutragen.

Teilhabe am Leben ist in ihrem unendlichen Facettenreichtum nichts anderes, als Ausdruck der Interaktionsfülle der von Menschen in ihrer Geschichte intentional-konstruktiv geschaffenen Lebensformen. Angesichts dieses Sachverhalts versuche ich, Teilhabe soziologisch-anthropologisch zu begründen, da mir die in den üblichen empirischen Erhebungen eingesetzten Konzeptualisierungen bisher eher unbefriedigend erscheinen wollen.

Anton Amann

Inhaltsverzeichnis

Teil I

Ideengeschichtliche und erkenntniskritische Annäherung

1 Leben und der handelnde Mensch

Was Leben meinen kann, ist bei aller Unübersichtlichkeit und trotz aller Widersprüche, die von bisherigen Antworten provoziert worden sind, von einer Vorstellung nicht zu trennen: Es kann nur als Ergebnis der Evolution aufgefasst werden und wenn wir – in einem engeren Verständnis – menschliches Leben in den Blick nehmen, nur als die Entstehung der Art Sapiens aus der Gattung des Homo aus der Familie der Menschenaffen. Wird die Entstehung menschlichen Lebens als evolutionäre Tatsache mit der Vorstellung sozialen Lebens gekoppelt, also der konstruktiven Hervorbringung der menschlichen Lebensformen durch die Menschen selbst (was manche kulturelle Evolution nennen), so ist einerseits der Weg eröffnet, auf dem die weiteren Erörterungen verlaufen können, aber auch die Menge aller Fallen aufgestellt, in die auf diesem Weg getappt werden kann. Denn es geht um nichts weniger als sich zu vergewissern, wie Teilhabe einerseits an die Phylogenese der Art Sapiens rückgebunden ist, andererseits aber von jedem Menschen in der Ontogenese neu erworben und praktiziert werden muss, wobei er auf Umwelt angewiesen ist. Wir werden auf diesem Weg gut bekannte Paarungen treffen wie: Selbst-Sozialisationstheorie und Gesellschaftstheorie, Instinktlehre und „Geist"-Theorien, Individualismus und Kollektivismus, Zwang und Autonomie etc. Wir werden politischen Aporien und gesellschaftlichen Illusionen begegnen, und möglicherweise erhalten wir die Chance zu lernen, dass so mancher Streit um angeblich letzte Wahrheiten ein Streit um sehr vergängliche gedankliche Konstruktionen ist, über deren relative Dauerhaftigkeit nicht nur inhaltliche Argumente, sondern auch Machtverhältnisse entscheiden können. Wissenschaftliches Wissen kommt nicht außerhalb der gesellschaftlichen Verhältnisse und unberührt von ihnen zustande. Dass Egoismus oder Kooperationswille unabweisbar angeboren seien oder Menschen mit schwarzer Hautfarbe geringere

A. Amann, *Leben – Teilhaben – Altwerden*,
https://doi.org/10.1007/978-3-658-27230-2_1

Intelligenz besäßen als jene mit weißer, sind Auffassungen, die sich unordentlicher Entstehung verdächtig machen.

Um eine Vorstellung zu gewinnen, wie die Rekonstruktion des Sozialverhaltens „Teilhabe" gedacht werden könnte, werde ich mit einem Rückblick auf einige Entwicklungen der Philosophischen Anthropologie beginnen, eine Übersicht zu den Gedanken von Günter Dux versuchen, die mir für dieses spezielle Thema unzweifelhaft als die gegenwärtig soziologisch fruchtbarsten erscheinen, und schließlich zu argumentieren suchen, weshalb der Bezug der Teilhabe zur Evolution gerechtfertigt ist. Die darauf folgenden Analysen und Ergebnisberichte sind historisch-konkreter und empirisch-analytischer Art und stellen den im engeren Sinn sozialgerontologischen Teil dar. Die Gesamtheit der empirischen Forschungsergebnisse ist mit Absicht sehr reichhaltig angelegt, um zwischen verbreiteten Meinungen und wissenschaftlichen Erkenntnissen besser unterscheiden zu können.

1.1 Ideenreservoir der Philosophischen Anthropologie[1]

Hier etwas ausführlicher auf Traditionen der Philosophischen Anthropologie einzugehen, hat zum einen den Grund, die noch immer höchst wirksamen Vorstellungen und Ideen aufzuspüren, welche bis heute das Denken über die Teilhabe am Leben und die Herausbildung von deren kulturellen Grundlagen mit beeinflussen, explizit oder auch unausgesprochen (vgl. z. B. Blumenberg 1979; Bayertz 2012; Fagan 2012; Gronau 2016; Eilenberger 2018, S. 151). Sie tauchen in manchmal leicht, manchmal schwer erkennbarer Form in soziologischen und psychologischen Theorien auf, auch in historisch ausgerichteten Darstellungen (vgl. MacGregor 2017), sie sind fester Bestandteil philosophischer und politikwissenschaftlicher Diskurse und sie bestimmen in erheblichem Maße das Menschenbild, das z. B. hinter ideologisch-politischen Konzeptionen steht. Ein weiterer und noch wichtigerer Grund liegt darin, Überlegungen von Günter Dux

[1]Die in diesem Kapitel versammelten Autoren habe ich ausgewählt, weil sie nach meinem Dafürhalten zu jenen gehören, die (neben anderen wie Immanuel Kant und Wilhelm v. Humboldt oder Gottfried W. Leibniz und Friedrich W. Schelling sowie Friedrich Nietzsche) am deutlichsten das Ideenreservoir repräsentieren, das zur Frage der Stellung des Menschen in der Welt über 200 Jahre das Denken in Europa beeinflusste, ehe dieses ab den 1970er Jahren durch neue Erkenntnisse der Paläontologie, der Archäologie, der Gehirnforschung und der Evolutionsbiologie entscheidende Wendungen erfuhr.

darzustellen, aus denen er in klarer Absetzbewegung zu älteren Auffassungen seine „Historisch-genetische Theorie der Kultur“ entwickelt hat, die ihrerseits wieder nützlichen Gebrauch für die Bestimmung von Teilhabe gestattet, wie ich sie verstehe. Diese Verbindung erlaubt eine entschiedene Tieferlegung des Teilhabegedankens als sie bisher in der Sozialforschung gepflogen worden ist. Das Konzept der Einbindung/Entbindung (siehe die weitere Diskussion) lässt sich direkt an die konstruktive Entwicklung der Lebensformen durch den Menschen anschließen. Max Scheler hat darauf hingewiesen, dass in diesem Ideen-Zusammenhang meist drei Denktraditionen als Quellen möglicher Antworten eine Rolle spielen. Die jüdisch-christliche Tradition mit Schöpfung, Paradies und Sündenfall; die griechisch-antike Tradition, die den Menschen als Vernunftwesen (λόγος: Vernunft; φρόνησις: Klugheit) festlegt; schließlich die Tradition moderner Naturwissenschaften und der genetischen Psychologie, die den Menschen als spätes Ergebnis der Evolution verstehen (Scheler 1988, S. 9). Nachdem vor allem die Theorie des „Mängelwesens“ aus den beiden letztgenannten Traditionen Anstöße bezogen hat, eine Theorie, die heute noch hin und wieder Befürwortung findet, ist auf einen frühen Bezugspunkt zurückzugreifen: Johann G. Herder.

1.1.1 Johann G. Herder: Der große Vorläufer

28 Jahre vor Georg W. F. Hegel, der im christlichen Bewusstsein den Grundstein der abendländischen Kultur sah, starb Johann G. Herder (1744–1803), der, neben vielem anderen, das er an Bewundernswertem der Nachwelt hinterließ, die Grundlage zu einem neuen anthropologisch begründeten Menschenbild legte, das in seinem Kern heute noch Interesse beanspruchen kann. Neben Michel de Montaigne, Giambattista Vico und Jean-Jacques Rousseau gilt er als ein Vorläufer der Kulturphilosophie. Die Kulturkonzeptionen Max Schelers und Arnold Gehlens knüpfen unmittelbar an Johann G. Herder an, selbst jene Helmuth Plessners ist noch in loser Verbindung zu ihm zu sehen. Es ist bei Johann G. Herder die Darlegung vom Gedanken einer Philosophischen Anthropologie getragen, die den natur- und geschichtsphilosophischen Blick auf die empirischen Ergebnisse der Einzelwissenschaften richtet. In manchmal fast poetischer Sprache resümiert er das Wissen der damaligen Zeit in einer klar zusammenfassenden Betrachtung. „Ich wage es, da ich kein Zergliederer bin, den Wahrnehmungen großer Zergliederer in ein Paar Beispielen zu folgen“ (Herder 1784, S. 75)[2], er versucht,

[2]Die ursprüngliche Rechtschreibung wurde beibehalten.

Erkenntnisse der Einzelwissenschaften seiner Leitidee einer Philosophie der Geschichte der Menschheit zu integrieren.

Einen ersten Ansatz findet er in der Differenz Mensch/Tier, die schon bei Aristoteles angelegt war, bis heute eine wesentliche Rolle spielt und erst vereinzelt als überwindungswürdig angesehen wird.[3] Johann G. Herder beobachtet den Menschen also im Vergleich zum Tier, in Hinsicht auf seine Fähigkeiten und Anlagen, und kommt zu dem Schluss: „… dass der Mensch ein Mittelgeschöpf unter den Thieren, d. i. die ausgearbeitete Form sei, in der sich die Züge aller Gattungen um ihn her im feinsten Inbegriff sammeln" (Herder 1784, S. 59). Dem Menschen seien die Triebe nicht geraubt, sondern unterdrückt und „unter die Herrschaft der Nerven und der feineren Sinne geordnet". Damit ist zugleich der Gedanke der Entwicklung verknüpft: „Das menschliche Kind kommt schwächer auf die Welt als keins der Thiere; offenbar weil es zu einer Proportion gebildet ist, die im Mutterleibe nicht ausgebildet werden konnte (…). Der Mensch allein bleibt lange schwach (…) er mußte (…) schwach auf die Welt kommen, um Vernunft zu lernen" (Herder 1784, S. 114 und 115).

Dieser Gedanke der zu frühen Geburt wird bei Adolf Portmann in den Begriffen „habituelle Frühgeburt" und „extrauterines Frühjahr" wiederkehren (Portmann 1969) und er spielt für die Argumentation der Ontogenese des Menschen auch heute eine zentrale Rolle. Der des Lernens fähige Mensch müsse lernen, weil er weniger von Natur aus könne; durch Verfeinerung und Verteilung seiner Kräfte habe er neue wirksame Mittel, mehrere und feinere Werkzeuge erhalten – was ihm an Intensität des Triebes abgehe, habe er durch „Ausbreitung und feinere Zusammenstimmung" ersetzt bekommen. Das Tier ist in eine enge eigene Welt hineingeboren, in der es gefangen bleibt, sich allerdings dort, aufgrund der Gebundenheit an diese eine Welt, nur umso sicherer und kunstvoller

[3]Inzwischen wird allerdings die Mensch/Tier Differenz längst nicht mehr so heftig vertreten wie einst: Tiere sind wahrscheinlich zumindest in Ansätzen zum symbolischen Gebrauch von Sprache fähig (z. B. Spiegel.de); Tiere sind wahrscheinlich zu komplexeren Denkoperationen fähig (z. B. Spiegel.de); manche Tiere verfügen über die Fähigkeit zur Selbstreflexion (Spiegel-Test); manche Tiere sind fähig, erworbenes Wissen an ihre eigenen Nachkommen weiterzugeben, sodass auch Tiere Kulturen im weitesten Sinn entwickeln. Berühmt geworden sind z. B. die badenden Schneeaffen in Japan; manche Tiere entwickeln offenbar einfache Vorstellungen von Gerechtigkeit und Ungerechtigkeit und Fairness (Forschungen von Sarah Brosnan und Frans de Waal mit Kapuzineräffchen; auch auf Youtube). Alle Angaben nach: https://www.brgdomath.com/philosophie/anthropologie-tk11/mensch-und-oder-tier. (abgefragt am 04.07.2018).

bewegt: „Der Kaiman und der Kolibri, der Kondor und die Pipa, was haben sie miteinander gemein? und jedes ist für sein Element organisiert, jedes lebt und webt in seinem Elemente (…) jedes Geschöpf hat also seine eigne, eine neue Welt“ (Herder 1784, S. 70).[4]

Der Mensch hingegen hat keine so enge und begrenzte Welt. Seine Sinne sind offen, seine Organisation ist unspezialisiert. Er ist schwächer als jedes Tier, dafür aber „zu feineren Sinnen, zur Kunst und zur Sprache organisiert.“ „Man spricht sichs einander nach, daß der Mensch ohne Instinkt sei, und daß dieß instinktlose Wesen den Charakter seines Geschlechts ausmache; er hat alle Instinkte, die ein Erdenthier um ihn besitzet; nur er hat sie alle seiner Organisation nach zu einem feinern Verhältnis gemildert“ (Herder 1784, S. 113).

Stattdessen ist dem Menschen die Vernunft eigen; jedoch nicht als Instinktersatz, als Vermögen, das er einfach hat: „Theoretisch und praktisch ist Vernunft Nichts als etwas Vernommenes, eine gelernte Proportion und Richtung der Ideen und Kräfte, zu welcher der Mensch nach seiner Organisation und Lebensweise gebildet worden“ (Herder 1874, S. 115). Mithin ist der Mensch nach Johann G. Herder auch zur Freiheit organisiert; einer Freiheit, die ihn nötigt und es ihm zugleich ermöglicht, „aus der Mitte seiner Mängel entstehenden Ersatz“ zu finden. „Das Thier ist nur ein gebückter Sklave“, der „Mensch ist der erste Freigelassene der Schöpfung: er stehet aufrecht“. Mit hohem Haupt aufgerichtet weit umherzuschauen (ἄνθρωπος), und damit auch vieles dunkel und falsch zu sehen, sei ihm eigen; in dieser Idee liegt die ganze Zwiespältigkeit des Menschen: Zwar ist er „Freigelassener“ im Sinne des Befreitseins aus einer engen, instinktförmigen Welt, doch eben diese Freiheit macht seine Existenz unsicher, und was das Tier an Anlagen immer schon hat, um in der ihm gemäßen Welt zu überdauern, muss der Mensch als Vernunft,[5] ausgesetzt dem Scheitern, immer erst erwerben. „So ist der Mensch im Irrthum und in der Wahrheit, im Fallen und Wiederaufstehen Mensch, zwar ein schwaches Kind, aber doch ein Freigeborner“ (Herder 1784, S. 117).

In diesen Überlegungen sind buchstäblich alle großen Motive künftiger Philosophischer Anthropologie bereits enthalten: die Instinktschwäche des Menschen

---

[4]Die im Test vorkommenden Unterstreichungen finden sich so in den Originaltexten.

[5]Selbstverständlich ist dieser Gedanke nicht neu. Schon Blaise Pascal sprach folgendermaßen: „Der Mensch ist nur ein Schilfrohr, das schwächste der Natur; aber er ist ein denkendes Schilfrohr“ (Pascal o. J., S. 61). Wesentlich soziologischer sah David Hume den Sachverhalt, der annahm, dass der Mensch seine Schwäche „durch Vergesellschaftung“ überwinde („Treatise on Human Understanding“, vgl. Streminger 1994, S. 219).

im Vergleich zum Tier; die organische Unspezialisiertheit; die bedürftige Existenz in einer offenen Welt; die Notwendigkeit zu lernen von Kind auf (Arbeit, die zu Existenzbedingung und sittlicher Pflicht bei ihm wird, und die später und nicht mehr idealistisch verstanden, als Notwendigkeit der Reproduktion gedeutet werden sollte); die zu frühe Geburt und die Rolle der Sprache; schließlich der gesellschaftliche Charakter der Tätigkeit, in der der Mensch den Menschen schafft. Die Sprache fungiert als eine primäre Erkenntnisquelle und bereits in der Wahrnehmung werde der Mensch „metaschematisiert", womit er eine Einsicht der Gestaltpsychologie und eine vorläufige Kategorie Jean Piagets vorwegnahm. Auch die gegenwärtige „pädagogische Anthropologie" kennt diese Ideenhintergründe. Überdies ist Johann G. Herders von der Akademie der Wissenschaften zu Berlin im Jahr 1770 gekrönte Preisschrift „Abhandlung über den Ursprung der Sprache" eine Fundgrube an Ideen, die von Späteren weidlich ausgeschlachtet worden ist (ähnlich wie dann die Schriften Georg Simmels), in ihr wird seine Idee der Menschheitsgeschichte als vernunftgeleitete Fortsetzung der Naturgeschichte ausformuliert. Zwei Einsichten sind festzuhalten. Was als Mängel am Menschen (im Vergleich zu den Tieren), als Defizit einer Spezialisierung aufscheint, wird von Johann G. Herder nicht als plattes Faktum erledigt, es verwandelt sich durch seine Negation in eine neue Qualität, in die Bestimmtheit des Menschen zur Vernunft. Einzig auf der Mängelidee zu beharren hieße, ihn grob misszuverstehen. Der zweite Gedanke, er kann nicht deutlich genug hervorgehoben werden, betont das Verwiesensein der Menschen aufeinander als Prinzip zur Geschichte der Menschheit, das er so beschrieb: „So gern der Mensch Alles aus sich selbst hervorzubringen wähnet, so sehr hanget er doch in der Entwicklung seiner Fähigkeiten von Andern ab" (Herder 1784, S. 264). Ich werde diese Bindung an den anderen in der Ontogenese später ausführlich behandeln. Einige der genannten Motive werden in geradezu auffälliger Form in Arnold Gehlens Anthropologie wiederkehren, aber auch bei Max Scheler.

1.1.2 Max Scheler: „Die Stellung des Menschen im Kosmos"

Vielen gilt Max Scheler (1874–1928) als der eigentliche Begründer der Philosophischen Anthropologie. Jedenfalls ist aber schon an ihm als Beispiel demonstrierbar, dass die Philosophische Anthropologie als eine Wissenschaft aufgefasst wird, die, im Zuge des neuzeitlichen Denkens, desto intensiver nach der „Natur des Menschen" zu fragen begann, je weniger klar die neuzeitlichen Wissenschaften die „Rolle des Menschen" in der Gesellschaft erfassen konnten. Es war denn wohl in diesem Sinne, dass Max Schelers Abhandlung über die „Stellung des Menschen im Kosmos" (1928/1988) und sein Aufsatz „Mensch und Geschichte" (1929) dem zeitgenössischen Denken das Ziel einer Betrachtung des Menschen zu Bewusstsein brachten, die sich von einer nur naturwissenschaftlichen oder nur historischen unterscheidet und eine Anthropologie im philosophischen Sinn sein kann. Nach der Jahrhundertwende waren die Einzelwissenschaften weit genug fortgeschritten, dass Max Scheler einige der genannten Motive unter geänderter Perspektive wieder aufgreifen konnte.

Nach ihm nimmt der Mensch in der Welt inmitten aller Lebewesen eine Sonderstellung ein, die er als „Weltoffenheit" kennzeichnet. In einem Akt der Distanzierung macht der Mensch die „Umwelt" zur „Welt", dieser Gedanke gipfelt bei Arnold Gehlen und auch später noch im Begriff des „Hiatus". Im Gegensatz zu einem artspezifischen und gewissermaßen unzerbrechlichen Umweltgehäuse, in dem die Tiere leben, organisiert entlang der Entsprechung einiger weniger Signale und der ihnen entsprechenden, instinktiven Reaktionsschemata, bewegt der Mensch sich umweltfrei. Der Mensch kann sich vom Trieb- und Instinktdiktat lösen, er kann das unmittelbar Nächste, Dringlichste, das unmittelbar Lebensrelevante übersteigen: er „transzendiert". Insofern nennt Max Scheler den Menschen auch einen Neinsagenkönner, einen Asketen des Lebens (Scheler 1988, S. 55). (In der psychoanalytischen Theorie begegnet dieser Gedanke in der Figur des Triebbefriedigungsaufschubes und der kulturerzeugenden Wirkung der Sublimierung. Sigmund Freud: „Jenseits des Lustprinzips"). Als Grundlage dieses „konstitutionellen Neins zum Triebe" führt Max Scheler – den „Geist" ein.

Dieser Geist ist eine metaphysische Konstruktion, er allein koordiniert, lenkt Impulse – nicht unähnlich der David Hume'schen Seele. Zwar bezieht der Geist alle Kraft und Tätigkeit vom Lebensdrang, doch er allein kann diese Impulse lenken; den blinden und leeren Trieben gibt er Ideen und Ziele vor, damit diese verwirklicht werden. Geschichtlich gesehen waren der Geist ursprünglich ohnmächtig und der Drang blind; durch die ständige gegenseitige Durchdringung kommt es aber zu einer Vergeistigung des Lebensdrangs und zur Verlebendigung des Geistes. Der reine Geist (reine Gottheit) wird von Max Scheler in der Kontur des Weltgeschichtsprozesses auf dem Weg zu seiner Verwirklichung gesehen (unübersehbar ist hier die Nähe zu Georg W. F. Hegel).

> „Auf alle Fälle ist der Mensch - im Verhältnis zum Tiere, dessen Dasein das verkörperte Philisterium ist - der ewige 'Faust', die bestia cupidissima rerum novarum, nie sich beruhigend mit der ihn umringenden Wirklichkeit, immer begierig, die Schranken seines Jetzt-Hier-So-Seins zu durchbrechen, immer strebend, die

> Wirklichkeit, die ihn umgibt, zu transzendieren - darunter auch seine eigene jeweilige Selbstwirklichkeit. In diesem Sinne sieht auch Sigmund Freud im Menschen den 'Triebverdränger'. Und nur weil er das ist, - durch dieses nicht gelegentliche, sondern konstitutionelle 'Nein' zum Triebe - kann der Mensch seine Wahrnehmungswelt durch ein ideelles Gedankenreich überbauen, andererseits eben hierdurch seinem ihm einwohnenden Geiste die in den verdrängten Trieben schlummernde Energie steigend zuführen. D. h. der Mensch kann seine Triebenergie zu geistiger Tätigkeit 'sublimieren'" (Scheler 1988, S. 56).

So sehr nun Max Scheler durch diese metaphysische Begründung der Sonderstellung des Menschen fast hinter Johann G. Herder zurückzufallen scheint, hat er doch andererseits das Motiv der Weltoffenheit und der Umwelt-Welt Distanz, gestützt auf die Untersuchungen Jakob v. Uexkülls (1864–1944), empirisch argumentiert. Zwar ist damit noch längst keine Grundlage für eine Subjekt-Gesellschaft Theorie geschaffen, sie scheint eher unterlaufen worden zu sein, doch die Frage nach der Begründbarkeit einer Sonderstellung des Menschen in der Welt war trotzdem weitergetrieben – und wenn es durch eine Art negativer Definition geschehen war: Wenn der Geist nicht als deus ex machina in einer biologisch verzweifelten Situation als Substitut für Organmängel aufgefasst werden kann – was ist es dann, wonach die Philosophische Anthropologie auf der Suche ist? Ein Stück einer weiteren Antwort lieferte Helmuth Plessner.

1.1.3 Helmuth Plessner: „Die Stufen des Organischen und der Mensch"

Das Buch mit dem gleichnamigen Titel ist im selben Jahr erschienen wie Max Schelers „Mensch im Kosmos"; es löst die Anthropologie aus ihrer metaphysischen Verschränkung, zugleich aber auch aus der idealistischen Philosophie, die Johann G. Herder kennzeichnete. Es gilt nicht mehr das christliche Leib-Seele Schema, auch nicht das cartesianische von Körper und Geist – die Anthropologie wird zweifach neutral, wie Jürgen Habermas dies genannt hat: Sie wird neutral gegenüber dem alten aristotelischen Gedanken einer Stufenorganisation des Lebendigen in dem Sinn, dass die niedrigere Stufenform durch die jeweils nächst höhere überlagert werde; sie wird aber auch neutral gegenüber einem jüdisch-christlich bestimmten psycho-physischen Dualismus.

Pflanzen, Tiere, Menschen werden nun im Verhältnis zu ihrer „Sphäre", zu ihrem Umfeld, ihrer Umwelt und Welt analysiert; das Verhältnis, in dem Leib und Umwelt zueinander stehen, die Positionsform, wird zum Ausgangspunkt der Anthropologie. Diese Position wird von Helmuth Plessner nicht auf einfache

Weise gewonnen. Vielfach bewegt sich die Argumentation auf den Abstraktionshöhen einer als Philosophische Anthropologie konstituierten Hermeneutik, die ihrerseits, unter Rückbindung an die modernen Naturwissenschaften, als Naturphilosophie bzw. Phänomenologie durchgeführt wird. Nie schreibt er konkret und faktengesättigt, mit Konzessionen an das gewöhnliche Denken. Das mag mit dazu beigetragen haben, dass Helmuth Plessners Konzeption ungebührlich wenig rezipiert und verarbeitet wurde, und dass speziell SoziologInnen seine Gedankenfülle zum Thema des Verhältnisses zwischen Mensch und Umwelt, Innen und Außen, nur selten aufgenommen haben (vgl. auch Plessner 1985, X: 321 ff.). Ausgehend von der cartesianischen Teilung in res extensa (messbare äußere Welt/ Körper) und res cogitans (Innerlichkeit – Denken, Fühlen, Wollen/Seele) versucht er, das Verhältnis zwischen Ding und Umgebung neu zu bestimmen; zum Leitgedanken wird der Begriff der „Grenze“, weil „das Phänomen der Lebendigkeit nur auf dem besonderen Verhältnis eines Körpers zu seiner Grenze beruht.“ Der besondere Gedanke, den Helmuth Plessner herausarbeitet, lässt sich grob folgendermaßen benennen: In der sinnlichen Wahrnehmung, die wir von gegenständlichen Erscheinungen haben, ist Grenze Formgrenze als Gestalt und Kontur; darüber hinaus ist Grenze aber auch Aspektgrenze in dem Sinne, ob sie einen Körper begrenzt oder zwischen ihm und seinem Umfeld einen Übergang darstellt. Wenn Leben also wirklich auf einem „hauthaften“ Verhältnis des Körpers zu seiner Grenze, der Masse eines Dinges zu seiner Form, der Materie zur Gestalt, der „Ausfüllung“ zu ihren „Rändern“ beruht, so wird der Unterschied zwischen organischen und anorganischen Körpern „phänomenal faßbar sein und mit den empirischen Unterschieden nicht zusammenfallen“ (Plessner 1975, S. 123). Der unbelebte Körper „ist, soweit er reicht - wo und wann er zu Ende ist, hört auch sein Sein auf.“ Anders beim lebendigen Körper. Seine Grenzen schließen ihn nicht nur ein, sondern ebenso sehr dem Medium gegenüber auf (mit ihm in Verbindung setzen), und insofern ist er „über ihm hinaus“. Grenze ist ein zweifacher Übergang.

Was heißt eigentlich, „ein Körper ist über ihm hinaus, wenn er meßbar dort und dort zu Ende ist, oder er ist ihm entgegen, wenn er nachweisbar bis zu seinen Grenzkonturen, bis an den Rand vor gediegenem Sein strotzt“? (Plessner 1975, S. 128). Ein Lebewesen erscheint gegen seine Umgebung gestellt. Von ihm aus geht die Beziehung auf das Feld, in dem es ist, und im Gegensinne die Beziehung zu ihm zurück: Doppelaspektivität. Der unbelebte Körper ist von dieser Komplikation frei. Er bricht an seiner Grenze = Begrenzung ab. „In seiner Lebendigkeit unterscheidet sich also der organische Körper vom anorganischen durch seinen positionalen Charakter oder seine Positionalität (...). Als Träger der Grenze zugleich Zwischen und Überbrückung des Zwischen trennt er die Fremdzone von der Eigenzone, um darin beide Zonen miteinander zu verbinden“ (Plessner 1975, S. 196). Die Eigenzone „zerfällt in ihr selbst“, wie Helmuth Plessner das nennt, sie kann nicht unabhängige Identität sein, sie muss vermittelte werden; nur dadurch hält sie die Verbindung mit der Fremdzone aufrecht. Im Zusammenhang mit dem obigen Zitat über Aufbau und Abbau ist damit der wesentliche Zug gekennzeichnet: die „Doppelsinnigkeit der autonomen Selbstveränderung“ (meine Hervorhebung).

Die Selbsterhaltung des lebendigen Individuums beruht also auf einem Antagonismus zwischen assimilatorischen und dissimilatorischen Prozessen, fällt demnach mit keinem der beiden zusammen (geradezu frappierend ist die Ähnlichkeit zwischen diesem Gedanken Helmuth Plessners und der Konzeption Jean Piagets der biologisch-kognitiven Adaptation).

Mit dieser Denkfigur liefert Helmuth Plessner ein in der Philosophischen Anthropologie begründbares Fundament für das, was in der Soziologie das Vermittlungsverhältnis zwischen dem Objektiven und dem Subjektiven heißt. Würde sich ein Organismus zu seiner Umgebung wie irgendein Körper verhalten, so müssten die Relationen zwischen ihm und dem Medium umkehrbar gegensinnig laufen. Er stände mit allem und alles stände mit ihm in einer Wechselwirkung. Das Maximum an Lebensfähigkeit fiele mit einem Maximum an Eingepasstheit zusammen, „eingefügt wie der Metallkern in die Gußform“. Dass eine solche Auffassung des Verhältnisses zwischen Organismus und Umgebung nicht haltbar ist, zeigen die vielen Unstimmigkeiten in der Natur. Der Organismus wäre ein Spielball der Kräfte, und Leben bestünde im ununterbrochenen Streben nach Anpassung zur Verringerung von Störungen. Es geht aber um eigeninitiative Aneignung und Veränderung.

„Sowohl die Lehre von der ausschließlichen Angepaßtheit (Eingepaßtheit) wie die von der ausschließlichen Anpassung übersehen, daß das Leben wesentlich beides ist (…) weil sie das Verhältnis von Lebensträger und Medium umkehrbar gegensinnig als einfache physische Relation zwischen Dingen in Raum und Zeit, nicht aber (…) als nichtumkehrbare gegensinnige Relation fassen“ (Plessner 1975, S. 202). Was ist also dann die Grundlage der „Doppelsinnigkeit autonomer Selbstveränderung“? Der Organismus harmoniert in Stoff und Gestalt in gewissen Grenzen mit dem Medium, ohne dass er durch diese Harmonie eine absolute Bindung einginge; er muss ins Medium passen und zugleich Spielraum haben. Anders ausgedrückt: Er zählt zum Inhalt des Positionsfeldes und ist in ihm zugleich immer Mitte und Peripherie.

Angepasstheit und Anpassung sind in jedem lebendigen Akt zugleich verwirklicht. „Es handelt sich, wie man sieht, um den Pendantfall zum Gesetz von Assimilation und Dissimilation. Dort überbrückt das Lebewesen den wesensmäßigen Abgrund zwischen ihm und den anderen Dingen, indem es den Grenzantagonismus sozusagen nach innen in seine eigene zentrale Seinsfülle verlegt und mit dem Antagonismus der Kreisprozesse von Aufbau und Abbau seine Grenzen für das Einströmen und Ausströmen der Stoffe, Energien, für seine Eingliederung also in den Zusammenhang der Dinge öffnet" (Plessner 1975, S. 204). Anpassung und Angepasstheit als in jedem lebendigen Akt zugleich verwirklicht deuten auf ein weiteres Problem: die Organisationsform des Verhältnisses zwischen Organismus und Positionsfeld. „Für das lebendige Ding besteht hier ein radikaler Konflikt zwischen dem Zwang zur Abgeschlossenheit als physischer Körper und dem Zwang zur Aufgeschlossenheit als Organismus" (Plessner 1975, S. 218).

Weil ihm die Natürlichkeit der Tiere unerreichbar ist, verstellt durch die Exzentrizität, ist er von Natur in seiner Existenzform künstlich. Der Mensch lebt nur, indem er ein Leben führt. Hier zieht sich ein Gedanke von Johann G. Herder und Johann G. Fichte bis zu Helmuth Plessner und Arnold Gehlen. Exzentrische Lebensform und Ergänzungsbedürftigkeit bilden also nach Helmuth Plessner ein und denselben Tatbestand – darin liegt das Movens für alle spezifisch menschliche Tätigkeit, „der letzte Grund für das Werkzeug und dasjenige, dem es dient: die Kultur" (311).

Diese etwas längere Darstellung der Plessner´schen Überlegungen war mir aus zwei Gründen wichtig: Zum einen bergen sie einen fruchtbaren Ansatzpunkt für eine Individuum-Umwelt Theorie, deren Fundament mit dem Erwerb von Handlungskompetenz, Denken und Sprache (siehe weiter unten) auf eine biologisch-anthropologische Ebene gelegt wird und sie dadurch weitgehend vor metaphysischen Begründungen bewahrt, und außerdem lässt sie die Begründung einer Gesellschaftstheorie als Kulturtheorie denken; zum anderen lassen sich von dieser biologisch-anthropologischen Ebene aus eine ganze Reihe anderer Konzepte, die ihrerseits für Subjekt-Gesellschaftstheorien verwendet werden, kritisch betrachten (Triebverdrängungsmodell, Triebrepressionsmodell, Mängelwesenmodell etc.). Allerdings ist der Tatsache Rechnung zu tragen, dass die phänomenale Bestimmung der Begrifflichkeit – vor allem der exzentrischen Positionalität – sich nicht ohne methodologische Schwierigkeiten aus der Phänomenologie hinausführen und in eine evolutive Perspektive einbringen oder übersetzen lässt (vgl. Dux 2017, S. 74). Helmuth Plessner weist dem Wissen eine zentrale Position beim Menschen zu, aus der ersichtlich wird, dass sie nicht angeboren ist, auch nicht mit seinem geistigen Dasein vorgegeben (hier leuchtet wieder Johann G. Herder herein), sondern mit der anthropologischen Konstellation (siehe weiter unten bei Günter Dux) und der aus ihr hervorgegangenen Handlungskompetenz verbunden ist. Für die Frage der Teilhabe, die uns noch ausführlich beschäftigen wird, sei hier schon angemerkt: – die evolutive Perspektive – dass der Erwerb der Handlungskompetenz zwar in der frühen Ontogenese der nachfolgenden Gattungsmitglieder erfolgt, aber nicht möglich gewesen wäre, wenn sich nicht in der Ontogenese Bedingungen der Interaktion und Kommunikation mit den sozialen anderen aufgetan hätten (Dux 2017, S. 78). Auch an den methodologisch anders gelagerten Überlegungen Arnold Gehlens kann das deutlich werden.

1.1.4 Arnold Gehlen: Mängelwesen und Institutionenlehre

Dass es weder in Hinkunft mehr nötig sein wird, vom Menschen als einem von Gott geschaffenen Geist-Geschöpf zu sprechen, noch vom Menschen als vom „arrivierten Affen", der sich von den Anthropoiden wesentlich nur durch seine spezifische Intelligenz unterscheidet, hat Arnold Gehlen mit seinem 1940 erstmals erschienenen Buch: „Der Mensch: Seine Natur und seine Stellung in der Welt", nachzuweisen unternommen. Für die dritte Auflage hat der Autor dann den letzten Teil des Buches der Erstausgabe stark überarbeitet, um es von ordnungspolitischen Vorstellungen einer konservativen Stabilisierungstheorie zu befreien, die den nationalsozialistischen Werten und Tugenden sehr entgegengekommen waren. Trotz dieses Ballastes ist aber Arnold Gehlens Werk für viele, auch kritische und linke Autoren und Autorinnen, Anlass zu subtiler Auseinandersetzung geworden (vgl. Rehberg 1986).

Das alte Herder'sche Thema, wie der Mensch „aus der Mitte seiner Mängel" sein Leben führen lernt, wird bei Arnold Gehlen ins Zentrum einer biologisch-anthropologischen Analyse gerückt. Die Perspektive ist eine vergleichende zwischen Tier und Mensch, das Erkenntnisprinzip ein durchlaufendes Strukturgesetz, „das alle menschlichen Funktionen von den leiblichen bis zu den geistigen beherrscht." Dieses Strukturgesetz wird sichtbar in der Bestimmung des Menschen zur Handlung, in der Bestimmung des „Menschen als eines stellungnehmenden, nicht festgestellten, verfügenden (auch über sich verfügenden) Wesens", erzwungen aus seiner physischen Organisation – oder, wie Arnold Gehlen es in einer Frage fasst: „Wie kann ein so schutzloses, bedürftiges, ein so exponiertes Wesen sich überhaupt am Leben erhalten?" (Gehlen 1986a, S. 19). Die Antwort ergibt sich aus der Matrix: Tier – Umwelt/Mensch – Welt. Die „exponierte und riskierte Konstitution" geht aus dieser Matrix hervor:

> „Die 'Umwelt' der meisten Tiere, und gerade der höheren Säuger ist das nicht auswechselbare Milieu, an das der spezialisierte Organbau des Tieres angepaßt ist, innerhalb dessen wieder die ebenso artspezifischen, angeborenen

> Instinktbewegungen arbeiten. Spezialisierter Organbau und Umwelt sind also Begriffe, die sich gegenseitig voraussetzen. Wenn nun der Mensch Welt hat, nämlich eine deutliche Nichteingegrenztheit des Wahrnehmbaren auf die Bedingungen des biologischen Sichhaltens, so bedeutet auch dies zunächst eine negative Tatsache. Der Mensch ist weltoffen heißt: er entbehrt der tierischen Einpassung in ein Ausschnitt-Milieu. Die ungemeine Reiz- oder Eindrucksoffenheit gegenüber Wahrnehmungen, die keine angeborene Signalfunktion haben, stellt zweifellos eine erhebliche Belastung dar, die in sehr besonderen Akten bewältigt werden muß. Die physische Unspezialisiertheit des Menschen, seine organische Mittellosigkeit sowie der erstaunliche Mangel an echten Instinkten bilden also unter sich einen Zusammenhang, zu dem die 'Weltoffenheit' (Max Scheler) oder, was dasselbe ist, die Umweltenthebung, den Gegenbegriff bilden" (Gehlen 1986a, S. 35).

Woher aber rühren Unspezialisiertheit, organische Mittellosigkeit und der Mangel an Instinkten? Morphologisch gesehen ist der Mensch im Gegensatz zu allen höheren Säugern in erster Linie durch Mängel bestimmt; im exakt biologischen Sinn sind es „Unangepaßtheiten", „Unspezialisiertheiten", „Primitivismen". Das Haarkleid fehlt und damit der natürliche Witterungsschutz; es fehlen die natürlichen Angriffsorgane, die zur Flucht geeignete Körperbildung; der Mensch hat im Vergleich zu nahezu allen Tieren schwächere Sinne und einen „geradezu lebensgefährlichen Mangel an echten Instinkten" (Gehlen 1986a, S. 33) – was darüber hinaus aber einen geradezu ungeheuren, konsequenzenreichen Unterschied darstellt: Er ist eine Art „physiologischer Frühgeburt", ein „sekundärer Nesthocker", der „einzige Fall dieser Kategorie unter den Wirbeltieren" (vgl. auch Portmann 1969). Während also die Unspezialisiertheit bedeutet, dass innerhalb natürlicher, urwüchsiger Bedingungen der Mensch als bodenlebend inmitten der gewandtesten Fluchttiere und der gefährlichsten Raubtiere schon längst ausgerottet (Gehlen 1986a, S. 33) wäre, heißt das fundamental bedeutsame „extrauterine Frühjahr" folgendes: In ihm müssen Reifungsprozesse kombiniert werden, die als solche bereits im Mutterleib gefördert wurden, nun aber, ob der zu frühen Geburt, mit den einschränkenden Erlebnissen unzählbarer Reizquellen und deren Verarbeitung, wie die Erwerbung der aufrechten Haltung, des Bewegungsrepertoires und der Sprache, erst fortschreiten – so dass „eine Reihe ontogenetischer Eigenheiten, so die Dauer der Schwangerschaft, die frühe Massenentwicklung unseres Leibes, der Ausbildungsgrad bei der Geburt nur im Zusammenhang mit der Bildungsweise unseres Sozialverhaltens sinnvoll verstanden werden können" (vgl. auch Portmann 1969). Dieser Entwurf eines organisch mangelhaften, deswegen weltoffenen, d. h. in keinem bestimmten Ausschnittmilieu natürlich lebensfähigen Wesens, hat zwei spezifische Implikationen: Zum einen ist dem Menschen um den Preis des Untergangs der Gattung die Aufgabe gestellt, die Mittel für sein Überleben durch eigentätiges Handeln und zweckdienliche Umgestaltung der natürlichen Welt überhaupt erst hervorzubringen; zum andern ist der Mensch in seinen affektiven und kognitiven Abläufen nicht für feste Reiz-Instinktschemata angelegt. Seine Antriebe sind aufgrund der „Plastizität" des Menschen vielseitig bindbar, seine Welt ist nicht ausschnitthafte Umwelt, sondern „offen". Daraus ergibt sich eine schwerwiegende Konsequenz: Die Weltoffenheit des Menschen ist für ihn eine Belastung. Allerdings: „Der Grundgedanke ist der, daß die sämtlichen 'Mängel' der menschlichen Konstitution, welche unter natürlichen, sozusagen tierischen Bedingungen eine höchste Belastung seiner Lebensfähigkeit darstellen, vom Menschen selbsttätig und handelnd gerade zu Mitteln seiner Existenz gemacht werden, worin die Bestimmung des Menschen zur Handlung und seine unvergleichliche Sonderstellung zuletzt beruhen" (Gehlen 1986a, S. 37).

Eine Aufgabe physischer und lebenswichtiger Dringlichkeit ist also für den Menschen die Entlastung: Die Mängelbedingungen seiner Existenz eigentätig in Chancen seiner Lebensfristung umzuarbeiten. In diesem Zusammenspiel von Belastung und Entlastung über Handlung tut der Mensch etwas sehr Spezifisches: Er bewältigt die Wirklichkeit um ihn herum, indem er sie ins Lebensdienliche verändert, und, aus der anderen Perspektive, er holt aus sich „eine sehr komplizierte Hierarchie von Leistungen heraus, 'stellt' in sich selbst eine Aufbauordnung des Könnens 'fest', die in ihm bloß der Möglichkeit nach liegt" (Gehlen 1986a, S. 37). Im Hintergrund dieses Gedankens steht ein „Gesetz" der Philosophischen Anthropologie, das die Notwendigkeit zur Ausbildung einer spezifisch menschlichen Fähigkeit in der eigenartigen biologischen Situation des Menschen findet: selbsttätige Hervorbringung. Die theoretische Kategorie dazu heißt bei Johann G. Herder: Freiheit, bei Helmuth Plessner: Positionalität, und bei Arnold Gehlen: Handlung.

An diese Überlegungen schließt sich bei Arnold Gehlen unmittelbar der Übergang an den Kulturbegriff an, denn der Inbegriff der vom Menschen ins Lebensdienliche umgearbeiteten Natur heißt Kultur. Die Kulturwelt ist die menschliche Welt (nicht Umwelt!), die „entgiftete" Natur, die „zweite Natur". Der eigenartige Kern der Überlegung, der zugleich stark an Helmuth Plessner erinnert, ist die vollkommene „Unnatürlichkeit" menschlicher Existenz; die „unnatürliche" Kultur ist die Auswirkung eines einmaligen, selbst unnatürlichen, d. h. im Gegensatz zum Tier konstruierten Wesens in der Welt. An genau der Stelle, wo beim Tier die Umwelt steht, steht daher beim Menschen die Kulturwelt. Also entspricht beim Menschen der Unspezialisiertheit die Weltoffenheit und der Mittellosigkeit der Physis die von ihm geschaffene Kultur.

Die Entlastung und die Handlung sind die Schlüsselkategorien der Gehlen'schen Konzeption. Von ihnen aus begreift er alle gesellschaftlichen Momente, von der Habitualisierung des Handelns bis zur kulturellen Ordnung der Institutionen als Entlastungsleistungen aus der Mängelsituation – und in dieser Gedankenlinie liegt bei ihm der Kern einer Sozialisationstheorie. Das unabsehbare Überraschungsfeld wird eingeengt, indem durch Handeln Erfahrungen gemacht werden. Arnold Gehlen legt es dar an den eigentätigen Bewegungen, die das Kindesalter ausfüllen:

Die Dinge

> „werden gesehen, betastet, bewegt, behandelt in kommunikativen Umgangsbewegungen (…) Der Erfolg dieser Prozesse (…) ist der, daß die umgebende Welt ‚durchgearbeitet' wird, und zwar in der Richtung der Verfügbarkeit und Erledigung: die Dinge werden der Reihe nach in Umgang gezogen und abgestellt, im Zuge dieses Verfahrens aber unvermerkt mit einer hochgradigen Symbolik angereichert, so daß endlich das Auge allein, ein müheloser Sinn, sie übersieht und in ihnen zuletzt Gebrauchs- und Umgangswerte mitsieht, welche vorher mühsam eigentätig erfahren wurden" (Gehlen 1986a, S. 41).

Daraus ergibt sich ein spezifischer Begriff von Sich-orientieren: Es heißt die Eindrucksflut reduzieren auf bestimmte Zentren und sich vom Druck der unmittelbaren Eindrucksfülle befreien. Der kognitive und der motorische Aspekt sind also eng verknüpft. Immer, nämlich bis in die höchsten psychischen und kognitiven Leistungen hinein, ist die Aneignung der Welt zugleich eben die Aneignung seiner selbst, ist die Stellungnahme nach außen zugleich eine nach innen. Die Sprache nun knüpft an die bereits zu „Symbolen" eingeengte Dingwelt an und befreit so von der Notwendigkeit, daß sie realiter präsent sind, um verarbeitet werden zu können. Realität wird also in Sprache und Denken verfügbar und manipulierbar, eine neue enorme Entlastung. Diese durch Denken und Sprache ermöglichte Entlastung steht mit dem Antriebsleben in Verbindung; es muß bei einem handelnden Wesen eine besondere Struktur haben, es muß orientierbar sein „d. h. nicht nur bestimmte lebensnotwendige Bedürfnisse enthalten, sondern auch die oft sehr bedingten Umstände ihrer Befriedigung, mit denen, weil diese ja selbst wechseln, es mitvariieren muß" (Gehlen 1986a, S. 53). Dieser Gedanke findet sich bei Talcott Parsons im Konzept der „need-dispositions".

Die Verschiebbarkeit des Antriebs spielt eine entscheidende Rolle; auch die umständlichsten und mittelbarsten Handlungen („z. B. die Vorbereitung zur Herstellung von Mitteln") müssen noch ein Antriebsinteresse haben können.

„Zwischen die elementaren Bedürfnisse und ihre äußeren, nach unvorhersehbaren und zufälligen Bedingungen wechselnden Erfüllungen ist eingeschaltet das ganze System der Weltorientierung und Handlung, also die Zwischenwelt der bewußten Praxis und Sacherfahrung, die über Hand, Auge, Tastsinn und Sprache läuft (…) Es ist nun dieselbe Instinktreduktion, die auf der einen Seite den direkten Automatismus abbaut, der bei genügendem inneren Reizspiegel, wenn der zugeordnete Auslöser aufscheint, die angeborene Reaktion enthemmt, und auf der anderen Seite ein neues, vom Instinktdruck entlastetes System von Verhaltensweisen in Freiheit setzt (…) es besteht eine weitgehende Unabhängigkeit der Handlungen sowie des wahrnehmenden und denkenden Bewußtseins von den eigenen elementaren Bedürfnissen und Antrieben oder die Fähigkeit, beide Seiten sozusagen ‚auszuhängen' oder einen ‚Hiatus' freizulegen" (Gehlen 1986a, S. 53).

Hier ist der Punkt, an dem bei Arnold Gehlen der Übergang von einer biologisch-anthropologischen Theorie des Menschen zu einer Kulturtheorie der Gesellschaft stattfindet. Verselbständigte Handlungen, die aus individueller Sicht zumindest ursprünglich nur Mittel waren und dann zum Selbstzweck wurden, werden jetzt für andere Individuen unmittelbar zu Zwecken, werden objektiviert und zu Institutionen mit dem Charakter überpersönlicher normativer Ordnungen. In einer anderen Arbeit (Gehlen 1986b) entwickelt Arnold Gehlen diesen Gedanken am Beispiel der Arbeitsteilung. Was unter individueller Perspektive als Bedürfnisentlastung, Gewohnheitsbildung und Motivanreicherung des Handelns gewissermaßen ontogenetisch erscheint, wird aus der Perspektive der Vergesellschaftung zur gegenseitigen Voraussetzung.

„Bei dem einfachen Fall einer Gesellschaft, in der einige Spezialisten (Schmiede, Töpfer oder was immer) für alle produzieren, von jenen aber ernährt werden, entsteht, anthropologisch gesehen, der Zustand der gegenseitigen Bedürfnisentlastung. Das Nahrungsbedürfnis der ‚Spezialisten' rückt in den Zustand der ‚Hintergrundserfüllung', der Gewißheit des dauernden virtuellen Erfülltseins" (Gehlen 1986b, S. 33). Im Zustand der Arbeitsteilung schlägt Arbeit nun in „eigenwertgesättigte Gewohnheitsbildung" um, in die vom Gegenstand der Arbeit selbst oder aus sozialen Bezügen neue Motive einfließen, die der Arbeitende übernimmt und investiert. Dieses Verhalten entwickelt sich weg von den unmittelbar nächsten Bedürfnissen, es verselbständigt sich. An diese Tätigkeiten können die Interessen anderer anknüpfen, der eine bedient die Interessen des anderen und umgekehrt. „Das so im Kreise entstehende Produktions- und Verteilungsgefüge verselbständigt sich nun auch objektiv, als ein Prozeß, in den die einzelnen eintreten und aus dem sie wegsterben, und es verselbständigt sich subjektiv, im Bewußtsein der Beteiligten vom Bestehen einer geltenden Ordnung" (Gehlen 1986b, S. 34).

In den Institutionen „verschränken" sich unsere individuellen Bedürfnisse „mit den allgemeinen, sachlichen Notwendigkeiten, die das Dasein der Gesellschaft entwickelt." Diese Institutionen sind für den Menschen funktional: „Alle (sic!) Institutionen der Arbeit, der Herrschaft, der Familie usw. haben heute so wie stets einen direkten Erfüllungswert für menschliche Primärbedürfnisse, aber sie verselbständigen sich gegenüber dem Menschen und man handelt von ihnen her, im Sinne ihrer Erhaltung, ihrer Eigenforderungen, ihrer Gesetze" (Gehlen 1986b, S. 18). Außerdem erfüllen sie Entlastungsfunktionen von der subjektiven Motivation und der dauernden Improvisation fallweise zu vertretender Entschlüsse. Der Prozess der Institutionenentstehung geht gewissermaßen vom Umschlagen der Arbeit (Herstellen) in eine eigenwertgesättigte Gewohnheitsbildung (d. h. die Verselbständigung, Habitualisierung von Motivgruppen und Handlungsvollzügen), über einen dann möglichen Zufluss neuer, vom Gegenstand selbst oder von der gesellschaftlichen Erfahrung angeregter Motive (also die virtuelle Zweckverlagerung durch neu hinzutretende Zwecke), zur Wegentwicklung dieses Verhaltens von den unmittelbar nächsten Bedürfnissen und zum Anknüpfen an die Interessen anderer. Anthropologisch gesehen ist das Thema der Gewohnheitsbildung, das völlig unproblematische Erlebnis des Vollzugs einer Handlung (in dem jede Reflexion ausgehängt ist, weil man nicht gleichzeitig handeln und reflektieren, sondern nur seinem Handeln „zuschauen" kann), von zentraler Bedeutung: Alle Institutionen werden als Systeme verteilter Gewohnheiten gelebt. In diesem Verständnis hat das habitualisierte Handeln in den Institutionen auch die rein tatsächliche Wirkung, „die Sinnfrage zu suspendieren. Wer die Sinnfrage aufwirft, hat sich entweder verlaufen, oder er drückt bewußt oder unbewußt ein Bedürfnis nach anderen als den vorhandenen Institutionen aus" (Gehlen 1986b, S. 61). Auf die Gehlen'sche Frage, wie es einem instinktentbundenen, dabei aber antriebsüberschüssigen, umweltbefreiten und weltoffenen Wesen möglich sei, sein Dasein zu stabilisieren, gibt es eine zentrale Antwort: indem es Institutionen schafft.

Nun erhalten aber Institutionen bei Arnold Gehlen eine eigenartige Qualität; an ihnen erscheint der Mensch nicht wie bei Johann G. Herder zur Freiheit organisiert, sondern zu Unterdrückung und Regulierung, zu Repression. Der an sich weite und bedeutungsoffene Begriff der Handlung wird vornehmlich auf die Aufgabe eingeschränkt, gegenüber dem Überschuss plastischer Antriebe, der Plastizität und Variabilität des Verhaltens, der Reizüberflutung der Sinne, das Verhalten durch Vereinseitigung beherrschen zu lernen; weiters werden dieselben Einrichtungen, die die Menschen in ihrem gegenseitigen Denken und Handeln hervorbringen, zu einer verselbständigten Macht, „die ihre eigenen Gesetze wiederum bis in ihr Herz hinein geltend macht" (Gehlen 1986b, S. 8); von diesen historisch gewachsenen Wirklichkeiten muss der Mensch „sich konsumieren lassen", und zwar deshalb, weil die Selbständigkeit und Autonomie, die die Institutionen gegenüber dem einzelnen gewinnen, aus der Natur des Menschen abzuleiten sind. Während Jürgen Habermas in seiner Kritik (Habermas 1970) das Hauptaugenmerk auf die Tatsache legt, dass Arnold Gehlen die „Zucht und Härte archaischer Institutionen" zur historischen Invariante erhebe, nach anthropologischen Konstanten suche und damit die „blinde Herrschaft" zum Normalfall mache, also die Variabilität der Verhältnisse verkenne, unter denen auch einmal ein Mensch entstehen könnte, der unabhängig von großen „Zuchtsystemen" sei, sehe ich den Ansatzpunkt gewissermaßen noch um eine weitere Stufe nach hinten verlagert: Indem Arnold Gehlen durch eine biologisch-anthropologische Begründung die Menschennatur fixiert, und die Lösung aus dem Mängeldilemma immer nur Erlernen von Verhaltensbeherrschung sein kann, eröffnet sich gar kein Weg zu Institutionen, die nicht repressiv werden können; selbst im Gedanken der Historisierung von Institutionen kehrt dieser Schluss, verräterisch in der Sprache, wieder: „Kultur ist ihrem Wesen nach ein über Jahrhunderte gehendes Herausarbeiten von hohen Gedanken und Entscheidungen, aber auch ein Umgießen dieser Inhalte zu festen Formen, so daß sie jetzt, gleichgültig gegen die geringe Kapazität der kleinen Seelen, weitergereicht werden können, um nicht nur die Zeit, sondern auch die Menschen zu überstehen" (Gehlen 1986b, S. 24).

Die methodologische Schwäche liegt in der Vorstellung, aus anthropologischen Grundsachverhalten (Konstanten) ein bestimmtes Gesellschaftsmodell ableiten zu wollen, dies scheint mir ein Erbe der älteren Sozialanthropologie zu sein. Dass für eine Analyse gesellschaftlicher Phänomene der Rückgriff auf die allgemeinsten und daher inhaltsleeren Gesetze „wertlos" ist, hat aber Max Weber bereits festgehalten. Vor bald fünfzig Jahren lautete daher ein maßgebliches Urteil: Eine Anthropologie, wie sie heute vorliegt, vermag allenfalls das Phänomen der Selbsttätigkeit des Menschen und des Zwanges zum Handeln zu begründen; Gesellschaftskritik ihrerseits muss in einer solchen Situation sozial begründet werden. Andernfalls ist der Schluss unausweichlich, dass der Mensch seine anthropologische Bestimmung nur in Institutionen verwirklichen könne (vgl. Lepenies 1971, S. 82).

Zudem gilt es festzuhalten: Die in Arnold Gehlens Konzeption wohl stimmig eingesetzten Bedingungen menschlicher Existenz: Weltoffenheit, Plastizität und Antriebsüberschuss, Nicht-Festgestelltsein und Riskiertheit etc. werden einseitig unter einem Gesichtspunkt thematisiert – der Entlastungsleistungen. Dieses Problem hat Johann G. Herder, so scheint mir, „eleganter" gelöst. Dass die dabei vorausgesetzte Bedingung, die Erfahrung der Belastung durch diese Situation, tatsächlich nachweisbar wäre und nicht nur postuliert, wird bei Arnold Gehlen nicht gezeigt (vgl. z. B. Geulen 1989, S. 50 und 51). Ein weiterer Einwand trifft das Postulat der universalen Funktionalität von Institutionen; ihre Funktionalität ist auf die menschlichen Bedürfnisse, in der Folge auf Entlastungsleistungen bezogen und bleibt damit auf einer anthropologisch-individualistischen Ebene (wie einst bei Bronislaw Malinowski; [vgl. Amann 1996]). Ein solcher Begriff von Funktionalität ist ganz und gar unhaltbar, weil er keinen methodisch-theoretischen Zugang zu Gesellschaft als einer überindividuellen Realität sui generis erlaubt. Im Zuge der Diskussion über den „grundstürzenden Wandel" der sich heute vollzieht, der den Fortschritt herkömmlichen Zuschnitts als Rückschritt dekuvriert und die Frage nach der rettenden Alternative hervortreibt (Günther Altner), kam auch das anthropologische Menschenbild in den Sog der Kritik. So kritisierte schon Günther Altner (1987), bei gleichzeitiger Würdigung Johann G. Herders, vor allem Arnold Gehlen ob seines naturverachtenden Menschenbegriffs. „Arnold Gehlen zum Beispiel hat die von Herder gemeinte Sonderstellung des Menschen dadurch korrumpiert, daß er die angebliche biologische Mängelhaftigkeit der menschlichen Natur zur kompensatorischen Herausforderung für das Kulturwesen Mensch werden ließ" (Altner 1987, S. 29).

Die spezifische Stellung des Menschen, die ihn zur lebensdienlichen Veränderung der Natur zwinge, lasse ihn nicht als Geistwesen, sondern nur als naturveränderndes Kulturwesen begreifen (allerdings zog auch Günther Altner wieder einen metaphysischen Geistbegriff herein). Natur wird zum Mittel degradiert, zum Instrument und zugleich Gegenstand, dessen Umschaffung erst das dem Menschen primär Angemessene, die „zweite Natur", die „Kultur" hervorbringt; verräterisch ja auch der bereits erwähnte Gedanke bei Arnold Gehlen, dass die kulturell unberührte Natur die noch „nicht-entgiftete" Natur sei. Solche Anthropologie lese sich, sagte Günther Altner, „wie eine Legitimierung jener immer tiefer werdenden Kluft zwischen Mensch und Natur, wie sie uns heute in der Öko-Krise begegnet" (Altner 1987, S. 32). Die hier sicher am richtigen Punkt angesetzte Kritik wird dann allerdings unscharf, wenn Günther Altner meint, die hier ganz unverstellt sich zeigende „Naturvergessenheit" eigne der anthropologischen Tradition in Europa. So gesehen würde sie zu allgemeiner Kulturkritik, die das Spezifische der gesellschaftlichen Realität verfehlt. Die Unterwerfung der Natur war ihrer Form und ihrem Inhalt nach immer an die konkrete Wirtschaft gebunden (die Wirtschaft ist von Anbeginn der Naturboden der Logik, sagte Joseph Schumpeter); sie scheint solange „problemlos" gewesen zu sein, solange sie nicht Ausbeutung wurde. Doch dieser Punkt ist historisch nicht zu fixieren, er ist allenfalls im Mythos zu benennen: als der Ruf erscholl: „Der Große Pan ist tot". Schon im ersten Auftritt der Antigone (Sophokles) spricht der Chor in dem beklommenen Lob der Menschen davon, wie die Vergewaltigung der Natur und die Zivilisierung des Menschen Hand in Hand gehen.

Die Kritik einer Vergewaltigung der Natur scheint daher tiefer anzusetzen zu sein: nicht am Dominantwerden von Menschenbildern (von René Descartes bis Arnold Gehlen), sondern am Zusammenspiel von Produktion und ihr entsprechender Ideologie. Erst, als wirtschaftliche Produktion schrankenlose Überproduktion geworden war und Theorien vom Menschen ihr die ideologische Legitimation verschufen, war das Schicksal der Natur endgültig besiegelt. Hier allerdings stimmt der Gedanke dann wieder: Keine Tradition hat so wie jene des Menschenbildes seit dem 18. Jahrhundert in Europa dazu beigetragen, kritische Fragen zu unterdrücken, die den Menschen als Prometheus, als Alles-Macher und Alles-Könner anzweifeln wollten.

1.2 Günter Dux: Der erkenntniskritische Turn

Wenn wir z. B. ein Sammelwerk zur Philosophischen Anthropologie aus dem Jahr 1975 zur Hand nehmen, das damals als auf der Höhe der Zeit verstanden wurde (Gadamer und Vogler 1975, 2 Bde.), so fällt auf, dass in zahlreichen Einzelbeiträgen für die Bestimmung des spezifisch Menschlichen, von der Sprache bis zum Erkennen und Handeln und vom Glauben bis zum Verstehen, begründungstheoretische Argumentationen vorkommen, die offenkundig aus älteren geschichtsphilosophischen und metaphysischen Beständen genährt wurden und trotzdem zeitgemäß zu sein beanspruchten. Nichts könnte nun einen besser geeigneten Ausgangspunkt für die Dux'schen erkenntniskritischen Überlegungen darstellen als eine mit solchen Mitteln begründete Sicht auf die Welt.

Die Lebensform des Menschen, dieser Gedanke zieht sich (vorausgeahnt bereits in der griechischen Antike) durch Aufklärung und Anthropologie, ist eine geistige Lebensform. Zuvorderst äußert sie sich in Handeln, Denken und Sprache, und zwar in einer systemisch verbundenen Weise. Wodurch diese Lebensform als geistige möglich geworden ist und vom Menschen selbst geschaffen werden konnte, ist als Frage allerdings kaum je in erkenntniskritisch geeigneter Weise gestellt und beantwortet worden. Sie würde bedeuten, der Tatsache vollgültig Rechnung zu tragen, dass die Lebensform des Menschen einem durch und durch säkular verstandenen Universum zugehört und sich aus der Evolution heraus gebildet hat, wodurch Geist nicht mehr auf ein irgendwie außer uns selbst liegendes höheres (oder tieferes) Prinzip zurückgeführt werden kann, wie das seit der Antike geschehen ist und heute noch mitunter versucht wird. Eine soziologisch verstandene Theorie des Menschen und der Gesellschaft muss sich unter dieser

Voraussetzung der anthropologischen bzw. evolutionären Grundlagen versichern, ohne die eine Herausbildung des Gattungswesens Homo sapiens nicht denkbar ist, und sie muss zugleich nach einer Erklärung für die gesellschaftliche Entstehung dieser Lebensform trachten. „Geist" nun wurde über Jahrhunderte im Grunde des Universums gesucht, als immer schon gegeben, nicht hintergehbar, oder im Individuum als ein Vermögen verankert und in diesem Vermögen ebenfalls aus der Natur herausgenommen, eben das Absolute am Grunde der Welt oder vor aller Welt – als „in der Welt zu sein, ohne von der Welt zu sein" (Dux 2017, S. 11 und 12). Gott wurde dafür wohl am häufigsten in Anspruch genommen. Gegenwärtig noch findet manche Forschung, dass die geistige Lebensform, Handeln, Denken, Sprache, sich im Genom und, vermittelt durch das Genom, im Gehirn verorten lasse. Könnte es sich hier erkenntniskritisch um einen fragwürdigen Restbestand des Absolutheitsarguments handeln? Das Gehirn denkt nicht, es ist in seiner zentralen Verfasstheit ein Organ, und Heinz v. Foerster sagt, sein Vokabular ist „klick, klick." Von einer das Absolute suchenden Denkweise gilt es nach Günter Dux, sich entschieden zu lösen und anzuerkennen, „dass sich mit dem aus der Evolution hervorgegangenen Homo sapiens auch dessen gesellschaftliche und in eins damit auch dessen kognitive Kompetenzen historisch weiter entwickeln konnten" (Dux 2017, S. 17). Die Herausbildung dieser Form von Geistigkeit, wie wir sie heute kennen, ist das Resultat einer historischen Entwicklung, die sich mit der Entstehung der kulturellen Lebensform des Homo sapiens zwischen 140.000 und 40.000 Jahren v. Ch. ereignet hat. Wo ist der Ansatzpunkt einer möglichen Rekonstruktion zu suchen? Er liegt in der von Günter Dux so genannten „anthropologischen Konstellation" des Menschen (Dux 2017, S. 63). Im Übergangsfeld zwischen Hominiden und Homininen[6] wächst das Gehirn und im Zuge dieser Entwicklung tun sich für den Menschen drei strukturbildende Möglichkeiten auf: das Öffnen der Welt, das Schwinden der organischen Schaltkreise (Instinktabhängigkeit) und der konstruktive Aufbau der Welt (Dux 2017, S. 37). Auf diese Entwicklung konnte

[6]Als Homininen wird eine Unterfamilie der Familie der Menschenaffen (Hominiden) bezeichnet. Diese Unterfamilie umfasst die Arten der Gattung Homo einschließlich des heute lebenden Menschen (Homo sapiens) sowie die ausgestorbenen Vorfahren dieser Gattung, nicht jedoch die gemeinsamen Vorfahren von Schimpansen und Homo. Die einzige nicht ausgestorbene Art der Homininen ist der Mensch. Die Zugehörigkeit zu den Homininen wird als hominin bezeichnet, die Zugehörigkeit zu den Hominiden als hominid (nach Bernard Wood (2011) *Wiley-Blackwell Encyclopedia of Human Evolution*). Günter Dux gebraucht die Bezeichnung Homininen als Kennzeichnung derjenigen Lebewesen, die sich in den zwei Millionen Jahren des Pleistozäns auch kulturell in Richtung Homo sapiens entwickeln.

der Organismus nur auf eine einzige Weise reagieren: durch die Ausbildung einer geistig-konstruktiven Lebensform (nur in deren Entwicklung konnte er in der Welt bleiben und sich zugleich von ihr distanzieren). Sie erfolgt durch die Entwicklung der Handlungskompetenz, der Sprache und des Denkens in wechselseitiger Abhängigkeit. Nur diesen Strukturmomenten oder Strategien ist das ganze Potenzial eigen, aus dem Familie, Gemeinschaft, Gesellschaft, Religion, Macht, Herrschaft usw. geschaffen wurden. Handlungskompetenz erlaubt den verändernden Eingriff in die Welt, Sprache ermöglicht Kommunikation und im Wege über Repräsentation des Handelns und der Objekte und Ereignisse in der Welt das Denken (auch Denken über Denken) – keines ohne das andere.

Die Dux'sche Überlegung geht von der so genannten Kopernikanischen Wende bei Immanuel Kant aus, in der die Erkenntnisstrategie umgedreht wird und die Forderung entsteht, sich die Gegenstände nach unserer Erkenntnis richten zu lassen und nicht umgekehrt. Die Vorstellung ist in dem bekannten Satz formuliert: „Der Verstand schöpft seine Gesetze (…) nicht aus der Natur, sondern schreibt sie dieser vor.“[7] D. h. nichts anderes, als dass wir selbst wenigstens zum Teil jene Ordnung erzeugen, die wir in der Welt vorfinden. Wir sind es, die unser Wissen von der Welt erschaffen, wir sind es, die jene Ordnungen konstruieren, die wir in der Welt als Ordnungen dann vorzufinden meinen. Damit ist das bei Günter Dux so genannte „Konvergenztheorem“ gemeint, demzufolge alle Herleitung von Erkenntnis auf das Individuum konvergiert. Der blinde Fleck bei Immanuel Kant liegt darin, das Erkenntnisvermögen dem Individuum angeboren sein zu lassen, der Weg zur Vorstellung eines konstruktiven Verständnisses der Lebensformen ist noch weit. Erst im 20. Jahrhundert kommt es (z. B. mit Jean Piaget) zu einem Anklingen der erkenntniskritischen Strategie: Durch die Rekonstruktion aus der Ontogenese der nachkommenden Gattungsmitglieder die Entstehung der geistigen Lebensform zu gewinnen (das „Theorem der Konstruktivität“). Diese beiden Momente münden in das „Theorem der Historizität“: Wenn die Welt eine vom Menschen selbst geschaffene Welt ist, dann muss dies immer schon so gewesen sein und muss als Geschichte der menschlichen Lebensform rekonstruiert werden können (Dux 2017, S. 19–21). Wenn dies alles zutrifft, dann ist die geistige Lebensform des Menschen „selbstbestimmt“. Selbstbestimmung stellt gewissermaßen die Armierung im Verständnis des Menschen dar, wie es in der frühen Neuzeit gewonnen wurde (Gerhardt 1999). Das anthropologische Argument

[7]Es ist nicht unwichtig zu sehen, dass Karl Popper im ersten Band von „Die offene Gesellschaft und ihre Feinde“ (erstmals 1945) diesen Satz zitiert und seine Formulierung „glänzend“ nennt (Popper 1970, S. 15).

lautet: Die Evolution des Gehirns hat die Grundlagen geschaffen, „dass die Organisationsformen der Lebensführung des Menschen durch den Menschen selbst geschaffen werden konnten.“ Das ontologische Argument bestimmt, dass die „Grundlage der Organisationsformen des Geistes: Handeln, Denken und Sprache, (…) von jedem nachkommenden Gattungsmitglied als Praxisform der Lebensführung erneut an der Welt ausgebildet“ werden muss. Das gesellschaftliche Argument hält fest: „Die menschlichen Lebensformen werden durch den systemischen Verbund der Subjekte in der Gesellschaft geschaffen.“ Dafür sind Kommunikation und Interaktion zwischen den Gesellschaftsmitgliedern konstitutiv, wodurch auch klar wird, dass Handeln, Denken und Sprache gesellschaftlich verfasst und damit historisch und empirisch zu rekonstruieren sind (Dux 2017, S. 25 und 26), in unausweichlicher Verwiesenheit der Menschen aufeinander.

1.3 Bezug der Teilhabe zur Evolution

Ähnlich wie in den 1970er und 1980er Jahren, als die Soziobiologie erstarkte und sich anheischig machte, soziale Verhaltensmuster unter Menschen aus biologischer Evolution und Erbgut zu erklären, so erleben wir auch heute wieder – jedenfalls kann ich mich dem Eindruck nicht ganz entziehen – eine Hausse an Argumentationen, die nun z. B. altruistisches und kooperatives Verhalten oder Verstehensprozesse angeboren sein lassen wollen oder menschliches Denken nur graduell verschieden sein lassen von jenem der Menschenaffen.[8] Bei aller methodologischen Strenge, die in vielen Studien vorgetragen wird, bleibt doch meist die Frage offen, ob experimentelle Ergebnisse unter einer anderen Erkenntnisperspektive nicht auch andere Auslegungen und damit abweichende Erkenntnisse zuließen. Eingedenk der Ausführungen in Abschn. 1.2, in denen ich auf Günter Dux' Arbeiten näher eingegangen bin, geht es hier nach wie vor um die Grundvorstellung einer vom Menschen selbst hervorgebrachten Welt, die zwar auf dem evolutionären Substrat des Homo Sapiens aufruht, von dieser biologischen Grundlage aber nicht mehr gesteuert wird (vielleicht mit Ausnahme einiger so genannter Instinktreste). Diesen Startpunkt halte ich deshalb für wichtig, weil in ihm alle Möglichkeiten angelegt scheinen, die zu den historisch-kulturellen Formen menschlichen Sozialverhaltens führen konnten, die

[8]Auf die schon nicht mehr überschaubaren Einträge im Internet einzugehen, verzichte ich. Aus der wissenschaftlichen Literatur in Buchform sei z. B. auf einen Autor verwiesen, der inzwischen erhebliche Präsenz in den Medien genießt: Michael Tomasello (2013).

tatsächlich entstanden sind, und denen soziale Teilhabe ja eingeschrieben ist. Ich stelle mich versuchshalber auf den Standpunkt, dass die entscheidende Frage für die Soziologie nicht jene nach Instinkten und Trieben ist, Begriffen, die aus ihrer Geschichte heraus mit schillernden Bedeutungsgehalten und Missverständnissen aufgeladen sind, sondern jene nach den Bedingungen, unter denen der Mensch seine Welt konstruktiv selber schaffen konnte und musste.[9]

Einhelligkeit scheint in den Diskussionen darüber zu herrschen, dass der evolutionär entscheidende Schritt, der zur spezifischen Ausformung der Lebensformen des Homo Sapiens führen musste, die enorme Vergrößerung des Gehirns (Schimpanse 400 Kubikzentimeter, Homo Sapiens 1400 Kubikzentimeter) war und parallel dazu die anthropologische Grundlegung der humanen Lebensform.[10] Dieser Prozess barg drei immense Umwälzungen, die bereits genannt wurden: a) das Öffnen der Welt, b) das Schwinden der organischen Schaltkreise des Verhaltens, und c) den konstruktiven Aufbau der Lebenswelt (Dux 2017, S. 37). Historisch fallen diese Entwicklungen (zu denen auch neue Denk- und Kommunikationsformen gehören) in den Zeitraum, der vor ca. 100.000 Jahren begann und vor etwa 30.000 Jahren (vorläufig) abgeschlossen war. Dieser Vorgang wird auch als „kognitive Revolution" bezeichnet, mit ihr tauchen vermutlich erstmals Mythen, Götter und Religionen auf (Harari 2015, S. 37).[11]

Nicht nur diese, sondern schon die frühesten sprachlichen, technischen und künstlerisch-gestalterischen Äußerungen der Menschen (Faustkeile, Höhlenmalereien, Knochenritzungen etc.) weisen auf einen Zusammenhang hin, der mehrmals bereits angeklungen ist: Die anthropologische Situation des Menschen,

---

[9]Dieser Standpunkt hat nichts mit Apodiktik zu tun, es gilt weiterhin: „Denn da wir nun einmal die Resultate früherer Geschlechter sind, sind wir auch die Resultate ihrer Verirrungen, Leidenschaften und Irrtümer, ja Verbrechen; es ist nicht möglich, sich ganz von dieser Kette zu trennen" (Friedrich Nietzsche in seiner Erörterung der *kritischen* Art, das Vergangene zu sehen 1980, S. 229 und 230).

[10]Auf die evolutionären Merkmale des aufrechten Ganges, der Gegenstellung des Daumens an der Hand, den erheblichen Energiebedarf des menschlichen Gehirns etc. gehe ich nicht ein. Zur Geschichte der Idee des aufrechten Ganges vgl. die eindrucksvolle Arbeit von Kurt Bayertz (2012).

[11]Yuval N. Harari gibt in seinem Buch verschiedene Zeiträume an; die relative Unbestimmtheit ließe sich nur umgehen, wenn jeweils spezifische Entwicklungsschritte herausgegriffen würden – und auch dann nur selten, weil regelmäßig neue Funde zu Umdatierungen zwingen wie z. B. jener, dass Homo erectus Afrika wahrscheinlich 300.000 Jahre früher als bisher angenommen verließ (Tageszeitung „Der Standard" vom 12. Juli 2018). Wer wollte da als Laie Entscheidungen treffen?

der evolutionär entstandene „Hiatus" (vgl. auch Helmuth Plessner und Arnold Gehlen), der sich zwischen den Menschen (im biologischen Sinn) und die Welt schiebt, erfordert Handeln. Ein Lebewesen (nicht mehr Geschöpf!), das über keine genetisch fixierten Verhaltensformen im Umgang mit seiner Außenwelt mehr verfügt, kommt zu einer kompetenten Organisationsform seines Verhaltens, die diesem spezifischen Umstand Rechnung tragen kann, nur auf einem einzigen Weg: Es muss ein reflexives Verhältnis zu sich selbst und seiner Außenwelt entwickeln und sein Verhalten steuerbar machen (Dux 1992, S. 72). Es geht um den Prozess, in dem diese Steuerbarkeit (ontogenetisch) erworben und in der Handlungsstruktur ausgebildet wird. Das ist hier nicht weiter zu erörtern, bei Günter Dux, Jean Piaget etc. ist dies genugsam geschehen. Bedeutsamer für das vorliegende Thema ist die Frage, wie die Lebensinteressen des handelnden Subjekts gegenständlich werden und im Handeln intentional verfolgt werden können.

Seit den Studien von Humberto R. Maturana und Francisco Varela ist naturwissenschaftlich resp. neurobiologisch erhärtet, dass der menschliche Organismus als selbstreferentielles System gelten kann (z. B. Maturana und Varela 1987), was nichts anderes heißt als: Alles, was im Organismus geschieht, geschieht in einer Weise, dass seine Zustände die Homöostase sichern. Mit anderen Worten: Im Organismus gibt es keine anderen Determinanten als die, den Anschluss an vergangene Prozesse in einer Weise herzustellen, welche die gegenwärtig ablaufenden Prozesse für künftige anschlussfähig werden lässt, d. h. diese Rekursivität stellt die Strategie dar, um Leben zu erhalten (Dux 1992, S. 74). Damit kommen wir der Frage nahe, was Leben bedeuten könnte. In der Sprache von Humberto R. Maturana und Francisco Varela heißt das, dass „Lebewesen sich dadurch charakterisieren, daß sie sich - buchstäblich - andauernd selbst erzeugen" (Maturana und Varela 1987, S. 50) – in autopoietischer Organisation. Mit dieser Konzeption steht der Gedanke in Zusammenhang, dass überhaupt kein Handeln des Menschen sich von der biologischen Verfassung frei machen kann, wodurch die im selbstreferentiellen System angelegte Rekursivität sich übersetzt in die Selbstsorge – Sorge um sich selbst – und in die Notwendigkeit, die Mittel für deren Durchsetzung zu suchen. Beide Komponenten setzen Bewusstsein und Wille voraus.

Nun ist der spezifische Zusammenhang zwischen Evolution und Teilhabe zu betrachten, der sich notwendig auf die schon erwähnte anthropologische Konstellation gründet. Handlungskompetenz, Interaktion und Kommunikation vernetzen sich zur primären Ordnungsform der Gemeinschaft. In ihr bilden sich die Gestaltungsmomente Normativität und Macht. Über die Erwartungen, die mit allem Handeln verbunden sind, entsteht Stabilität der Organisationsform. Doch, woher kommen Erwartungen? Die naturgeschichtliche Grundverfassung, aus der heraus sich die Sozialität der Lebensform entwickelt, weist eine unausweichliche Bindung an einen anderen auf (Mutter, Bezugsperson etc.). Im Erwerb der Kompetenzen bestimmt sich, was einen jeden mit jedem anderen verbindet. Jeder erwirbt „in seiner Ontogenese auch den Bezug zu einem anderen als Bedingung des eigenen Daseins" (Dux 2017, S. 182). Das bedeutet, nach Erwerb der Kompetenzen, dass sich der Handelnde mit den Handlungen anderer konfrontiert sieht. Die Pointe dabei ist, dass der Handelnde den anderen gegenüber im Handlungsfeld die Position einnimmt, die für ihn charakteristisch ist. Das Handeln aber ist immer mit der Modalform der Möglichkeit konfrontiert: Die Welt ist, wie sie ist, sie kann aber auch geändert werden, und die anderen Handelnden können so, aber auch anders handeln. „Unter der Modalform der Möglichkeit wird die Erwartung zur kategorialen Grundstruktur nicht nur im Umgang mit der Natur, sondern eben auch im Umgang mit den anderen in der Sozialwelt" (Dux 2017, S. 194). Das berührt ein altes Moment aller Handlungstheorie seit dem 19. Jahrhundert: die Handlungserwartung. Erwartungen sind zunächst immer kognitive Erwartungen, doch dabei bleibt es nicht, sie werden mit Interessen verbunden.[12] Auf diese Weise werden sie zu Aufforderungen an die anderen, diesen nachzukommen. Sie prägen sich aus als normativ verfasste Erwartungen in der Form des Sollens. Kurz gesagt: Im Sollen findet sich die als Aufforderung an andere gerichtete Erwartung, den Handlungsinteressen Rechnung zu tragen. Wenn nun berücksichtigt wird, dass immer Handelnde zu anderen Handelnden in Verbindung stehen, daher immer unterschiedliche Interessen aufeinander treffen, ist es folgerichtig, dass sich zur Regulierung von Konflikten Handlungsmuster bilden, die als Einverständnisformen des Handelns in der Gemeinschaft bewertet und etabliert werden. So können sie nicht mehr negiert werden, sie sind der Beliebigkeit enthoben und können Geltung beanspruchen. „Das normative Moment der Geltung (…) meint eben diesen Befund: sich mit seinem Handeln in einer Gemeinschaft allgemein akzeptierten Urteilen ausgesetzt zu sehen, was an Handlungen und Interessenverfolgung anderen gegenüber statthaft ist und was nicht" (Dux 2017, S. 196 und 197).

In diesem Kontext ist Teilhabe am Leben verankert, aus ihm erhält sie ihre Impulse, ihre Regulierungen, und auch ihre Freiheiten. Nur so ist zu verstehen, dass auch der völlig sozial-abstinente Mensch im Einzelgängertum immer noch ein Teil der Gemeinschaft ist – wenn auch in einer Sonderposition.

[12]Hier hätte Sigmund Freuds „Probehandeln" seinen logischen Ort.

Interessen fungieren also eindeutig als Handlungsziele mit direktem Bezug auf die Handelnden selbst. Menschen sind, anders als Tiere, um es noch einmal zu wiederholen, von der direkten Instinktgeleitetheit abgekoppelt und müssen sich Handlungssysteme als kulturelle Organisation aufbauen. Der Mensch kann gar nicht anders, als die Befriedigung seiner Bedürfnisse im Handeln mit anderen zu Interessen auszuformulieren und über kontrollierte Handlungsformen zu erreichen versuchen. Deshalb werden Bedürfnisse, deren Befriedigung unter Konkurrenz erfolgt und vom Handeln anderer abhängig wird, als Interessen bezeichnet. Damit rückt das zweckrationale Handeln, das allerdings nicht die gesamte Daseinsform des Menschen abdeckt, trotzdem in ein konstitutives Zentrum (Dux 1992, Kap. 3) dessen, was als Prinzip gilt: Menschliche Gesellschaft baut sich über Handlungen auf. Sie ist ein Organisationsgefüge von Handlungen und nicht einfach ein Ensemble von Subjekten. In den Handlungsabläufen werden mit dem Handeln die Lebensinteressen der beteiligten Subjekte konkret und sie werden intentional verfolgt. Der letzte Zweck des Handelns ist immer der Handelnde selbst. Jede Interessenverfolgung bringt aber auch Machtpotenziale ins Spiel. Macht ist ein sozialer Tatbestand und kein Naturtrieb. Sie entsteht als kulturelle Form des Handelns und jedes Machtpotenzial formt sich unter jenen der anderen aus. Was ein Mensch an Macht prozessiert, ist durch dessen Einbindung in die soziale Organisation und deren Verteilung und Chancenzuweisung bestimmt. Deshalb spielt die Idee der Spielräume in der Konzeption der Lebenslagen eine wichtige Rolle. Was als Widersprüche in den Auseinandersetzungen und Auslegungen in unseren Gesellschaften sichtbar wird, ist daher Ausdruck von Machtverhältnissen. Macht kann, obwohl sie als Mittel zur Befriedigung anderweitiger Interessen dient, selbst zum Handlungsziel werden, dem ein Bedürfnis zugrunde liegt: Macht wird prozessiert, um mehr Macht zu erlangen; deshalb wird sie mit Recht als grenzenlos und auf immer mehr Macht gerichtet angesehen. Sie liegt sowohl im Einzelnen wie in der gesellschaftlichen Organisation. Heutige soziale Konflikte sind Machtkämpfe um Lebenschancen.

Bisher sollte deutlich geworden sein, dass Teilhabe am Leben zentral in jenen Lebensformen verankert ist, die die Menschen in historisch variierenden Weisen selbst hervorgebracht haben und nicht einem angeborenen Bedürfnis nach Sozialität oder anderen begründungstheoretischen Quellen geschuldet ist. Nun ist über die Lebensformen z. B. der Jäger und Sammler nicht all zuviel bekannt, obwohl der Homo sapiens die längste Zeit seiner Geschichte als Wildbeuter lebte. In der Forschung über steinzeitliche Lebensverhältnisse sind wir fast ausschließlich auf Gegenstände angewiesen, die „überlebt" haben wie z. B. Knochen und Steinwerkzeuge. Holz, Bambus und Leder sind meist verrottet. Schriftliche Zeugnisse existieren nicht. Theorien, die über Besitz, Hierarchien, Sozialbeziehungen, soziale und kulturelle Daseinstechniken jener Zeit Auskunft geben wollen, stehen auf schwankenden Beinen. Die Evolutionsbiologie bemüht sich um Einsichten und kommt beispielsweise zu dem Ergebnis, dass die heute weit verbreitete „Fettsucht" genetisch verankert sei und auf die spezifische Ernährungssituation jener Zeiten zurückgehe (Theorie vom „Fress-Gen"), sodass wir heute eine starke Neigung zeigten, weit mehr zu essen als der Hunger gebietet (Harari 2015, S. 58); andere Forschungen vertreten die These der „Ur-Kommune" und behaupten, dass eheliche Untreue und hohe Scheidungsraten heute darauf zurückzuführen seien, dass wir entgegen unserer eigentlichen Natur in monogame Ehen und Kleinfamilien gezwängt würden, das genaue Gegenteil dessen, was angeblich unsere Vorfahren praktizierten (Ryan und Jethá 2010). Umgekehrt behaupten andere Forschungen, die Monogamie und Kleinfamilienstrukturen seien damals vorherrschend gewesen und leiten daraus ab, dass deshalb diese Formen auch heute noch in unseren Gesellschaften dominierten (Harari 2015, Kap. 3). Die erste These (Fress-Gen) führt direkt in den altbekannten Streit zwischen Darwinisten und Lamarckisten, die zweite (Ur-Kommune) erinnert fatal an die in den Neunzehnhundertsechziger Jahren üblichen Selbstrechtfertigungen unter den jungen Alternativen, wenn sie ob einer freizügigen Lebensweise mit moralischen Vorwürfen konfrontiert wurden. Der erkenntniskritischen Position entsprechend, die bereits formuliert wurde, sind solche „Erkenntnisse" als nicht verlässlich genug einzustufen, in manchen Fällen muten sie verwegen an.

Der Hinweis auf den Jäger- und Sammlerkontext sollte nochmals das Argument betonen, dass wir über die frühen Zeiten des Homo sapiens, das gilt in ähnlicher Weise auch noch für die Phase der agrarischen Existenz, nur dürftige Kenntnisse haben, was seine sozialen Verhaltensformen und Netzwerke, seine kulturellen Institutionen, seine Machtstrategien etc. anbelangt. Es will mir daher geraten erscheinen, den Gedanken der Teilhabe in diesem Rahmen empirisch nur sporadisch zu untersuchen, dafür aber stattdessen eine begriffslogische Rekonstruktion unter Bezug auf die bisherigen Einsichten zu versuchen.

▶ *Selbstsorge, die sich im Wege über die Verfolgung der Befriedigung von Bedürfnissen im Kontakt und in Konkurrenz mit anderen in Interessen transformiert, muss als der Angelpunkt gesehen werden, aus dem sich Handeln kristallisiert und in dem Teilhabe verankert ist.*

Die Selbstsorge ist in die Struktur des Handelns eingegangen. Notwendig formieren sich aus diesem Handeln stabile Verhaltensformen, in die dann Handlungskompetenzen, Denken über die Welt (ihre Gegebenheiten und Ereignisse) und ihr Ausdrücken in Sprache bereits Eingang gefunden haben. Diese kulturellen

„Bestände“ treten den einzelnen dann durchaus im Sinne von Sozialen Tatsachen (Émile Durkheim) gegenüber, die eine Wirklichkeit sui generis darstellen. Die Vorstellung, dass der Handelnde das, was er will, zum Ziel seines Handelns macht, erfordert, dass er dieses als Erwartung an den anderen adressiert und mit Machtpotentialen unterlegt. Die Aufforderung in performativ-perlokutionärer Form, etwas zu tun oder zu unterlassen, bildet daher die Grundstruktur der Norm. „Die normative Verfassung einer Gesellschaft ist deshalb immer das Abbild derjenigen Interessen und Machtpotentiale, die sich in der Gesellschaft ausbilden konnten“ (Dux 1992, S. 85).

- *Teilhabe am Leben kann daher, eine erste Annäherung, als eine mehr oder weniger gelingende Einbindung und Entbindung*[13] *im Prozess des Interessenkampfes in der Gesellschaft gelten, der ubiquitär ist. Diese Einbindung/Entbindung ist immer eine zu leistende Balancearbeit zwischen Eingebunden-werden und Sich-einbinden bzw. Entbunden-werden und Sich-entbinden. Beide sind lebenswichtig, sodass auch von vitaler Einbindung und vitaler Entbindung gesprochen werden könnte. In beiden Fällen sind die Umwelt und das wollende Individuum angesprochen, denn beide sind unabdingbar in wechselweiser Wirkung an den Prozessen beteiligt.*

Das genannte Mehr oder Weniger bestimmt sich nach den ontologisch erworbenen Potenzialen und Ressourcen einerseits und nach den kulturellen institutionalisierten Normierungen und Machtstrukturen andererseits, gefasst in der Vorstellung der Integration in die Gesellschaft. Das Ausmaß und die Form der Integration oszilliert über den Lebenszyklus hinweg und über die Zeiten in der Geschichte hin. Wenn nun die Zeit mit in Rechnung gestellt wird, eine.

- *zweite Annäherung, so wird Teilhabe am Leben eine Verhaltensform, die aufgrund des gesellschaftlichen Wandels sich historisch als äußerst variabel und individuell (im Lebenszyklus) als Aufgabe darstellt und nicht beliebig realisierbar ist.*

[13]Für das Begriffspaar Einbindung/Entbindung kann eine terminologische Nähe zu jenem bei Erik Erikson: involvement/evolvement oder zu Anthony Giddens’ Einbettung/Entbettung vermutet werden. Konzeptologisch hat es mit jenen nichts zu tun, da im ersten Fall die strukturellen Bedingungen nahezu unberücksichtigt sind, im zweiten Fall die konstruktive Eigentätigkeit des Subjekts unterbewertet bleibt (vgl. Erikson et al. 1986; Giddens 1995).

Normative Regelungen können ganze Gruppen von Menschen von einer spezifischen Form von Teilhabe ausschließen (Minderjährige von Rechtsgeschäften, Ältere vom Arbeitsleben etc.) oder sie dazu zwingen (Eintritt in ein Versicherungsverhältnis, Befolgung religiöser Rituale etc.). Individuell misslungene Einbindungen oder misslungene Entbindungen können für den Lebensverlauf negative Auswirkungen haben. Ebenso sind bei nicht gelingender Einbindung größerer Gruppen erhebliche Veränderungen in den Strukturen der Umwelt die Folge. Für alle weiteren Überlegungen in dieser Arbeit soll Teilhabe am Leben also heißen:

▶ *Die Eindung/Entbindung im historisch sich ständig wandelnden gesellschaftlichen Interessenkampf bzw. Interessenausgleich auf dem Weg zu gesellschaftlicher Integration, gespeist aus der anthropologisch bestimmten Situation des Menschen, der im Wege über Handeln, Denken und Sprache gezwungen ist, seine Lebensformen selbst konstruktiv zu entwickeln.*

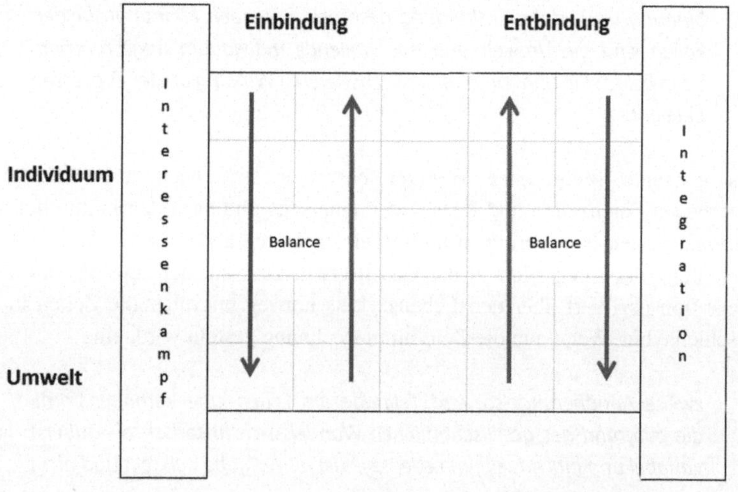

Abb. 1.1 Innenverhältnisse zwischen Interessenkampf und Integration

Da Handeln, wie bereits dargelegt wurde, selbstbestimmt ist, lässt sich die normative Vorgabe für Teilhabe am Leben, zumindest in gegenwärtigen demokratisch verfassten Gesellschaften, als ein selbstbestimmtes und von Sinn erfülltes Leben verstehen. Über die analytische Unterscheidung der Teilhabe in verschiedenen gesellschaftlichen Bereichen wird weiter unten ausführlich zu sprechen sein.

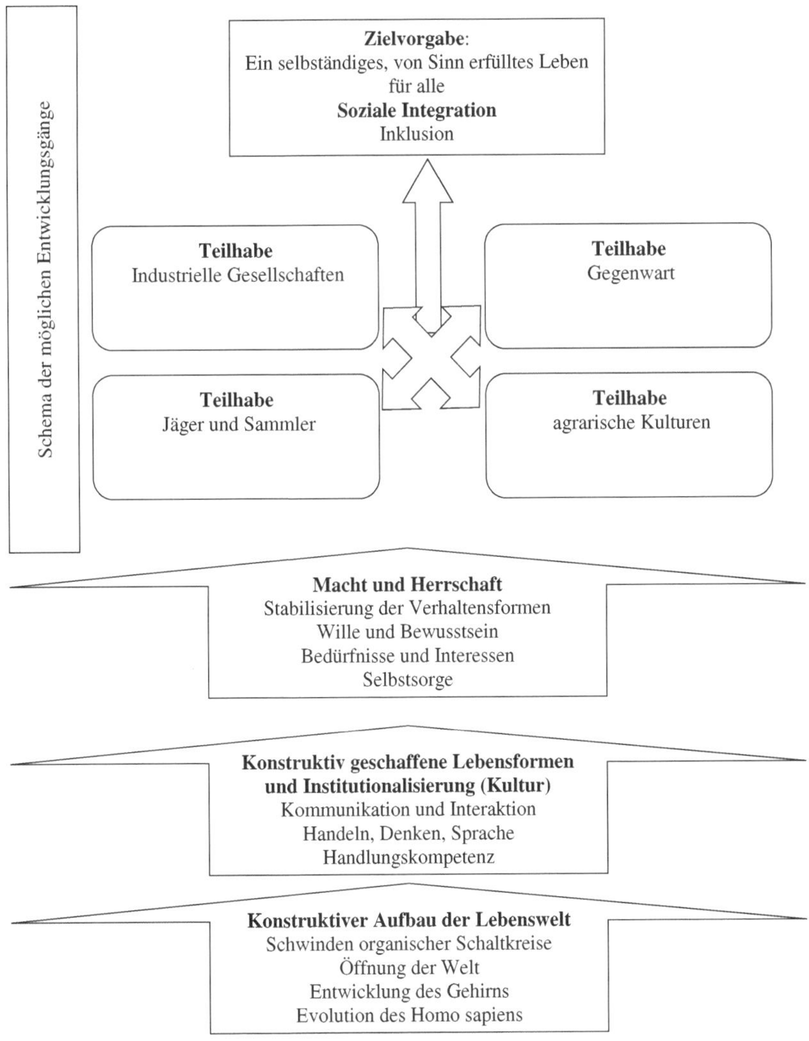

Abb. 1.2 Lebensformen im Ausgang von der Natur

Generelle Konzeption der Teilhabe 2

Für die weitere Diskussion habe ich vorgeschlagen, Teilhabe folgendermaßen zu verstehen: Die Einbindung/Entbindung im historisch sich ständig wandelnden gesellschaftlichen Interessenkampf bzw. Interessenausgleich auf dem Weg zu gesellschaftlicher Integration im gesamten Lebensverlauf, gespeist aus der anthropologisch bestimmten Situation des Menschen, der im Wege über Handeln, Denken und Sprache gezwungen ist, seine Lebensformen selbst konstruktiv zu entwickeln. Da Handeln selbstbestimmt ist, lässt sich die normative Vorgabe für die Teilhabe am Leben, zumindest in gegenwärtigen demokratisch verfassten Gesellschaften, als ein selbstbestimmtes und von Sinn erfülltes Leben verstehen. Diesen Vorschlag gilt es nun, mit einem soziologisch geläufigen Begriffsrepertoire zu erweitern.

Teilhabe ist Handeln, das von Ressourcen ausgeht, im Vollzug auf soziale Organisationsformen angewiesen ist, und ihre Wirkung im Kontext sozialer Integration zeitigt. Ausdrücklich geht es hier nicht um den einzelnen Handlungsakt, der wäre weder im Alltagsverstehen nachvollziehbar, noch der wissenschaftlichen Betrachtung fruchtbar. Vielmehr stehen Handlungen im Vordergrund, die aneinander anschließen, sich mit der Zeit normativ stabilisiert haben und so zu Verhaltensformen wurden. Gesteuert wird Handeln durch Potenziale oder Ressourcen, die sich sowohl im Individuum als auch in der Umwelt finden. Solches Handeln spielt sich in sozialen Settings (Organisationsformen) ab, in denen sie Sinn erzeugen und durch ihre Repetitivität wiederum zur Verfestigung der

---

Dieses Konzept wurde von mir ursprünglich im Rahmen eines Forschungsprojekts entwickelt (Amann et al. 2018). Ines Findenig danke ich für hilfreiche Hinweise während der Entstehung.

A. Amann, *Leben – Teilhaben – Altwerden*,
https://doi.org/10.1007/978-3-658-27230-2_2

sozialen Organisationsformen beitragen. Integration in die Gesellschaft ist ein universelles Erfordernis, das die Verfasstheit der Gesellschaft geradezu kennzeichnet. Die Zielvorgabe sozialer Integration ist ein selbständiges, von Sinn erfülltes Leben, zumindest idealiter, im Kontext westlicher Demokratien.

Konzeptuell ist Teilhabe daher in einem ersten Schritt zusammen mit sozialer Integration zu umreißen, da nur Teilhabe zu sozialer Integration führt, letztere ist Ergebnis der vorigen (bereits erfolgte Integration kann Teilhabe verstärken). Zweitens steht sie in einem Rahmen aus Lebenslagen, welche die Ressourcen beinhalten, und auch die sozialen Organisationsformen bieten, deutlich sichtbar z. B. an der ehrenamtlichen Tätigkeit in Vereinen, Verbänden und losen Gruppierungen. Lebenslagen sind Konstellationen äußerer Bedingungen (externer Ressourcen), die Menschen im Lebenslauf vorfinden, sie stehen in engem Zusammenhang mit den in wechselseitiger Abhängigkeit sich entwickelnden kognitiven und emotionalen Deutungs- und Verarbeitungsmustern (internen Ressourcen), welche die Menschen hervorbringen. Lebenslage ist ein dynamischer Begriff, der die historische, sozialen und kulturellen Wandel erzeugende Entwicklung der äußeren Bedingungen umfasst, aber auch die spezifischen Interaktionsformen und möglichen Spannungsfelder zwischen dem Handeln der Menschen und diesen äußeren Bedingungen. Zudem ist festzuhalten: Da Lebenslagen immer die Verteilung ungleicher sozialer Lagen beinhalten, gehört in den konzeptuellen Rahmen der Teilhabe auch die Dimension soziale Ungleichheit. Nach allen empirischen Befunden gilt nur für Teilgruppen der Älteren, dass sie über gute Voraussetzungen zur Verwirklichung von Teilhabe verfügen, somit ist die Ungleichheitsdimension sachlich unverzichtbar. Drittens ist die politische Dimension zu berücksichtigen. Alternde Bevölkerungen stellen in der Gegenwart eine der großen politischen Gestaltungsaufgaben dar. Institutionell und rechtlich liegt diese Aufgabe schwergewichtig im Bereich der Sozialpolitik. Von hier aus ergibt sich eine starke Klammer zum Teilhabethema insofern, als die Tätigkeit der Sozialpolitik die Gestaltung von Lebenslagen zum Gegenstand hat, und in diesem Zusammenhang die geeigneten Randbedingungen für Teilhabe im Alter schafft oder schaffen sollte, wobei als ein Handlungsziel unter mehreren die Veränderung der Bedingungen sozialer Ungleichheit gelten kann. Viertens ist schließlich noch zu berücksichtigen, dass Teilhabe Ausdruck eines unauflöslichen Individuum-Umwelt-Verhältnisses ist, sodass immer von individuellen (internen) und strukturellen (externen) Ressourcen auszugehen ist. Diese Bedingung lässt sich wieder an die Lebenslagen rückbinden, denn in jenen werden die Spielräume vorgegeben und Spannungsfelder sichtbar, innerhalb derer die Chancen zur Teilhabe verteilt sind.[1]

Im hier entwickelten Konzept steht die Teilhabe im Mittelpunkt, ihre Zielsetzung ist die soziale Integration, im Steigerungsfall soziale Inklusion, ihre Voraussetzungen sind in den immer ungleich verteilten Lebenslagen aufzusuchen. Lebenslagen bieten Spielräume, welche die Ressourcen beinhalten und für die unterschiedlichen Ausgestaltungen von Teilhabe maßgebend sind. Lebenslagen ihrerseits werden wesentlich durch die Sozialpolitik mit geformt. Jede Änderung von Teilhabebedingungen gestaltet sich unausweichlich über das Individuum-Umwelt-Verhältnis, was im hier zur Diskussion stehenden Zusammenhang die Idee der Alltagswelt impliziert. Da Teilhabe, Integration, Lebenslagen (samt Spielräumen und Ressourcen) sowie sozialpolitische Gestaltung und Individuum-Umwelt die hauptsächlichen Bausteine des Konzepts darstellen, ist es konzeptlogisch notwendig, diese ihrerseits mit einer möglichst klaren Begrifflichkeit auszukleiden.

2.1 Teilhabe und Integration

Teilnahme, Teilhabe, Beteiligtsein lassen sich zwar von ihrem Bedeutungsgehalt her auch in dem Begriff Partizipation zusammenfassen, der in der einschlägigen Diskussion häufig eingesetzt wird. Ich bevorzuge aber den deutschen Ausdruck Teilhabe, weil in ihm durch die beiden Wortpartikel Teil und Haben deutlich ausgedrückt wird, dass es einerseits darum geht, Teil eines Größeren, einer Gemeinschaft zu sein (Inklusion), und weil Haben andererseits in seiner transitiven Form

[1]Hier ist eine Ergänzung sinnvoll anzubringen. Wiewohl der Psychoanalyse immer wieder der Vorwurf gemacht wurde, dass sie in einseitiger Betrachtung den Organismus bzw. das Individuum verabsolutiere (Michael Balint meinte, dass die Begriffsbildung in der Psychoanalyse sich bis auf die Ausnahmen der Begriffe „Objekt“ und „Objektbeziehung“ überhaupt nur auf das Individuum beziehe), sind für das Thema Individuum-Umwelt dennoch ihre Angebote nicht zu gering einzuschätzen oder gar vom Tisch zu wischen. Die Etablierung psychischer Strukturen, selbst im klassischen Verständnis Sigmund Freuds, ist ohne den Beziehungskontext vom Subjekt-Objekt schlechthin nicht denkbar, Begriffe wie Über-Ich, Realitätsprüfung, Introjektion, Objektbeziehung etc. wären ohne den „Außenbezug“ ihres Bedeutungsinhalts in die Theorie nicht sinnvoll integrierbar; manche AutorInnen, wie z. B. Yvonne Schütze (1982, S. 129), haben anhand der Wandlungen der Psychoanalyse geradezu die Bedeutung der Individuum-Umwelt-Interaktion in der Entwicklung der oralen Phase unterstrichen.

etwas zu besitzen und in seiner infinitiven Form (mit *zu*) auch etwas zu müssen beinhaltet. „Letztlich ist [in Teilhabe] auch ein emanzipativer Anspruch enthalten, der auf eine Verbesserung der gesellschaftlichen Verhältnisse insgesamt abzielt" (Heimgartner und Findenig 2017, S. 21). Gegenüber Partizipation scheint mir der Vorteil darin zu liegen, dass diese meist nur als gesellschaftliche Partizipation auftritt, häufig (trotz theoretisch differenzierter gradueller Stufen) allgemein unterbestimmt ist, somit allen Beteiligten meist unklar und folglich als sogenanntes „Containerwort" auch inhaltlich leer bleibt, dadurch eher eine abstrakte Form der Teilhabe insinuiert, in der es z. B. schwierig erscheint, dem im Wort Haben mitgedachten Empfinden oder Fühlen einen angemessenen Platz zuzuweisen. Partizipation ist abgeschliffen wie ein von Generationen verwendetes Sprichwort.

In der empirischen Altersforschung wird herkömmlicherweise zwischen *ökonomischer, politischer, kultureller und sozialer Teilhabe* unterschieden (Kuhlmann et al. 2016). Kritisch ist festzuhalten, dass im sozialgerontologischen und im seniorInnenpolitischen Diskurs der Begriff Teilhabe nicht einheitlich und meist sehr eng gefasst wird, wobei häufig bürgerschaftliches bzw. freiwilliges Engagement den Fokus abgibt. Allerdings gilt auch, dass mit einer Typisierung wie der oben genannten, bei entsprechender Untergliederung der einzelnen Bereiche in Dimensionen und deren Messung durch Indikatoren, valide empirische Ergebnisse erzielt werden können. So zählen u. a. zu den seit längerer Zeit stabilen Befunden, dass sich diejenigen Älteren an Teilhabe stärker beteiligen, die dies bisher in ihrem Leben schon getan haben und die dazu notwendigen Handlungslogiken[2] etablieren konnten (Aner 2005; Erlinghagen 2008), oder dass ältere Menschen mit niedrigeren Einkommen und niedrigeren formalen Bildungsabschlüssen sich seltener engagieren (Aner und Köster 2016, S. 476). Trotzdem scheint es dringend notwendig, mit einer systematischen Kompilation solch stabiler Zusammenhänge zu beginnen, die einzelnen Befunde in allgemeinere Hypothesen umzuformulieren, um so zu reichhaltigeren Ergebnissen auf einer Metaebene zu gelangen, auf der die neu generierten Hypothesen wieder zu prüfen wären (vgl. als einen Versuch: Abschn. 5.3). Eine Vorgangsweise, die einst schon von Otto Neurath mit der Absicht einer Verdichtung empirischen Wissens vorgeschlagen worden ist (Neurath 1981). Heute wird dieser Gedanke in den hauptsächlich statistisch geführten Metaanalysen verfolgt, ist allerdings durch diese auf

[2]Der Begriff Handlungslogik taucht zwar in Untersuchungen öfter auf, bleibt aber seltsam unterbestimmt. Es wäre sicher hilfreich, würde er in eine elaborierte Handlungstheorie eingebaut, wie sie z. B. von G. Dux entworfen worden ist (Dux 1992).

statistische Verfahren konzentrierte Logik und die für diese erforderlichen Datenarten sehr eingeschränkt. Eine Alternative böte sich im Kontext der First-and-Second-Order-Sciences, die allerdings viel zu wenig wahrgenommen wird (vgl. Malnar und Müller 2015).

In den letzten Jahren wurden zunehmend Projekte durchgeführt, in denen Teilhabe im Alter sich auf bestimmte Gruppen konzentrierte, die meiner Konzeption zufolge sich in schwierigen oder deutlich benachteiligten Lebenslagen befinden. Diese betrafen z. B. Menschen in Armutsverhältnissen, speziell arme Frauen, Menschen mit Behinderungen, mit Migrationshintergrund, mit Pflegebedarf, mit Demenzerkrankung etc. In diesen Projekten tritt zutage, dass ein auf alltäglich normale Lebenssituationen zugeschnittener Teilhabebegriff nicht allen wichtigen Lebensaspekten der Benachteiligten Genüge tun kann. „Normal" wird hier im Sinne von Alfred Schütz verstanden, in dem die alltägliche Lebenswelt als schlicht gegeben und bis auf weiteres als unproblematisch erfahren wird. Wird das Fraglose in Frage gestellt, bedarf das einer eigenen Behandlung. Verständlicherweise treten Perspektiven und Konzeptionen der Sozialen Arbeit und der Sozialpädagogik in diesen Projekten in den Vordergrund, die allerdings etablierten soziologisch-gerontologischen Hypothesen manchmal etwas fern stehen. Dass damit auch unterschiedliche Traditionen des Verständnisses von Wissenschaft und Praxis verbunden sind, in denen divergierende Horizonte von Problemverständnis wirksam werden, wurde verschiedentlich gezeigt (Amann et al. 2010b). Hier stellt sich in besonderer Weise die Aufgabe, angemessene Forschungsprogramme zu entwickeln.

In den Sozialwissenschaften ist es ratsam, nicht nach Maßzahlen vollendeter Integration der Menschen in ihre Gesellschaft zu suchen, denn eine solche Vorstellung wird am Maß der Vollkommenheit scheitern. Vollkommene Integration für alle wird es nie geben, weil es keine Gesellschaft ohne Ungleichheit geben kann. Das Problem in dieser ganzen Diskussion ist ja seit jeher nicht der Wunsch nach einer besseren Welt, sondern der Glaube an die Utopie einer vollkommenen Welt (Hobsbawm 2004, S. 215). Es ist daher dienlich, für soziale Integration eine Zielvorgabe zu wählen, von der von vornherein feststeht, dass es an sie immer nur eine Annäherung geben kann, die sich nur als ein Mehr oder Weniger bestimmen lässt (zu sagen, dass jemand doppelt oder dreifach so gut integriert sei, wie jemand anders, ist wissenschaftlich sinnlos). Diese Zielvorgabe wollen wir in der Möglichkeit sehen,

▶ *ein selbstbestimmtes und von Sinn erfülltes Leben zu führen, wobei der Sinn sich aus dem Zugang zu den und der tatsächlichen Nutzung aller vorhandenen gesellschaftlichen Bedingungen ergibt, die der Integration dienlich sein können.*

Ersichtlich geht es also um Fragen der Zugangschancen und ihrer Realisierbarkeit, wie sie schon von Ralf Dahrendorf in den 1970er Jahren diskutiert worden sind (Dahrendorf 1975). Hier verbindet sich nun das Konzept der sozialen Integration unter der genannten Zielvorgabe mit dem Konzept der Lebenslagen und ihren jeweils spezifischen Spielräumen. In der kapitalistischen Marktwirtschaft kann die Integration der Menschen in ihre Gesellschaft nur über den Markt hergestellt werden, weil einzig dadurch jene Mittel zu erreichen sind, die eine aktive Teilhabe am gesellschaftlichen Leben ermöglichen und definieren. Das lässt sich in die einfache Grundfigur aufbrechen, dass die einen ihre Arbeitskraft zum jeweiligen Marktpreis verkaufen müssen, die anderen mit ihrem Eigentum bzw. Besitz den größtmöglichen Profit erzielen müssen. Dass es Millionen gibt, die ohne Arbeit und Besitz trotzdem in irgendeiner Weise teilhaben können, hängt damit zusammen, dass in jenen Fällen, in denen jemand nicht zu einer der beiden Gruppen zählt, die Gesellschaft (der Sozialstaat oder andere Institutionen) einspringt. Die Bereiche, in denen die genannten Voraussetzungen gegeben sind, Teilhabe materieller, sozialer, kultureller und politischer Art also möglich wird, sind mannigfaltig, denn das als Marktwirtschaft auftretende System, das dem demokratisch verfassten Staat korrespondiert, ist hoch differenziert, es eröffnet der individuellen Lebensführung tendenziell immer mehr Möglichkeiten und Ausgestaltungen der Teilhabe, wenn auch im Alter unter besonderen Bedingungen, und damit auch der Integration. Und doch sind diese Optionen bei weitem nicht allen zugänglich (Amann 2017).

2.2 Lebenslagen

Die inzwischen sehr häufig in der einschlägigen Literatur zitierte Kurzdefinition der Lebenslage (Amann 1983, S. 147) enthält im Kern bereits die wesentlichen Bestimmungen. Lebenslagen sind Konstellationen äußerer Bedingungen (externer Ressourcen), die Menschen im Lebenslauf vorfinden, sie stehen in engem Zusammenhang mit den in wechselseitiger Abhängigkeit sich entwickelnden kognitiven und emotionalen Deutungs- und Verarbeitungsmustern (internen Ressourcen), welche die Menschen hervorbringen. Lebenslage ist also ein dynamischer Begriff, der die historische, sozialen und kulturellen Wandel erzeugende Entwicklung der äußeren Bedingungen umfasst, aber auch die spezifischen Interaktionsformen und möglichen Spannungsfelder zwischen dem Handeln der Menschen und diesen äußeren Bedingungen. In grober Vereinfachung und ohne erläuternde Bemerkungen ist folgendes festzuhalten. Die äußeren Lebensbedingungen sind die wirtschaftlichen, sozialen und kulturellen Verhältnisse, die ihrerseits durch Produktionsweise, Arbeitsteilung, Berufsdifferenzierung, Institutionen sozialer und politischer Macht und durch Privilegienverteilung entstehen. Wir können in diesen äußeren Umständen ohne Schwierigkeiten die gesamte Materie ausmachen, die unser Leben bestimmt: z. B. von den Beschäftigungs- und Einkommensbedingungen über rechtliche Regelungen des Staates bis zu moralischen Anforderungen von Glaubensgemeinschaften, und von den sozialen Organisationsformen der Netzwerke bis zu formalen Organisationen wie Vereinen, Verbänden etc. Um den beiden Zeitdynamiken gerecht zu werden, die sowohl Otto Neurath wie Gerhard Weisser unterstrichen hatten, habe ich zwei Perspektiven hervorgehoben: einerseits jene aufeinanderfolgender Kohorten, die jeweils unterschiedliche Höhen in der Verteilung des gesellschaftlichen Reichtums und der sozialen und politischen Freiheiten (oder Unfreiheiten) vorfinden, unter denen sie dann leben müssen, und die daraus sich ergebenden tatsächlichen und potentiellen Zugangs- und Verfügungschancen; andererseits den lebenslaufabhängigen Spielraum, den der/die einzelne zur Gestaltung seiner/ihrer Existenz jeweils vorfindet und tatsächlich verwertet. Schließlich ist davon auszugehen, dass Lebenslagen zwar in ihrer Gesamtheit auf einzelne oder Gruppen wirken, die innere Ausgestaltung umgekehrt aber weder von den einzelnen in ihrer Totalität wahrgenommen und interpretiert, noch ohne Trennung in Einzeldimensionen untersucht werden können.[3] Daher legte sich der Begriff der Lebenslagendimensionen nahe.

Um die inneren Gestaltungsprinzipien von Spielräumen näher zu kennzeichnen, ist es sinnvoll, von Knappheit und Balance-Arbeit, Zwang und Autonomie auszugehen. Knappheit ist eine konstante Relation zwischen objektiver Verfügbarkeit und subjektivem Verfügenkönnen in Bezug auf (nahezu) jedwede Gegebenheit, ob Zeit, Geld oder Kräfte. Sie erzwingt Koordination, die „Arbeit" bedeutet, weil niemandem unbegrenzte Wahrnehmungs- und Verarbeitungspotenziale im geistig-psychischen Bereich, noch unbegrenzte ökonomische Mittel und physische Kräfte zur Verfügung stehen (Amann 1990, S. 181). Wenn dieser Gedanke einmal auf exemplarisch ausgewählte wichtige Interaktionsbereiche eingegrenzt wird, so lassen sich drei finden: Die Berufs- und Arbeitswelt mit Produktion, Arbeitsorganisation und Leistungskontrolle; Familie als eine Quasi-Gegenwelt zur erstgenannten; schließlich die „freien" sozialen Beziehungen mit ihrem wahrscheinlich geringsten Institutionalisierungsgrad

[3] Was nicht bedeuten soll, dass Menschen ihre Lebenslagen nicht reflektieren. Hier hätten wir es mit dem Problem einer Beobachtung 1. und 2. Ordnung zu tun.

an normativen Anforderungen. In diesen Feldern müssen Menschen Energien und Kräfte ständig kalkulieren, verteilen und einsetzen. In manchen steht eher Zwang im Vordergrund, in anderen wieder Autonomie; der Mensch hat *Balance-Arbeit* zu leisten (Amann 1990, S. 181). Um zu der notwendigen Trennung oder Kombination zeitlicher, sachlicher und sozialer Anforderungen in der Lage zu sein, müssen Menschen entsprechend sozialisiert werden. So entwickeln sich im Lebensverlauf variierende mehr oder weniger gut ausgestaltete Handlungsanforderungen und Handlungskompetenzen, welche die Grundlage der Balance-Arbeit sind. „Anforderungen, Erwartungen, Angebote und Dispositionen sind innerhalb der drei genannten Felder jeweils spezifisch strukturiert und in hohem Maße nach Prioritäten geordnet" (Amann 1990, S. 183). Wahlen und Entscheidungen erfolgen nie völlig beliebig, sie sind an die gesellschaftlich vorgegebenen *Prioritäten* gebunden. Die Wahrnehmungs- und Handlungsweisen der Individuen sind untrennbar mit diesen Prioritäten verknüpft und die Gesamtheit all dieser sachlichen, zeitlichen und sozialen Gegebenheiten definieren *Spielräume.* Gegenüber dieser Struktur ungleich verteilter Prioritäten, die im Allgemeinen von stabiler Natur sind, haben wir subjektive Dispositionsspielräume anzunehmen, die es ermöglichen, nach eigenem Dafürhalten zu handeln. „Wir können daher, ausgehend von der Notwendigkeit einer ständigen Balance-Arbeit zwischen den drei Bereichen, mit Sicherheit annehmen, dass diese Balance-Arbeit vom Menschen in einer Struktur von Dispositionsspielräumen organisiert wird, die zu nützen er [oder sie] ein Leben lang lernt (…) Unter Verknüpfung von externen Bedingungen und innerer Autonomie ist so von *erlernten Dispositionsspielräumen* zu sprechen" (Amann 1990, S. 183).

An dieser Stelle ist nun der Gedanke auszufalten, der oben mit dem Begriff Lebenswelt angesprochen wurde. Bisherige Lebenslagenforschung ist schwergewichtig als Lage-Forschung ausgestaltet worden, also empirisch-analytisch mit einem Fokus auf äußeren Lagebedingungen, ergänzt um subjektive Einschätzungen und Bewertungen dieser externen Bedingungen. Eine Konzeption „kleiner Lebenswelten" (der Begriff geht auf Benita Luckmann zurück), müsste nun allerdings im Zuschnitt kommunikativer Lebenswelten gedacht werden. Diesen Lebenswelten kann eine generative Struktur zugeschrieben werden, da sie auf einem besonderen Typus von Erfahrung, Handeln und Wissen beruhen (Soeffner 1989, S. 15), und sie werden aufgrund einer originären Kompetenz der Akteure und Akteurinnen als Interaktionsräume aufgefasst. Zu fassen sind diese Interaktionsräume aufgrund „ausgezeichneter" Sachverhalte, die sich vor allem in der Reduktion auf kommunikatives Handeln finden. Diese Sachverhalte sind: a) die sozialen Beziehungen, in denen der oder die „andere" einen (alltagsweltlichen) Primat für die Sinnkonstitution hat;

b) das soziale Bewusstsein (das Wissen), das nach Sinnhorizonten geschichtet vorhanden ist und Intentionalität birgt; c) der soziale Sinn, auf den im strengen Verständnis erst die phänomenologische Reduktion zurückführt, die dann die Vielfalt alltäglichen Sinnverstehens zu eröffnen imstande ist; d) die Kommunikation, die sich in der Typik der Lebenswelten niederschlägt. Es versteht sich von selbst, dass es für eine Integration des Lebenslagenkonzeptes, wie es bisher diskutiert wird, mit einem Konzept der kommunikativen Lebenswelten erst einmal der Bestimmung der erkenntniskritischen und wissenschaftstheoretischen Voraussetzungen sowie einer strengen Begriffsanalyse bedürfte – was hier nicht geleistet werden kann.

Der Kern des Lebenslagenkonzepts lässt sich daher als dialektische Beziehung zwischen Verhältnissen und Verhalten bezeichnen, womit diese Beziehung gleichzeitig eine bedingte und strukturierte sowie eine bedingende und strukturierende Seite hat. „Lebenslagen sind dynamisch in der Perspektive ihres dauernden sozialen, ökonomischen und kulturellen Wandels, sie sind beharrend in der Perspektive ihrer nur durch Anstrengung zu verändernden Zustände“ (Amann 2000, S. 58). Alle Lebenslagen sind Ausdruck gesellschaftlich produzierter Ungleichheitssysteme, „in ihnen wird die jeweils vollzogene und sich vollziehende Vermittlung zwischen Struktur und der ihre Realität produktiv verarbeitenden Subjekte manifest“ (Amann 2000, S. 58).

Ingeborg Nahnsen hat erstmals versucht, in diesem Kontext den Gedanken des Spielraums auszugestalten und ihn als „Gesamtinbegriff der sozialen Chancen des einzelnen“ bezeichnet (Nahnsen 1975, S. 148). Dabei ging es nicht um eine einfache Begriffsverschiebung, denn es musste der Rahmen abgesteckt werden, innerhalb dessen sozialstrukturell relevante Dimensionen und die sie möglicherweise verbindenden Hypothesen bestimmt werden können. Dieser Rahmen umfasst eine Vielzahl analytisch zu denkender Bedingungen, die nach Komplexen geordnet „oder, anders ausgedrückt, zu mehreren (fiktiven) Einzelspielräumen der Lebenslage“ zusammengefasst werden müssen (Nahnsen 1975, S. 150). Die tatsächliche Selektion aus der großen Zahl möglicher fiktiver Spielräume führt dann zu folgenden, in denen das Maß möglicher Interessenentfaltung und Interessenrealisierung von den spielraumspezifischen äußeren Bedingungen abhängen:

„1) *Versorgungs- und Einkommensspielraum* (Umfang möglicher Versorgung mit Gütern und Diensten)
2) *Kontakt- und Kooperationsspielraum* (Möglichkeiten für die Pflege sozialer Kontakte und das Zusammenwirken mit anderen)
3) *Lern- und Erfahrungsspielraum* (Bedingungen der Sozialisation, Form und Inhalt der Internationalisierung (sic!) sozialer Normen, Bildungs- und Ausbildungsschicksal, Erfahrungen in der Arbeitswelt, Grad möglicher beruflicher und räumlicher Mobilität)

4) *Muße- und Regenerationsspielraum* (psycho-physische Belastungen durch Arbeitsbedingungen, Wohnmilieu, Umwelt, Existenzunsicherheit)
5) *Dispositionsspielraum* (Verhältnisse, von denen es abhängt, wie maßgeblich der einzelne auf den verschiedenen Lebensgebieten mitentscheiden kann)."

Es ist offensichtlich, dass diese Kategorisierung von Spielräumen bis heute viele Ergänzungen, Kritiken und Versuche einer empirischen Umsetzung erfahren hat. Offensichtlich aber ist auch, dass sie sich in manchen Themenbereichen ziemlich eindeutig mit jenen deckt, die für die Teilhabeforschung als relevant erachtet werden.

Die bisherige Entwicklung hat dazu geführt, dass Konzeptionen von Lebenslagen in Konkurrenz zu anderen Konzepten gerieten, wie jenen der Sozialstrukturanalyse, der Analyse sozialer Lagen, und auch jener der Lebensqualität; teilweise überlappen sie sich auch einfach. Dass dieser Prozess mitbestimmt war durch die Absetzung von älteren Schicht- und Klassenmodellen, ist evident. Dass der Begriff Lebenslage „keineswegs eindeutig und trennscharf" sei (Schwenk 1999), kann am ehesten unter dieser Perspektive akzeptiert werden. Ich möchte aber hier auf diese ausgedehnte Lamentatio nicht weiter eingehen, denn allzu oft fehlen gerade der harschen Kritik die erwartbaren konstruktiven Weiterführungen. Zielführend ist vielmehr, folgende Erfordernisse zu betonen: a) eine systematische Übersicht über die empirische Dimensionenvielfalt der Lebenslagenforschung zu gewinnen, und b) auf dieser Grundlage eine Komplexitätserhöhung des Konzeptes zu versuchen. Lebenslagenkonzepte, die als solche gelten können sollen, müssen zumindest

- verschiedene strukturelle Ebenen erfassen
- die transökonomische Vielfalt der Realitätsaspekte wahren
- die Zeitdynamiken berücksichtigen
- die Teilhabe- oder Gestaltungsaspekte bzw. Potenziale des Individuums berücksichtigen und
- Urteile über mehr oder weniger erfreuliche bzw. vorteilhafte Lagen zulassen.

Bei der Analyse von Lebenslagen wird meist die tatsächliche Situation jeder einzelnen Person betrachtet, das gilt jedenfalls uneingeschränkt für alle Studien, in denen Befragungsdaten zum Zuge kommen, ob sie nun primär erhoben oder aus vorhandenen Datensätzen sekundäranalytisch eingesetzt werden. Ebenso deutlich ist, dass einige Dimensionen und die für sie definierten Indikatoren (das Problem nicht direkter Beobachtbarkeit) mit steter Regelmäßigkeit Verwendung finden (wie z. B. Einkommen, Bildung, Erwerbsarbeit, Gesundheit etc.), andere wieder sehr selten und in eher bunter Auswahl. Ernährungszustand, verfügbare Kleidung, Körperpflegemöglichkeiten etc. dürften z. B. nur in der Forschung über Lebenslagen und Armut eingesetzt werden. Dies dürfte mit einem wissenschaftssoziologischen Phänomen zu tun haben, das mit den Beziehungen zwischen Theorie bzw. Konzeptualisierung und Daten zusammenhängt. Bei jeder Erhebung findet, ausgehend von der theoretisch zu argumentierenden Konzeptualisierung (welche Dimensionen werden gewählt) eine Selektion aus der Wirklichkeit statt, die ihrerseits durch den vorausschauenden Blick auf die gewünschten und erreichbaren Daten mitbestimmt wird. Das kann so weit gehen, dass erfahrungsgemäß heikle Fragen (die schlechte Datenvalidität produzieren oder hohe Non-Response-Quoten befürchten lassen) aus dem Konzept ausgeschlossen werden. Das empirische Ergebnis repräsentiert dann einen Realitätsausschnitt innerhalb eines bestimmten Zeitsegments.[4]

2.3 Sozialpolitik/SeniorInnenpolitik – Neubesinnung?

Begonnen wird mit einem umfassenden Blick. Der Begriff *Soziale Sicherheit* bzw. *Sicherung* umfasst in Österreich verschiedenste Regelungsmaterien. Hier sind jene Bereiche zu berücksichtigen, die einen spezifischen Bezug zur älteren Bevölkerung haben. Da außer dem Sozialbericht des Bundesministeriums für Arbeit, Soziales und Konsumentenschutz (BMASK) kaum einschlägige sozialwissenschaftliche Untersuchungen existieren, gibt eben dieser die Grundlage für die Systematik ab. In grober Einteilung sind folgende zu nennen:

- Sozialversicherung (insbesondere Pensionsversicherung)
- Arbeitslosenversicherung, Arbeitsmarktservice
- Universelle Systeme (Pflegevorsorge, faktische Wirkung)
- Bedarfsorientierte Leistungen (Ausgleichszulagen und Mindestsicherung)
- Sozialschutz für Beamte und Beamtinnen
- Sozialentschädigung
- Arbeitsrechtliche Absicherungen
- Betriebliche Formen der Altersvorsorge
- Soziale Dienste.

[4]In der Darstellung der Dimensionen und Indikatoren, mit denen Teilhabe empirisch gemessen wird, zeigen sich diese raum-zeitlichen Eingrenzungen deutlich.

In einem sozialwissenschaftlichen Verständnis kommt für das Thema Soziale Sicherheit und Sozialschutz vor allen Dingen der *Sozialpolitik* wesentliche Bedeutung zu. Sie ist ein Instrument, und darin besteht die Bedeutung von *Sozialschutz,* mit dessen Hilfe in die Lebenslagen und Lebensverhältnisse von einzelnen oder Gruppen von Menschen eingegriffen wird, um Risiko- oder Bedrohungslagen zu mindern oder ihren Eintritt zu verhindern. Ich folge hier den Auffassungen von Otto Neurath und Gerhard Weisser (vgl. Amann 1983). Mittelbar beeinflusst sie damit auch die (externen) Ressourcen, aus denen Teilhabe hervorgeht. Da die hier verwendete Konzeption von Lebenslage Ausdruck der sozialen Lage ist, ergibt sich eine direkte Linie zu den Aufgaben der Sozialpolitik als Gestaltungsmedium auch unter der Perspektive sozialer Ungleichheit. Ihre Maßnahmen sollen dem sozialen Zusammenhalt und der Bewältigung des sozialen, demografischen und wirtschaftlichen Wandels dienen. Dazu zählt auch die Vorbeugung gegen und die Vermeidung von Armut. In Kap. 8 wird beispielhaft auf Strategien der Vermeidung von Altersarmut eingegangen werden. Unter dieser Zielsetzung muss SeniorInnenpolitik auch Generationenpolitik sein.

Unvermeidlich taucht hier die Frage danach auf, was Politik/Sozialpolitik unter den gegebenen Verhältnissen bewirken solle und könne. Nicht selten entsteht der Eindruck, dass Menschen von der Politik sogar erwarten, dass sie die Solidarität zwischen den Generationen, die Integration der Älteren o. ä. herstelle. Es wäre aber ein grobes Missverständnis, würde jemand von der Politik erwarten, dass sie in der Lage wäre, bei den Menschen solche Haltungen und Handlungsweisen hervorzubringen und entsprechende Einstellungen zu erzwingen. Politik kann sich nur auf äußere Rahmenbedingungen beziehen. Perspektiven einer künftigen SeniorInnenpolitik zu entwickeln, bedarf *an allererster Stelle einmal einer realistischen Einschätzung dessen, was Politik sein kann und was ihre Aufgabe wäre.*

Anstatt einer Zusammenfassung von zahlreichen Analysen aus philosophischen und politikwissenschaftlichen Kompendien zu Wesen und Aufgabe der Politik will ich hier einen pragmatischen Vorschlag machen, wie diese Fragen beantwortet werden könnten und wie ein spezifisches Verständnis von SeniorInnenpolitik zu argumentieren wäre. *Politik ist die Gestaltung gesellschaftlicher Verhältnisse mit demokratischen Mitteln;* worauf eine so verstandene Politik zielt, sind Rahmenbedingungen, sind äußere Gegebenheiten der sozialen Existenz von Menschen, eben Lebenslagen. Die Mittel, derer sie sich bedient, sind jene, die in einem demokratischen Gemeinwesen vorgesehen sind. Sozialpolitik für Ältere oder SeniorInnenpolitik wäre in diesem Verständnis dann Gestaltung der Lebenslagen älter werdender und alter Menschen. An dieser Stelle sei gleich festgehalten: Die Mittel, derer sich die Politik für die Älteren zurzeit bedient, sind nicht alle, die im Rahmen unseres demokratischen Systems ausgeschöpft werden könnten.

Nach einer vorläufigen Bestimmung dessen, was SeniorInnenpolitik sein könnte und worin ihre Aufgabe besteht, ist nun nach ihrer Reichweite zu fragen. Eine erste Schwierigkeit für die Bestimmung der Reichweite in Begriffen ihres Gegenstandsbereichs ergibt sich bei genauerem Hinsehen daraus, dass es derzeit eine eigene Alten- oder SeniorInnenpolitik nicht gibt. Die Sicherung der Pensionen ist, zumindest rechtlich und institutionell, eine Frage der Politik der Pensionsversicherungen; Pflegevorsorge im Alter ist eine Frage der Gestaltung des Bundespflegegeldgesetzes, der Heimgesetze etc.; die Praxis der Hilfe und Pflege für ältere Menschen in fast 80 % aller Fälle ist eine Angelegenheit der Familien bzw. leider tendenziell ungleich verteilt noch stets nur der Ehefrauen und Töchter; die Situation älterer Arbeitnehmer und Arbeitnehmerinnen ist eine Frage der Arbeitsmarkt- und Beschäftigungspolitik und wiederum auch eine der Sozialen Sicherheit. Der Zugang zu neuen Perspektiven der SeniorInnenpolitik sollte also auf einem Weg gewählt werden, der sich nicht allzu eng an die institutionalisierten Aufgaben- und Kompetenzverteilungen hält. Stattdessen müsste dazu übergegangen werden,

- *Aufgaben einer umfassenden SeniorInnenpolitik einerseits an den sich verändernden Lebensbedingungen der älter werdenden Menschen selbst und andererseits an der generationenüberschauenden Entwicklung abzulesen.*

Dieser doppelte Blick erst vermag uns zu zeigen, dass für eine gedeihliche Entwicklung der Lebensbedingungen der Älteren die Sicherung der Pensionen ebenso ein Anliegen sein muss wie eine erfolgreiche Beschäftigungs- und Jugendpolitik (der Inbegriff von Generationenpolitik). Jugendliche, die keine Lehrstelle finden, die nach einer weiterführenden Ausbildung keine Anstellung ergattern, die arbeitslos und ohne Perspektiven sind, werden kaum als SeniorInnen auf ein erfülltes Leben zurückblicken und sich gegenüber einer Gesellschaft solidarisch fühlen, die ihnen die „besten Jahre" verdorben hat. An dieser Stelle ist eine oft wenig beachtete Tatsache zu betonen: Die Politik, die gestern von den heute Alten gemacht wurde, bestimmt unser Leben ebenso, wie jene, die wir heute machen, das Leben der morgen Alten bestimmen wird.

Was leider festgehalten werden muss, ist die Tatsache, dass der demografische Wandel und seine Konsequenzen in der österreichischen Politik, mit Ausnahme der Pensions- und Pflegediskussionen, noch zu keinen umfassenden und der Sachlage angemessenen Gesprächen und Programmentwürfen geführt hat. Tatsächlich stellt sich die Situation, und das kann gewusst werden, auf sehr vielfältige Weise und völlig verschieden von jener von vor 30 Jahren dar. Die demografische Entwicklung lässt sich z. B. durch folgende Trends umreißen: es gibt

- ein sogenanntes kollektives und ein relatives Bevölkerungsaltern sowie eine beträchtliche und auch schnelle Zunahme der Hochaltrigen
- den Strukturwandel der Altersphase (u. a. durch Individualisierung, Feminisierung und Pluralisierung des Alters)
- eine Schrumpfung der Bevölkerung (die ohne Zuwanderung sehr stark ausfiele)
- Heterogenität und Internationalisierung des Alters bei zunehmender ethnischer Singularisierung und Entfremdung
- Segregation und Ungleichheit im Alter
- Inselbildungen in Schrumpfung und Wachstum (Wirtschaft) sowie in den Beschäftigungsmöglichkeiten (vgl. Hüther und Naegele 2013).

Das bedeutendste Problem besteht aber wohl darin, dass in Österreich zwar die Sozialpolitik in die Agenden des Bundes, der Länder und der Gemeinden fallen, eine entsprechende Differenzierung in der öffentlichen Diskussion oder gar der einschlägigen Forschung so gut wie nicht stattfindet. Österreichische Gemeinden und Regionen altern nicht nur im Bevölkerungsschnitt, sie schrumpfen häufig, werden heterogener in den Lebenslagen der Menschen, unterliegen Prozessen der Singularisierung und Segregation.

In Abschn. 7.2.2 wird auf die Konzeption des Lebenslaufs näher eingegangen werden, hier hat ein familienpolitischer Vorgriff seinen Platz. Angesichts der aktuellen politischen Diskussionen in Österreich zu Familie, Bildung, Erziehung etc. (inkl. des sogenannten „Papa-Monat") wäre zu überlegen, ob es nicht helfen könnte, Familie neu zu denken, die Zielsetzungen ließen sich in einer Neureflexion des Verhältnisses zwischen sozialem Wandel und Zukunftsfähigkeit der Familie finden, in dem der Lebenslauf offenbar eine gewinnbringende Perspektive böte. Sie legt eine Längsschnittbetrachtung nahe und verweist auf Familie als Prozess und als dreidimensional in ihren Modalitäten: Sie muss als Institution mit sich wandelndem Personenbezug, als Alltagssegment mit sich wandelnden externen Bindungen und Verknüpfungen, und sie muss letztlich als eine Art Barometer mit phasenabhängigen Modernisierungs- bzw. Traditionalisierungsschüben gesehen werden (vgl. Krüger 2010). Die Lebenslaufperspektive der Geschlechter macht auf unterschiedliche Teilhabechancen an Arbeitsmarkt und Familie aufmerksam, in denen sich die Gelegenheitsstrukturen zwischen Berufen, Arbeitsmarktsegmenten und Bildungsangeboten laufend verschieben, sowohl individuell wie im Kohortenvergleich. Familie ist auch ständig mit lebenslaufrelevanten Institutionen vernetzt, deren gängigste Größe das Bildungssystem darstellt, das den Lebensverlauf des Nachwuchses jeweils bis ins Pensionsalter mitbestimmt. Doch hat sie es auch mit Kindergärten, Krankenhäusern, SeniorInnen- und Pflegeheimen zu tun, die ihrerseits als Institutionen der Sozialpolitik zu gelten haben. Sie alle gehen mit Familienmitgliedern lebensphasen- und lebensalterabhängige Beziehungen ein. Viele weitere Institutionen, von Arztpraxen über Einkaufsorte bis zu Ämtern, Behörden und Verkehrsinfrastruktur gestalten das Verhältnis zwischen Familie (Privatheit) und Öffentlichkeit und tragen zum Familienleben zu unterschiedlichen Familienphasen unterschiedlich bei (Krüger 2010, S. 229). Die Kardinalfrage aber, die all diese Relationen und Verhältnisse betrifft, lautet: Wieweit sind sie alle auf die vielfältigen Belange des Familienlebens tatsächlich eingestellt, wieweit negieren sie diese, indem die institutionellen und parteipolitischen Eigeninteressen stärker sind?

Die Reichweite der SeniorInnenpolitik ist aber nicht nur durch ihren Gegenstandsbereich bestimmt, also die sich verändernden Lebensbedingungen der älter werdenden Menschen und die intergenerationelle Entwicklung, sie bezieht sich auch auf die demokratischen Mittel, die ich bereits genannt habe. Hier müsste eine neue Politik in weit ausgreifendem Maße, viel weiter als es bisher der Fall ist, die SeniorInnen selbst in Meinungsbildungs- und Entscheidungsprozesse einbeziehen, ihnen in den verschiedensten Gruppierungen und Vertretungen Sitz und Stimme zugestehen. Nicht zuletzt wäre hier die Rolle der SeniorInnenverbände und -bünde, ihre Angebote und ihr Beitrag zur Aktivierung der Älteren sowie ihre strukturellen Ressourcen für den Einsatz zur Teilhabe genauer zu betrachten. Natürlich greift dieses Argument auch auf die Fragen einer neuen Kultur des Alterns aus. Politisch aktive, ihre eigenen Angelegenheiten mitgestaltende Senioren und Seniorinnen tauchen nicht nach der Pensionierung aus dem Nichts auf, sie müssen im bisherigen Leben bereits interessiert und aktiv gewesen sein, sie müssen die entsprechenden Anforderungen und Möglichkeiten bereits erfahren und gelernt haben – und dies schon von Kindheit und Jugend an. Das aber setzt eine Bevölkerung voraus, die sich nicht allein auf das verlässt, was andere für sie tun – *die* Politik und *der* Staat. So gesehen ist eine neue SeniorInnenpolitik ein Langzeitprojekt, das in eine Änderung der politischen Kultur in diesem Land, in ein anderes Bewusstsein und andere Möglichkeiten des BürgerInnenstatus eingebettet sein muss.

Im herkömmlichen Verständnis ist Politik für ältere Menschen, weit vorne vor allen anderen Zielvorstellungen, Sozialpolitik im klassischen Sinn: Unter der Rubrik „Soziale Sicherheit" sind alle Maßnahmen für den Fall des „Alters" damit gemeint. Diese Konzeption stammt in ihren Grundlagen aus der Zeit des sich entwickelnden Wohlfahrtsstaats, der sich nicht in einer „ergrauenden", sondern einer relativ jungen Bevölkerung bzw. Gesellschaft einzurichten begann. Alternde Gesellschaften, wie sie gegenwärtig die industriellen sind, stellen den Staat und die Politik aber auch vor andere Aufgaben.

Ein Überdenken des Generationenvertrags weit über die monetären Aspekte und die Sicherung der materiellen Lebensgrundlagen hinaus, die weiter integrierender Kernbestand einer SeniorInnenpolitik bleiben müssen, zählen nach Meinung vieler Menschen dazu. Dass dieser „Vertrag" einiger Korrekturen bedarf, ist keine Frage, doch die Meinung jener, die ihn überhaupt in Frage stellen und abschaffen wollen, zeugt nur von einem fundamentalen Unwissen über die Funktionsweisen und Stabilitätsvoraussetzungen des demokratischen Systems im Rahmen einer kapitalistischen Marktwirtschaft. Es muss auch um eine gerechte Verteilung der Lasten und Pflichten, um ein aktives Miteinander in der Vielzahl wachsender Generationen, um neue Begegnungsformen und gemeinsame Handlungsfelder gehen. Kommunikationsformen und Kooperationsmodelle müssen entwickelt werden, BürgerInnenengagement geweckt und gefördert, Familiensysteme gestützt und in ihren Leistungen ergänzt werden (z. B. im Ausbau von Kinderbetreuungsangeboten und länderübergreifenden Mindeststandards in der Kinder- und Jugendhilfe). Müsste nicht in diesem Zusammenhang z. B. das gesamte System der Transferzahlungen durchforstet und kritisch gesichtet werden, um beurteilen zu können, ob der Gesamteffekt jene Förderung von Familiensystemen erreicht, der beabsichtigt und erhofft wurde? Wäre es nicht sinnvoll, von einer Klientelpolitik zu einer gezielteren Sachpolitik umzuschwenken? Anlass zu entscheidenden Weichenstellungen für die Zukunft gibt es dringend (vgl. Kap. 8). Um es nochmals zu wiederholen: Eine SeniorInnenpolitik wird diesen Wandel weder dekretieren, noch herbeizaubern können, doch sie muss förderliche und ermutigende Randbedingungen dafür schaffen.

Der weite Bereich von Gesundheit, Betreuung und Pflege könnte in weit stärkerem Maße als bisher auch Gegenstand einer SeniorInnenpolitik werden. In vielerlei Hinsicht sind zusätzliche Einsichten und Kenntnisse unmittelbar gar nicht nötig um zu beweisen, wie bedeutsam Prävention und geriatrisch-gerontologische Rehabilitation sind, um die Lebensqualität im Alter zu heben, Kosten zu mindern und den Anforderungen einer alternden Gesellschaft in spezifischer Weise gerecht zu werden. Wäre es z. B. nicht Aufgabe einer neuen SeniorInnenpolitik, das Thema der Hochaltrigkeit und ihrer Konsequenzen zu einem der Hauptthemen zu machen – eine Reihe von wichtigen Aspekten würde hier in ein anderes Licht gerückt, beginnend bei Isolation und Einsamkeit, hin über Betreuungsbedarfe bei Demenz und Fragilität, finanzieller Schlechterstellung, prekären Wohnverhältnissen und grundlegenden Benachteiligungen, bis zum überwiegenden Frauenanteil in den hohen Altersgruppen und deren spezieller schlechter gestellten Lebenssituation? Nicht zuletzt würde auch ein Überwinden der manchmal sehr hinderlichen Unterscheidung zwischen Sozial- und Gesundheitssystem nützlich sein können.

2.4 Individuum-Umwelt-Verhältnis

Es bedarf an dieser Stelle nun keiner eigenen Begründung des Arguments mehr, dass das Individuum und seine Sozialwelt unauflösbar miteinander verbunden sind, dies ist anthropologisch und handlungstheoretisch längst geschehen. Die Frage allerdings, wie dieses Verhältnis im Zusammenhang mit Teilhabe im Alter erfolgreich zu konzeptualisieren wäre, ist noch längst nicht beantwortet. Die Vorschläge reichen vom „person-environment-fit", wie ihn Robert D. Caplan versucht hat (Caplan 1987) bis zu neueren, auf Wohn- und Technikumwelt bezogenen Modellen (Oswald und Wahl 2016). Der hier gemachte Vorschlag steht, wie bereits ausgeführt, in engem Zusammenhang mit dem Lebenslagenkonzept und dort spezifisch mit den Begriffen „erlernte Dispositionsspielräume" und „Ressourcen", wobei noch zusätzlich hervorzuheben ist, dass ich hier von einem spezifischen Person-Umwelt Verhältnis spreche, das wechselweise Entsprechungen (oder auch deren Gegenteil) birgt, die nicht auf alle Bevölkerungsgruppen zutreffen. Außerdem wird der Fokus auf das Verhältnis gelegt und nicht auf die individuelle oder die umweltliche Seite.

In einem weiteren Zusammenhang sind diese Überlegungen in einem EU-Projekt bestätigt worden, das in acht europäischen Ländern durchgeführt und in Wien von Anton Amann und Ralf Risser koordiniert wurde, und dessen Hauptthema Mobilität und Lebensqualität im Alter war. Der „weitere Zusammenhang" wurde dadurch hergestellt, dass individuelle Bedürfnisse und Wünsche mit Umfeldbedingungen physischer und sozialer Art in Verbindung gesetzt wurden. Diese Kombination führte dann zu „Profilen" dessen, was Ältere sich wünschen oder einmahnen, und die folgendermaßen zu benennen wären:

- *Sicherheit:* Sie wird als die Vermeidung von Situationen oder Ereignissen verstanden, die zu Schädigungen des Individuums führen können (wobei hier, wie im angelsächsischen Sprachgebrauch üblich, die Unterscheidung zwischen safety und security bedeutsam ist)
- *Zugänglichkeit:* Sie ist der Zustand voller Erreichbarkeit und der Nutzbarkeit von öffentlichem Raum, Serviceangeboten, Hilfsmitteln und Bewegung
- *Komfort:* Darunter ist eine Kombination des Wohlbefindens mit den Handlungs- und Situationsbedingungen in unmittelbarer Reichweite (Lebenswelt) zu verstehen, die für die sinnliche Erfahrung relevant sind

- *Attraktivität:* Sie bedeutet das Ausmaß und die Qualität der Anziehung durch den öffentlichen Raum in Beziehung zu der Fähigkeit, Aktivitäten zu beginnen und durchzuhalten und soziale Involvierung zu erreichen
- *Intermodalität:* Sie ist die Integration und Austauschbarkeit verschiedener Weisen und Wege, Ressourcen zu aktivieren und sie im Handeln einzusetzen (die Idee der Kompensation von Beschränkungen)
- *Technologisches Fit:* Darunter ist, in Entsprechung zu modernsten Entwicklungen, die Adaptierung der materiell-technischen Umwelt nach Standards einer neuen und erfolgreichen Entwicklung von Real-Zeit-Informationen zu verstehen (Internet, SMS etc.) (SIZE 2003).

Aus einer soziologischen und ebenso aus einer psychologischen Perspektive sind diese „Profile" spezifische Resultate über Wissen und Beziehungen der Älteren. Sie erfordern Beiträge aus der Umwelt, die an den Bedürfnissen der Individuen orientiert sind, sie erfordern aber offensichtlich auch, ältere Menschen in die Konstruktionsprozesse einzubeziehen, den Konsensus über Maßnahmen auch auf sie auszudehnen. Sie selbst können zur Beantwortung der planerisch bedeutsamen Frage beitragen: Welche spezifischen Voraussetzungen bietet ein konkretes Wissens- und Beziehungsnetz?

Die Umwelt sollte, im Schütz'schen Sinn, in unmittelbar erreichbare, mittelbar zu erreichende und fernab liegende, schwerer zu erreichende Umwelt unterteilt werden, wobei es nahe läge, die erste Stufe als soziale Mitwelt zu bezeichnen. Die Umwelten beinhalten Menschen, Objekte und Information. Das Individuum lässt sich als jene Einheit auffassen, in der Wahrnehmung, Erleben, emotionale Bindung und geistige Bewältigung der Umwelt im Wege von Verarbeiten-Lernen und Anwenden: sozialer Bildung stattfinden. Soziale Bildung umfasst auch das Verständnis, dass Menschen nicht in einem Vakuum existieren und topographisch betrachtet von einer ständigen Wechselwirkung beider (oder auch von mehreren) Seiten beeinflusst werden (Sting 2010). Die ständige Wechselwirkung zwischen den beiden Seiten lässt sich als jenes Verhältnis auffassen, durch das auf Seiten des Individuums Identität, Autonomie, Wohlbefinden, Zufriedenheit etc. gestiftet werden können, auf Seiten der Umwelt Gestaltung, Veränderung, Wandel. Die folgende Abbildung mag die hier formulierten Zusammenhänge schematisch verdeutlichen, wobei die Einsicht selbstevident ist, dass das Schema Voraussetzungen für Teilhabe, Teilhabe als spezifische Aktivität sowie Folgen von Teilhabe beinhaltet.

Die Komplexität aller in Abb. 2.1 denkbaren Zusammenhänge macht es unmöglich, ihre empirische Repräsentation in einem einzigen Forschungsprojekt realisieren zu wollen. Die Notwendigkeit, dafür entsprechende Modelle mithilfe

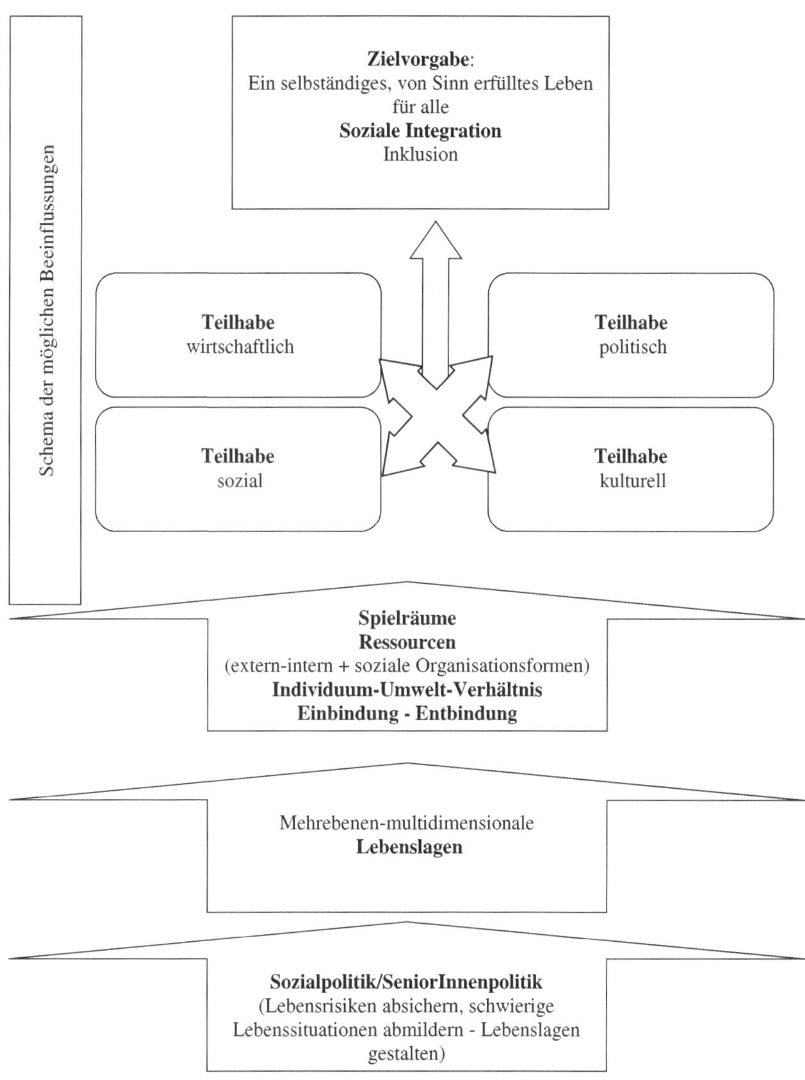

Abb. 2.1 Interdependente Struktur der Teilhabe im Alter

von Zeitreihenanalysen, Mehrebenenstrukturgleichungsmodellen sowie hermeneutischen Zugängen etc. entwickeln zu müssen, verweist auf den Entwicklungsbedarf eines elaborierten Forschungsprogramms mit langfristiger Perspektive.

Teil II
Sozialgerontologische Zentrierung

Teilhabe im Altwerden

3

Ehe auf die engere Thematik der Teilhabe am Leben im Alter zugesteuert werden kann, ist noch eine allgemeine soziologische Frage zu erörtern. Im Versuch, wie er oben vorgenommen wurde, den möglichen Entwicklungsgang zu rekonstruieren, in dem der Mensch seine Lebensformen konstruktiv selbst hervorbringt und hervorbringen musste, liegt der soziologische Kern in der Frage, wie das Zusammenspiel zwischen Subjekt und Umwelt beschaffen ist, in dem jeder einzelne Mensch in seiner Ontogenese die Handlungskompetenzen, Sprache und Denken sich so aneignen und ausbilden kann, wie es die Gesellschaft jeweils ermöglicht. Das rührt an die altehrwürdige Dichotomie von Individuum und Gesellschaft, die von frühester Zeit – z. B. bei Protagoras von Abdera – bis heute in der Soziologie keine befriedigende Auflösung finden konnte. Die Frage nach dem Verhältnis zwischen dem Menschen und seiner Gesellschaft soll dabei vorderhand nicht mehr bedeuten, als dass zwei Bedingungen soziologischer Erkenntnismöglichkeiten näher ins Auge gefasst werden: Die Momente, an denen soziologische Theorie anknüpfen muss, wenn sie den Menschen in einer Gesellschaft begreifen will, die er und die zugleich ihn hervorbringt, und die Voraussetzungen, unter denen menschliche Erkenntnis im soziologischen Sinn überhaupt erst möglich wird. Damit geht es, wie sich bereits gezeigt hat, zumindest um Fragen sogenannter Sozialtheorien, aber auch um Fragen einer anthropologisch-soziologischen Begründbarkeit von Subjekt und von Erkenntnis (deren Teil Theorie ja ist). Seit Beginn der Neuzeit war die Grundlegung der Philosophie und der Wissenschaften in einer Erkenntnistheorie versucht worden, die vor aller Bestimmung inhaltlichen Wissens zunächst einmal die methodischen Prinzipien gesicherter Erkenntnis bergen sollte. Mit dem zu Ende gehenden 19. Jahrhundert wurde aber immer klarer, dass eine solche Erkenntnis nicht aus sich selbst, beginnend an einem letzten, ein für allemal gesicherten Ausgangspunkt und dann

A. Amann, *Leben – Teilhaben – Altwerden*,
https://doi.org/10.1007/978-3-658-27230-2_3

schrittweise aufsteigend bis zu einer ausformulierten Theorie der Erkenntnis, entstehen kann. Immer deutlicher wurde, dass alle Erkenntnis in einen umfassenden Lebenszusammenhang einbezogen ist und im Zusammenhang praktischer menschlicher Tätigkeit entsteht und sich verändert. Später hat Jean Piaget dann sagen können, dass Erfahrung durch Handeln vermittelt sei. Diese Einsicht erforderte eine Tieferlegung der erkenntnistheoretischen Fundamente, die nun in einer Philosophischen Anthropologie gesucht wurden. Dieser Entwicklung korrespondierte eine zweite, die, ebenfalls im 19. Jahrhundert beginnend, für die Soziologie noch folgenreicher wurde. Das Verständnis der menschlichen Lebenswelt wurde in Begriffe und Kategorien gefasst, die bis heute ihre Verbindlichkeit behielten: Sie muss einmal als das Ergebnis des Handelns vergesellschafteter Subjekte begriffen werden, und sie muss, zum zweiten, als die spezifische Gesellschaftsformation verstanden werden, der diese Subjekte immer schon angehören. Damit wurde geradezu unübersehbar Sozialtheorie handlungstheoretisch verankert, Handlungstheorie (und damit natürlich auch eine Theorie des Subjekts) in den (Zwangs-) Zusammenhang von Gesellschaft gestellt. Genau aus diesem Grund ist es zu verstehen, dass Denker wie Karl Marx, Émile Durkheim und Max Weber eine Theorie der Gesellschaft gewissermaßen als Gattungsgeschichte des Menschen zu konzipieren versuchten. So unvollständig alle bisherigen Versuche auch blieben, das Programm steht aufrecht und harrt seiner Einlösung.

3.1 Die Malaise einer altehrwürdigen Dichotomie

So einsichtig wie die Tatsache, dass erst mit der Soziologie als Erfahrungswissenschaft diese Frage der gebrochenen Einheit von Mensch und Gesellschaft und ihre Diskussion auf die Ebene empirisch beobachtbaren individuellen und kollektiven Handelns verschoben wurde, so einsichtig ist auch die Tatsache, dass die Soziologie an ihrer Beantwortung immer wieder gescheitert ist. Die Trennung zwischen Subjekt und Objekt als Akt reflexiver Distanz setzt sich fort in der Trennung zwischen praktischem Handeln und theoretischer Reflexion (auch aus dieser Trennung ist Immanuel Kants Diktum zu verstehen, dass nichts so praktisch sei wie eine gute Theorie), und findet nochmals ihre Verlängerung in der Trennung von Philosophie und Wissenschaft und schließlich in der Unterscheidung zwischen einzelnen Spezialgebieten in den Wissenschaften – in der Soziologie: „Allgemeine" Soziologie als der Bereich der großen Theorien, „Spezielle" oder „Angewandte" Soziologie als Bereiche ihrer problembezogenen empirischen Forschung, und schließlich „Methoden" der Soziologie als das Feld wissenschaftlichen Handwerkzeugs. Diese Einteilung hat vor allem einen praktischen

Sinn, der sich mit der historischen Entstehung dieser Wissenschaft deckt: Auf der einen Seite stehen die theoretischen Fragen, die Grundsatzfragen der Soziologie, auf der anderen Seite die inhaltlichen Einzelmomente (Bindestrich-Soziologien), verbunden mit praktischen Fertigkeiten, wie sie angeeignet werden müssen im Sinne gesellschaftlicher Verwertbarkeit. In dieser wie auch immer fragwürdigen Unterscheidung drückt sich zugleich auch der Doppelcharakter der Soziologie aus: Als theoretische Soziologie stand sie immer auf des Messers Schneide, auch Philosophie der Gesellschaft zu sein, philosophische Ethik, als empirisch-praktische Soziologie ist sie jener Komplex, der aus den Kameralwissenschaften, insbesondere aus dem Merkantilismus des 18. Jahrhunderts sich entwickelte, aus den Bedürfnissen der heraufkommenden Zentralstaaten, als zum ersten Mal so etwas wie Gesichtspunkte einer geplanten Ökonomie und Verwaltung hervortraten, für die dann auch Übersichten über alle möglichen Bedürfnisse, Strukturverhältnisse und Wünsche nötig wurden. Soziologie ist also – ganz im Gegensatz zu den relativ geschlossenen Lehrgebäuden manch anderer Disziplinen – eine in sich widersprüchliche Wissenschaft, die einerseits in Detailmomenten und handwerklichen Künsten auf das unmittelbar gesellschaftlich Nützliche verpflichtet ist, während sie in ihrem theoretisch-reflexiven Anspruch zugleich auf die hinter dieser unmittelbaren Sichtbarkeit des Gesellschaftlichen liegenden Bedingungen gerichtet ist – darauf, „was die Welt im Innersten zusammenhält". Gerade dieser letzte Anspruch aber führt leicht zu einem Begriff von Theorie, der die Theorie als etwas Abstraktes gegenüber den gesellschaftlichen Einzelmomenten fasst, selber also problematisch wird. Als grobe These sei einmal festgehalten, dass die Widersprüche in der Gesellschaft, die deren Dynamik bestimmen, sich in der Soziologie als einem sozialen und zugleich kognitiven System widerspiegeln und somit soziologische Theorie selbst als Ausdruck gesellschaftlicher Auseinandersetzungen verstanden werden muss. Diese besondere Situation hat eine spezifische Konsequenz für die Art und Weise, in der soziologische Erkenntnis vermittelt werden kann; es gilt ja immerhin, das Unternehmen im Auge zu behalten, das, was vermittelt werden soll, sowie den Vorgang der Vermittlung selbst noch als Moment eines gesellschaftlichen Prozesses zu begreifen, dem die Theorie angehört. In allem Anfang, sagt Ernst Bloch, steckt ein Charakter von Willkür; davon dispensiert gerade nicht das Prinzip der dauernd forschenden Neugier, wie es im Bild des „faustischen" Menschen enthalten ist.

Theoretisches Denken ist in jedem Zeitpunkt der Versuch, sich Aufschluss über Fragen zu geben, deren Beantwortung aus dem bestehenden Wissen heraus unbefriedigend erscheint; am Anfang aller Theorie steht das Fragen. Theorie nährt sich aus dem Unerledigten, ihr wohnt das Unfertige, das erst noch zu Findende immer inne. Damit aber liegt es auch im Eigentümlichen der Theorie, dass sie über jene Empirie, die als systematisch erfasste der Wissenschaft als einzig zulässige gilt, immer hinausgeht. Genau aus diesem unerledigten Verhältnis heraus konnte Theodor W. Adorno sagen:

> „Aber theoretischen Entwürfen ist es eigentümlich, daß sie mit den Forschungsbefunden nicht blank übereinstimmen; daß sie diesen gegenüber sich exponieren, zu weit vorwagen, oder, nach der Sprache der Sozialforschung, zu falschen Generalisationen neigen (…). Ohne jenes Sich-zu-weit-Vorwagen der Spekulation jedoch, ohne das unvermeidliche Moment von Unwahrheit in der Theorie wäre diese überhaupt nicht möglich; sie beschiede sich zur bloßen Abbreviatur der Tatsachen, die sie damit unbegriffen, im eigentlichen Sinn vorwissenschaftlich ließe“ (Adorno 1998, S. 101).

Nach diesen gezielt allgemeinen Vorbemerkungen lässt sich nun zusammenfassen: Die Soziologie hat es mit einer grundlegenden Frage zu tun: Wie ist soziale Ordnung möglich, wie entwickelt sie sich, wie verändert sie sich und wie stabilisiert sie sich? Eine Antwort ist, nach heutigem Verständnis, ohne eine Theorie empirischer Subjekte nicht möglich. „Unabhängig von den wechselnden Trends in den soziologischen Debatten bleibt deshalb der Zusammenhang von Subjekt-, Sozialisations- und Gesellschaftstheorie ein zentrales Desiderat der Soziologie“ (Sutter 2003, S. 47). Auch sollte nicht übersehen werden, dass wir es hier mit der alten, nie abgetanen Frage nach dem Widerspiel von Zwang und Autonomie zu tun haben, von Individualismus und Kollektivismus, von der die Soziologie seit ihren Anfängen umgetrieben wird. Doch, welchen Problemen steht sie gegenüber? Zunächst einmal lässt sich festhalten: Die gegenwärtige Welt scheint so weit aus den Fugen oder zumindest von alten Ordnungsvorstellungen abgekommen zu sein, dass es keine Gesellschaft als einheitliches soziales Gebilde mehr gibt, in das Menschen einsozialisiert werden könnten (Tilmann Sutter). Damit gerät auch eine allgemeine Theorie der Gesellschaft in Untiefen. Teile der Theoriediskussion legen den Gedanken nahe, dass die funktionale Ausdifferenzierung moderner Gesellschaften ein Niveau erreichen könnte, auf dem sowohl die herkömmlichen Abgrenzungen von Gesellschaften als auch die in der Forschung eingesetzten Modelle (ob ihrer Unterdifferenziertheit) obsolet werden könnten (Schimank 2000). Auf der anderen Seite hat sich zwar die Debatte von den teils über dreißig Jahre alten Konzeptionen der Sozialisationsforschung gelöst und z. B. den Gedanken der „Selbstsozialisation“ entdeckt (z. B. Zinnecker 2000), der die konstruktive Eigentätigkeit sich bildender Subjekte betont. Doch die Koppelung mit Theorien der funktionalen Differenzierung scheint noch nicht gelungen zu sein. Auch will mir scheinen, dass hier alter Wein in neuen Schläuchen unterwegs ist. Schon Helmuth Plessner sprach von der „autonomen Selbstveränderung“ und

Arnold Gehlen von der „selbständigen Hervorbringung“. Was von solchen Wortprägungen erwartet werden kann ist, dass die Bedeutungsgehalte, die dahinter stehen oder in ihnen liegen, an dem ausgerichtet werden, was sich tatsächlich als geänderte gesellschaftliche Bedingungen der Subjektbildung auffassen lässt. Die ethnischen und kulturellen Wandlungen, die rasante Verbreitung und Nutzung neuer elektronischer Medien (insbesondere der so genannten sozialen) und andere Phänomene könnten im Zuge empirischer Forschung hier fruchtbar gemacht werden. Gelänge dies, wäre die Forschung einen Schritt weiter, doch wäre ein anderes Problem immer noch ungelöst: Die besondere Aufmerksamkeit für das Vermittlungsverhältnis zwischen Mensch und Umwelt; es trat auch bei Jean Piaget schon hervor, der auf der Grundlage einer genetischen Erkenntnistheorie dieses Verhältnis als Akkommodation und Assimilation konzipierte. Jean Piagets genialer Gedanke besteht in einem Lernbegriff, dem der Erwerb von Schemata zugrunde liegt, die unter dem „Druck“ der Umwelt erworben und zugleich dauernd autonom differenziert und umgestaltet werden. Ob nun „autonome Selbstveränderung“, „selbständige Hervorbringung“, „biologisch-kognitive Adaptation“ oder „Selbstsozialisation“ – in allen Konzeptionen wirkt im Hintergrund unausgesprochen eine Kraft, ein Vermögen, eine Aktivitätstendenz des Organismus, die das Subjekt antreibt und die nirgends befriedigend herausargumentiert wird.[1] Selbst die biochemischen Prozesse in der Zelle haben einen Motor im Hintergrund. Eine Durchsicht aller der Definition Leben zugehörenden Elemente in den verschiedensten Internetquellen zeugt nach meiner Wahrnehmung von der impliziten Annahme, quasi vortheoretisch, dass es eine solche bewegende Kraft gebe, ohne sie benennen zu können. Selbst ältere Konzepte einer ontologisch verstandenen Biologie des Alterns wirken noch nach, indem sie eine Bogenform der Entwicklung (von der Thales von Milet schon wusste) vom Aufbau über ein Optimum bis zum Niedergang des Lebensprozesses annehmen, die ebenfalls von so einer anonymen Kraft getrieben wird (Kment 1996). Interessanterweise gibt es von dieser Modellvorstellung eine Verbindung zu Auffassungen der jüngeren Biologie, die Altern als irreversiblen Vorgang im Gewande von irreversiblen einzelnen Prozessen in einem hochkomplex rückgekoppelten System (Organismus) verstehen. Einen möglichen Weg zu einer Antwort, allerdings in spezifischer Erkenntnisperspektive, sehe ich bei Günter Dux im Konzept der Selbstsorge, die ich oben auf die Rekursivität der organischen Prozesse zurückbezogen habe. Dass das eine

[1]Jean Piaget nennt sie „Haupteigenschaft der Organisation des Lebens“, was die Sache auch nicht einfacher macht.

erhebliche Volte darstellt, ist mir bewusst, denn auch in der Neurobiologie ist die Rekursivität letztlich ein Konstrukt.

Die Malaise von der ich hier gesprochen habe, macht es also schwierig, auf der theoretischen Ebene eines soziologischen Verständnisses von Individuum und Gesellschaft einen gesicherten Begriff von Teilhabe abzuleiten. Notwendig muss er daher an die Bestimmung im ersten Kapitel rückgebunden und gleichzeitig anhand empirischer Forschungsergebnisse angereichert werden. Dies geschieht nun, dem Plan der Überlegungen folgend, vor allem in Hinsicht auf das Alter.

3.2 Altersspezifität[2]

3.2.1 Altersstrukturwandel

Es ist wahrscheinlich, dass in einem Rückblick, der in vierzig Jahren unternommen werden könnte, sich das Altern der Bevölkerung im Weltmaßstab als der mächtigste Faktor im sozialen und kulturellen Wandel herausstellen würde. Bereits in der Mitte des 20. Jahrhunderts begann in verstärktem Maße ein gesellschaftlicher Transformationsprozess wirksam zu werden, welcher seine ersten Vorboten schon im 19. Jahrhundert hatte sichtbar werden lassen, und der heute mit der Vorstellung des globalen demografischen Alterns, „Altersstrukturwandel“ nach Hans-P. Tews (1993), bezeichnet wird. In grober Perspektive dreht es sich hier um eine fast säkulare Umschichtung der Mengenverhältnisse zwischen den verschiedenen Altersgruppen, die qualitative Veränderungen mit sich bringt, nicht zuletzt durch Vergesellschaftungsprozesse des Alters bedingte veränderte Teilhabeformen im Lebenszyklus. Wiewohl dieses Thema des Alterns mittlerweile durch alle Mühlen der Problembeglaubigung gedreht worden ist, hat es immer noch etwas vom Zauber des Unberechenbaren an sich. Die aktuellen Bevölkerungsprognosen sagen für die meisten Länder eine wachsende Zahl und einen steigenden Anteil älterer Menschen voraus. Dass die Relationen zwischen den einzelnen demografischen Merkmalen weltweit ungeheuer variieren, ist Teil dieses Puzzles. Doch die Konsequenzen für die Gesellschaft sind schwer zu fassen, werden gerne einseitig gesehen und ins Katastrophische umgedeutet, weshalb denn auch die Aussagen gewaltig oszillieren. Wann jemand alt ist bzw.

[2]Ein Teil dieses Kapitels stellt die stark revidierte und gekürzte Fassung eines Textes von Franz Kolland und Anton Amann (2013) dar.

als alt eingestuft wird, ist von physischen, psychischen und sozialen Faktoren abhängig, wobei unter sozial hier auch wirtschaftliche und kulturelle Dimensionen zu zählen sind. Da es sich dabei meist um Zuschreibungen handelt, ist die Palette informeller, aber doch verhaltenswirksamer Altersabgrenzungen Legion. Auf gesellschaftlicher Ebene bzw. im Bereich rechtlicher Regelungen gibt es eine klare Grenzziehung im Zusammenhang mit der Beteiligung an der Erwerbsarbeit, nämlich das gesetzlich festgelegte Pensions-/Rentenalter, das seine eigene Geschichte an ständigen Verschiebungen seit dem Ende des 19. Jahrhunderts hat; sie schließt viele Menschen von jener lebenszentralen Teilhabe aus, die als wirtschaftliche zu bezeichnen sich eingebürgert hat. Keine entsprechende Grenzziehung findet sich auf psychischer Ebene. Hier haben wir es deutlicher mit Veränderungen zu tun, die als krankheitsbezogene Abweichungen einzustufen sind, aber häufig nicht altersassoziiert auftreten. Darüber wird später im Zusammenhang mit Störungen und Krankheiten im Alter zu sprechen sein. Bei der Frage, wann sich jemand als alt einstuft bzw. ab wann jemand als alt gilt, zeigt sich sehr deutlich, dass die Antwort von der eigenen Stellung im Lebenslauf, von der sozialen Integration, also vom Ertrag der Teilhabe abhängt. Je älter jemand ist, desto höher wird subjektiv die Grenze angesetzt, ab der jemand als alt eingestuft wird; interessanterweise ist gerade dieser Bedingungszusammenhang für Variationen im Teilhabeverhalten von Bedeutung. Auch in biologischer und medizinischer Hinsicht gibt es wohl keine eindeutigen Abgrenzungen. Die Forschungsliteratur verweist auf eine Vielzahl von dort sogenannten Biomarkern des Alterns, also biologisch bestimmbare objektive Krankheitsindikatoren, unabhängig von einer speziellen Modalität ihrer Erfassung (Hampel und Pantel 2008), ob das nun die Festigkeit des Handgriffs, die körperliche Beweglichkeit, der oxidative Stress oder die Lungenfunktion ist. Gemeinsam ist all diesen Ansätzen, das Altern als ein mehrdimensionales Geschehen zu sehen, welches bei gegebenen biologischen Veränderungen stark psychisch und sozial beeinflusst ist (vgl. auch Amann 2008a). Wird über Alter und Altern gesprochen, dann braucht es nicht nur einen Blick auf den biologischen und psychologischen Alternsprozess selbst, sondern auch einen Blick auf die soziale Lage, auf Geschlechterverhältnisse und Ethnizität, Merkmale die alle in die sogenannte Vergesellschaftung des Alters Eingang finden. Über diese Perspektivenerweiterung wird die soziale Heterogenität im Alter sichtbar und deshalb verlieren generalisierte Altersbilder, die sich nur auf körperliche Veränderungen beziehen, an Überzeugungskraft. In solch erweiterter Perspektive ist von „Entwicklungsgewinnen" die Rede. Sie setzen aber voraus, dass Ziele bestimmt und von entsprechenden Motivationen besetzt werden. Wir werden durch unsere Herkunft sozialer, beruflicher und kultureller Art geprägt, was im späten Leben massiv zum Ausdruck kommt. Sigmund Freud war von der Macht der Herkunft noch so beeindruckt, dass er mit PatientInnen über 50 keine Analyse mehr begann. Was dann erst von seinem „Dissidenten" Alfred Adler gesehen und in dessen Konzept der Individualpsychologie übernommen wurde, war: Wir werden auch durch die von uns selbst gesetzten bzw. bejahten Ziele geprägt, eine Gedanke, der in der jüngeren Forschung in den Gedanken der Plastizität des Alters mündete (vgl. Amann et al. 2010a).

3.2.2 Was bedeutet „alternde" Gesellschaft?

Die demografische Alterung einer Gesellschaft im Sinne eines steigenden Anteils älterer und betagter Menschen wird durch drei Faktoren bestimmt: Geburtenniveau, Lebenserwartung und Wanderungen. Die wichtigsten Ursachen für das Altern einer Bevölkerung sind der Rückgang der Säuglings- und Kindersterblichkeit (steigende durchschnittliche Lebenserwartung bei der Geburt) und parallel dazu der Rückgang der durchschnittlichen Kinderzahl pro Frau. Beide Maßzahlen sind fast weltweit rückläufig, in entwickelteren Gesellschaften schon seit Jahrzehnten. Was ist nun also eine alternde Gesellschaft? In der allgemeinen Diskussion wird meist zu wenig sorgfältig zwischen den Prozessen individuellen Alterns und den Fragen nach dem Altern der Bevölkerung unterschieden. Für die Entwicklungsdynamik der Gesellschaft sind beide von Bedeutung, wenngleich auf unterschiedlichen Ebenen. Damit hängt eng zusammen, dass zunehmend häufiger vom Altern der Gesellschaften gesprochen wird. Gesellschaften altern aber nicht in dem hier meist unterstellten Verständnis, sondern die Menschen und die Bevölkerungen werden älter; deren Altern aber hat massive Konsequenzen für die Gesellschaften, wie gegenwärtig z. B. in China zu beobachten ist. Drei Perspektiven auf das Alter(n) sind zu beachten:

1. Die Sozialgerontologie ist eine transdisziplinäre Wissenschaft, weil Alter und Altern körperliche, seelische und gesellschaftliche Fragen umfassen, also nur in komplexen, fächerübergreifenden Problemstellungen sinnvoll untersucht werden können. Diese Vorstellung hat seit jeher die Forderung nach interdisziplinärer Forschung auf den Plan gerufen (vgl. Amann und Majce 2005).
2. Alter und Altern sind historisch und ontogenetisch (die spezifische Entwicklung des Individuums) bedingt, weshalb es gewaltige Unterschiede im Prozess und im Ergebnis des Alterns zwischen einzelnen Personen, zwischen den Geschlechtern, zwischen Kulturen und zwischen historischen Phasen gibt.
3. Das Alter, und vor allem das höhere Alter, ist ein noch wenig gestalteter Bereich der Gesellschaften, weil es zwar immer alte oder sehr alte Menschen

gab, eine für immer mehr Menschen stetig wachsende Wahrscheinlichkeit, ein hohes Alter erreichen zu können, aber erst eine Errungenschaft des 20. Jahrhunderts ist. Eine Theorie der Vergesellschaftung des Alters mit der Betonung der Hochaltrigkeit ist ein Desideratum der Sozialgerontologie.

Daraus lässt sich ableiten: Eine alternde Gesellschaft ist nicht einfach eine Gesellschaft, in der viele ältere Menschen leben. Es gibt mehrere Möglichkeiten der Bestimmung, eine besteht darin, von einem Verhältnis auszugehen: Wenn z. B. der Anteil der unter 20-Jährigen kleiner ist als der Anteil der über 65-Jährigen. Welche Auswirkungen hat eine so „alternde Welt"? Die öffentliche Diskussion ist sehr häufig weniger durch eine sachliche Auseinandersetzung als durch Argumente bestimmt, die auf Altersangst hinweisen, wie ja in den letzten Jahren das Spiel mit der Angst zum beliebten Zeitvertreib von Regierungen und Medien geworden ist, denen mangelnde Zurechnungsfähigkeit attestiert werden könnte. Da ist erstens die Angst, dass die bestehenden Gesundheitssysteme die wachsende Zahl an pflegebedürftigen Älteren nicht verkraften werden können. Das Gegenargument ist hier die These von der Kompression der Morbidität (Fries 1983), die von einem relativ abnehmenden Pflegebedarf ausgeht. Zweitens wird als Folge der ungünstigen Relation zwischen Erwerbstätigen und Pensionierten ein ökonomischer Kollaps erwartet. Allerdings scheint diese Befürchtung saisonalen Schwankungen zu unterliegen, abhängig von den kurzfristig sich ändernden ökonomischen Wachstumsprognosen. Eine rationale Annäherung an dieses Thema ist erst zu erwarten, wenn begriffen wird, dass in diesem Zusammenhang von einem völlig neuen Produktivitätsbegriff ausgegangen werden muss. Als Konsequenz dieser Belastungsvermutung wird ein Generationenkonflikt zwischen der erwerbstätigen Bevölkerung und den Betagten in Aussicht gestellt. Eine Lösung wird hier in einem längeren Verbleib in der Erwerbsarbeit und im Lernen gesehen, das das ganze Leben begleiten solle. Nicht umsonst zählt die Teilhabe an Bildungsprozessen im Alter zu den gut beackerten Forschungsfeldern. Eine dritte Gefahr wird im Strukturwandel der Familie wahrgenommen. Vermutet werden schwächere emotionale Familienbindungen und damit eine Unterversorgung der älteren Familienmitglieder. Gegen diese Ängste wird eingewendet, dass es in der Gesellschaft ein hohes intergenerationelles Solidaritätspotenzial gäbe. Schließlich finden sich Ängste, die als Folge der alternden Gesellschaft eine wirtschaftliche Stagnation vermuten. Dagegen wird eingewendet, dass sich in alternden Gesellschaften der Gesundheits- und Sozialsektor sehr produktiv entwickle. Es gehört diese ganze Diskussion auch dem Thema der sogenannten Altersbilder und ihren Schwerpunktschwankungen an, auf die noch näher eingegangen wird. Mit Bezug auf den dritten Punkt, der oben genannt wurde, die

Hochaltrigkeit, gibt es einige empirisch bedeutsame Befunde, die erkennen lassen, dass sich Einbindung und Entbindung im hohen Alter fast notwendig noch einmal umgestalten. Es existiert eine auffällige Heterogenität mit großen Unterschieden bei der Betroffenheit durch altersbedingte Einschränkungen und zunehmende Differenzierung im hohen Alter; trotzdem gibt es relativ große Gruppen von Männern und Frauen mit vergleichsweise gutem Gesundheitszustand, hoher Selbstständigkeit und autonomer Lebensführung, was in starkem Widerspruch zum vorherrschenden und überwiegend defizitorientierten Altersbild (Assoziation des hohen Alters mit Krankheit und Pflegebedürftigkeit) in der Gesellschaft steht. Knapp die Hälfte der Hochaltrigen ist auch von mehr oder weniger stark ausgeprägter Frailty betroffen; Frailty geht dabei häufig einher mit Multimorbidität, zunehmenden Mobilitätseinschränkungen und Einschränkungen in der Selbsthilfefähigkeit. Besonders zwischen 80. und 85. Lebensjahr beginnt eine signifikante Zunahme altersbedingter Funktionseinschränkungen, kombiniert mit einem Anstieg von Hilfe- und Unterstützungsbedarf sowie von Pflegebedürftigkeit. Frauen machen zwar den größten Anteil an der hochaltrigen Bevölkerung aus, befinden sich aber tendenziell in einem schlechteren gesundheitlichen Allgemeinzustand als hochaltrige Männer. Sie sind überwiegend stärker von chronischen Krankheiten betroffen, leiden häufiger unter ausgeprägten Mobilitätseinschränkungen und sind häufiger auf Unterstützung oder Pflege angewiesen. Hochaltrige sind desto gesünder, je höher ihre Bildung und ihr Einkommen sind. Es ist hoch wahrscheinlich, dass Menschen mit niedrigerem sozioökonomischem Status auch eine geringere Wahrscheinlichkeit haben, ein hohes Alter zu erreichen (vgl. Ruppe und Stückler 2015, S. 15–17).

3.2.3 Aufgaben politisch-praktischer Art

Wenn von alternden Gesellschaften die Rede ist, dann steht jedenfalls gegenwärtig die Nachhaltigkeit der sozialen Sicherung, also des Gesundheits-, Pensions- und Pflegesystems im Zentrum der öffentlichen Diskussion, Fragen und Gegebenheiten der eben erwähnten Art werden in der öffentlichen Diskussion notorisch vernachlässigt. Der vorherrschende Diskurs ist Teil der weiteren Wohlfahrtsstaatskritik, die seit den 1970er Jahren im Sog des Neoliberalismus das Denken zu beherrschen begonnen hat. Die meisten makroökonomischen Schätzungen gehen davon aus, dass sich die gesamten altersabhängigen öffentlichen Ausgaben in den nächsten Jahrzehnten erhöhen werden. In diesem Zusammenhang wird von einem (fiskalischen) sustainability gap gesprochen. Auch wenn die Ausgaben für Schulbildung und Arbeitslosenbeihilfen durch die rückläufige

Bevölkerung im Schul-/Studien- bzw. im erwerbsfähigen Alter sinken könnten, werden die Ausgaben für Pensionen, Gesundheit und Pflege aufgrund der Bevölkerungsalterung deutlich zunehmen und damit insgesamt zu einem Anstieg der öffentlichen Ausgaben führen.[3] Der Anstieg öffentlicher Ausgaben könnte dann geringer ausfallen, wenn sich die gesundheitliche Situation der älteren und hochaltrigen Menschen deutlich verbessert. Leben Menschen länger gesund, dann sinken die Ausgaben für Gesundheit und Pflege und es schließt sich die Nachhaltigkeitslücke. Die Aktivierungsstrategien im Wege über gezielte Teilhabe sind in diesem Bereich besonders auffällig, Menschen werden geradezu in die Pflicht genommen, aktiv zu sein. Besonders deutlich wird dies in den Versuchen, ältere Menschen über Ehrenamt und Freiwilligkeit an die Stelle von regulär Beschäftigten zu setzen. Auch die Freizeitindustrie profitiert erheblich von diesem Trend. Jedenfalls sollte festgehalten werden: Bislang setzen die meisten, durchaus gut gemeinten Aktivierungsprogramme bei individueller Kompetenzerhaltung und Kompetenzförderung an. Die Wirksamkeit solcher Interventionen ist heute nicht mehr unbestritten. Es bestehen Zweifel, dass mehr Aktivität zu stärkerer sozialer Interaktion führt. Denn es können Aktivierungsprogramme Abhängigkeit und Marginalisierung erzeugen und verstärken, die aufzuheben sie begonnen worden sind. Aktivierung in Altenwohn- und Pflegeheimen zielt oftmals auf die Befriedigung punktueller Bedürfnisse und weniger auf die strukturelle Veränderung von Umweltbedingungen. Sie findet teilweise in einem Rückzugsraum belangloser, sozial und gesellschaftlich irrelevanter Tätigkeiten und Rollen statt. Auch ehrenamtliches Engagement muss, soll es individuell und sozial erfolgreich werden, über Aktivismus hinausgehen.

Wegen der (relativ und absolut) überproportional wachsenden Zahl hochaltriger Menschen ist mit einem rasch wachsenden Betreuungs- und Pflegebedarf in bisher nicht da gewesenen Größenordnungen zu rechnen. Die Betreuungs- bzw. Pflegebedürftigkeitsquoten sind bis zum Alter von etwa 75 Jahren ziemlich gering. Dann aber steigt diese Quote rasch, sie erreicht bei den 80- bis 85-Jährigen knapp 20 % und liegt bei den 85- und Mehrjährigen bei 43 %. In diesem

[3]Dass es hier ständige Veränderungen in den Statistiken gibt, macht das Bild nicht einfacher. So wurde in Österreich jüngst der Anstieg des faktischen Pensionsantrittsalters positiv hervorgehoben. Allerdings ist ein Teil dieses Anstiegs künstlich, ein statistisches Artefakt. Mit der an sich vernünftigen Ausgliederung von Invalidität wurden rund 20.000 Reha-Geld-BezieherInnen aus der Pensionsstatistik herausgenommen, obwohl sie weiter aus denselben öffentlichen Mitteln versorgt werden. Außerdem sind die immer wieder auftauchenden Jubelrufe über einige Prozentpunkte so genannter Verbesserung nichts anderes, als fehlverstandene Zahlen unter belanglosen Kurzfristperspektiven.

Zusammenhang kann damit von einer zweiten Lücke gesprochen werden, nämlich einem care gap. Studien zur Baby-Boom-Generation in den USA sehen für die Zukunft eine Ausweitung der Hilfe-/Pflegelücke. Demnach können 15 bis 20 % der Baby Boomer mit keiner familiären Unterstützung rechnen, wenn sie Hilfe/Pflege brauchen. Noch größer ist die Lücke bei Personen ohne Ehepartner (Ryan et al. 2012, S. 185). Auch wenn die diesbezüglichen Aussagen für hochaltrige pflegebedürftige Menschen im Jahr 2030 sehr spekulativ sind, wird trotzdem von einem starken Rückgang der informellen (privaten häuslichen) Pflege ausgegangen. In der neueren gerontologischen Forschung ist dieses care gap allerdings umstritten. Es werden sowohl empirische Befunde vorgebracht, die auf eine Vergrößerung hinweisen, d. h. mit dem demografischen Altern verknüpfte steigende Pflegequoten als auch Belege, die auf eine Zunahme aktiver und behinderungsfreier Jahre in dieser gestiegenen Lebenserwartung hinweisen und damit auf einen Rückgang des Pflegebedarfs. Letztere Position ist mit James Fries (1983) verbunden (siehe oben), der die These von der „Kompression der Morbidität“ entwickelte. Bis zu seinen Arbeiten war lange umstritten, ob medizinisch nicht heilbare chronische Beeinträchtigungen sowie physiologische Alterungsprozesse zeitlich so weit hinauszuschieben möglich ist, dass sich diese auf wenige Jahre vor dem Tod komprimieren. Seine These wurde offenbar nur von wenigen verstanden und akzeptiert. Verbreitet war (und ist) die Vorstellung, dass mit zunehmender Langlebigkeit mit einer insgesamt schlechteren Gesundheit und Gebrechlichkeit in der älteren Bevölkerung gerechnet werden muss. Epidemiologische Daten sprechen z. T. allerdings eine andere Sprache: Zwar gibt es bei den Hochaltrigen hohe Zahlen an multiplen und chronischen Erkrankungen, doch bei weitem nicht alle sind dauernd behandlungsbedürftig, die Zahl der Diagnosen jedenfalls ist beträchtlich höher als jene der eingesetzten Therapien. Langzeitbeobachtungen sprechen allerdings für eine Kompression der Krankheits- und Behinderungslast. Empirische Studien aus den USA (z. B. Manton et al. 1998) zeigen, dass der tatsächliche Verlauf chronischer Behinderungen bei älteren Amerikanern niedriger ist als es der vorausberechnete Verlauf erwarten ließ. Ein Ansatzpunkt für die zukünftige Gesundheit und Mobilität im Alter wird in der Prävention chronischer Erkrankungen gesehen. Insgesamt bleiben die Ergebnisse und Ableitungen aus diesen Beobachtungen in ihrer langfristigen Bedeutung umstritten. Neuere Untersuchungen sehen die Kompression als ein Übergangsphänomen in modernen Gesellschaften und gehen von einem Anstieg der Morbidität im Alter aus (vgl. Boongarts 2005).

Die Diskussion um die alternde Gesellschaft ist aber nicht nur eine Frage ökonomischer und gesundheitlicher Überlegungen. Sie ist auch eine Frage der Gestaltung der zentralen sozialen Institutionen (Familie, Bildung, Erwerbsarbeit) und der damit verknüpften normativen Regelungen, die über Einbindung und Entbindung entscheiden. Das Alter ist gesellschaftlich unspezifisch ausformuliert, sodass von einer dritten Lücke gesprochen werden kann, nämlich einem normative gap. Normative Lücken finden sich etwa hinsichtlich der Beschäftigung älterer Menschen. Auch wenn die Charta der Grundrechte der Europäischen Union ein Verbot der Altersdiskriminierung enthält, haben z. B. Personen, die nach dem 50. Lebensjahr arbeitslos werden, erhebliche Schwierigkeiten, wieder eine Beschäftigung zu finden. Aber nicht nur in der Arbeitswelt sind normative Veränderungen aufgrund der Langlebigkeit notwendig. Normative Veränderungen braucht es auch im Bereich der Gesundheits- und Pflegeeinrichtungen und in Bildungs- und Freizeiteinrichtungen. Um die normative Lücke zu schließen, hat die UN-Generalversammlung 2002 die Strategie des mainstreaming ageing beschlossen. Diese Strategie verfolgt das Ziel, alle Aspekte des Alterns in allen relevanten Politikbereichen auf allen Ebenen einzubinden. Damit sollen normative Änderungen im politischen System, im Gesundheits- und Bildungssystem, in den kirchlich-religiösen Einrichtungen, in der Arbeitswelt und in der Familie angeregt werden, um der neu entstandenen Lebensphase Alter in ihrer Dynamik gerecht zu werden.

3.2.4 Das Altern wandelt sich

Alle sprechen es sich nach: Die Lebensphase Alter befindet sich im Wandel. Seit den 1970er Jahren wird auf Basis sozialgerontologischer Studien nicht nur das Defizitmodell des Alterns infrage gestellt, sondern auch die Homogenität dieser Lebensphase. Die wesentliche Änderung, die sich hier im wissenschaftlichen Denken zeigt, ist eine, die sich unter dem Begriff Differenzierung zusammenfassen lässt. Unter Differenzierung sind langfristige Veränderungen der Gesellschaft zu verstehen, die mit einer Neuentstehung und verstärkten Gliederung von sozialen Positionen, Lebenslagen und Lebensstilen verbunden sind. Ursachen für die steigende soziale Differenzierung sind die zunehmende Arbeitsteilung, die Langlebigkeit und die Ausbildung vielfältiger Lebensstile. Soziale Differenzierung beschreibt also die Aufgliederung eines einheitlichen Ganzen und bewirkt, dass die Individuen nicht mehr uniforme Identitäten ausbilden und damit auch weniger homogene Lebenslagen entstehen. Darauf wurde weiter oben beim Thema Gesellschafts- und Sozialisationstheorien eingegangen.

Hier lohnt ein kleiner, selektiver Rückblick. Einen der ersten Versuche, diese Veränderungen für die nachberufliche Lebensphase sichtbar zu machen, unternahm Bernice Neugarten (1974), indem sie zwischen den young old und den old-old unterschied, fürwahr eine grobe Rasterung. Dazu nahm sie eine altersmäßige Verortung vor, indem sie das junge Alter zwischen 55 und 75 Jahren und das alte Alter über 75 Jahren ansetzte. Dabei gestand sie allerdings selbst ein, dass eine solche Angabe unbefriedigend sei, weil das chronologische Alter keine zuverlässige Größe sei, um die soziale Differenzierung gut zu beschreiben, aber diese doch als „Grenzmarker" unverzichtbar seien. Studien zur Lebensqualität im Alter haben längst nachgewiesen, dass das chronologische Alter keine erklärungsmächtige Variable ist. Die jungen Alten beschrieb Neugarten als relativ gesund, wohlhabend, frei von traditionellen Familienverpflichtungen und gut gebildet bzw. politisch aktiv. Diese Gruppe, so Bernice Neugarten, würde über neue Bedürfnisse und eine aktive Gestaltung ihres Lebens eine „altersirrelevante" Gesellschaft hervorbringen. Die alten Alten sind jene, die aufgrund gesundheitlicher Belastungen Pflege und Dienstleistungen brauchen. Gerade in dieser Gruppe wird die Teilhabe am Leben häufig prekär. Die Idee der Altersirrelevanz ist allerdings von der Entwicklung ausgehebelt worden, denn vermutlich kein Wirtschaftszweig floriert heute besser als jener der Fernreisen für die aktiven Alten.

Einen weiteren wesentlichen Beitrag zur Beschreibung der Differenzierung des Alters leistete der englische Historiker Peter Laslett (1995), der die Altersphase in ein drittes und ein viertes Lebensalter unterteilte. Diese Unterscheidung hat nicht nur in der wissenschaftlichen Forschung eine enorme Reaktion ausgelöst, sondern auch die Praxis der Dienstleistungsangebote im Alter beeinflusst. Rückblickend lässt sich wieder einmal feststellen: Kategorisierungen schaffen Tatsachen. Was ist nun neu an dieser Konzeption? Während das dritte Lebensalter eine Lebensphase der Wahlmöglichkeiten, der erweiterten Gelegenheiten, der Kreativität und der persönlichen Entwicklung ist, ist das vierte Lebensalter durch Abhängigkeit und Abbau gekennzeichnet. Die jungen Alten (drittes Alter) leben weitgehend behinderungsfrei, während bei hochaltrigen Menschen (viertes Alter) altersbedingte körperliche und geistig-psychische Einschränkungen zu Anpassungen im Alltagsleben zwingen. Wenn auch Peter Laslett diese Gliederung nicht an ein bestimmtes Lebensalter gebunden sehen wollte, so werden in der sozialwissenschaftlichen Diskussion die über 80-Jährigen Menschen und besonders die über 85-Jährigen zur Gruppe der Hochbetagten gezählt. Diese Festlegung beruht auf demografischen Überlegungen und Zahlen zur Pflegeprävalenz. Die von Peter Laslett vorgenommene Einteilung in drittes und viertes Lebensalter löst sich völlig vom kalendarischen Alter und setzt an seine Stelle ein Konzept, welches auf Lebenslage und Generationenzyklus zurückgreift. Was allerdings im Vergleich zu Bernice Neugarten, die noch als Zukunftsvorstellung eine altersirrelevante Gesellschaft beschrieben hatte, nicht weitergeführt wurde, war die

Überwindung einer binären Sicht des Alters und eine stärkere Verknüpfung objektiver und subjektiver Einflüsse.

Hat damit die Dreiteilung des Lebenslaufs ein Ende? Die Entwicklung zur modernen Industriegesellschaft ist nach Martin Kohli (1985) von der Ausbildung eines regulierten Lebensverlaufs gekennzeichnet (vgl. die Überlegungen zur Lebenslaufpolitik weiter unten). Bezogen auf den Lebenszyklus heißt dies, dass man in der modernen Gesellschaft einen Lebenslauf beobachten kann, der eine vergleichsweise hohe Altersgradierung aufweist. Dieser als Institutionalisierung des Lebenslaufs beschriebene Prozess (Kohli 1985) bezieht sich nicht nur auf den geordneten Ablauf der Lebenszeit, in der etwa die Altersgrenze stark regulierend wirkt, sondern auch auf den Handlungsmodus selbst. Gemeint ist damit eine zunehmende Biographisierung des Lebenslaufs, d. h. der Lebenslauf wird vom Individuum zunehmend selbst gestaltet und weniger von Familie, Schicht- oder Religionszugehörigkeit beeinflusst (vgl. Amann 2017). Dieser Aspekt deutet gerade in entwickelteren Gesellschaften auf die Möglichkeit einer Ausweitung der Teilhabemöglichkeiten. Bestandteil der Institutionalisierung des Lebenslaufs ist die Dreiteilung in Ausbildungs-, Erwerbs- und Ruhestandsphase.

In der Dreiteilung sehen Mathilda und John Riley (2000) ein strukturelles Ungleichgewicht für die Lebenssituation älterer Menschen. Obwohl diese ein immer längeres Leben bei immer besserer Gesundheit erwarten, werden sie über festgelegte Altersgrenzen aus der Erwerbsarbeit in die Freizeitrolle entlassen. In diesem Zusammenhang sprechen die beiden Forschenden von einer „strukturellen Diskrepanz", womit gemeint ist, dass es eine Lücke gibt zwischen den vorhandenen Kompetenzen und Potenzialen des Alters und den tatsächlich verfügbaren Rollen. Außer der Großelternrolle stehen den älteren Menschen kaum andere soziale Rollen zur Verfügung. Diese soziale Struktur bezeichnen sie als „alterssegregiert", d. h. nach der Ausbildungsphase folgen die Erwerbs- und Ruhestandsphase in einem linearen Ablauf. Diese Dreiteilung des Lebenslaufs in seiner linearen Abfolge müsse zugunsten einer altersintegrierten Struktur aufgelöst werden, und zwar so, dass alle drei Phasen des Lebenslaufs nicht mehr hintereinander ablaufen, sondern gleichzeitig. Altersdifferenzierte Strukturen haben nicht nur den Nachteil, dass sie zuwenig die Potenziale des Alters ausschöpfen, sondern auch Formen sozialer Exklusion und Segregation erzeugen.

Während es bei dem von Mathilda und John Riley vorgestellten Modell primär um die Auflösung der Dreiteilung des Lebenslaufs geht, die als hinderlich für die Entfaltung eines produktiven Alters gesehen wird, wird in einem neueren Modell zur Lebensphase Alter von Miwako Kidahashi und Ronald J. Manheimer (2009) von einer „Nach-Ruhestands-Gesellschaft" ausgegangen. Während das 20. Jahrhundert vom Modell des Ruhestands nach einer langen Erwerbsphase bestimmt war, wird das 21. Jahrhundert als eines gesehen, welches durch die sich wandelnde Erwerbsarbeit, das lebenslange Lernen und eine erweiterte Freizeit sich in ein Zeitalter verwandelt, in welchem die Institution des Ruhestands als Lebensphase des „Ausruhens" verschwinden wird. Nicht anders als in anderen Forschungsgebieten verändern sich die Kategorisierungen und Leitbegriffe auch in der Sozialgerontologie ständig, nur die ständige empirische Bedeutungskontrolle vermag letztlich die Haltbarkeit der Vermutungen zu ermitteln.

3.2.5 Sinnvoller Pragmatismus

Unter pragmatischer Perspektive und geboren aus einer Wirklichkeitsbeschreibung, die Ökonomie und Wohlfahrtsstaat gleichermaßen in der Krise sieht, hat sich sozialgerontologische Forschung in den letzten Jahren mehr als je zuvor auf Fragen und Probleme konzentriert, die die Lebenssituation älterer und sehr alter Menschen betreffen und unmittelbar mit den Voraussetzungen und Konsequenzen der sozialpolitischen Gestaltung sozialer Lebensverhältnisse zusammenhängen. Demografischer Wandel und Strukturwandel des Alterns sind Folgen bzw. Ergebnisse der Modernisierung der Gesellschaft. In ihrer Wechselwirkung mit Elementen der Modernisierung sind sie Hintergrund für das sich entwickelnde Erfordernis einer neuen Vergesellschaftung des Alterns. Unter Vergesellschaftung ist die materielle und normative Integration in die Gesellschaft gemeint. Je nach Gesellschaft gibt es unterschiedliche Mittel und Ziele der Integration. Eine gelungene Vergesellschaftung ist dann gegeben, wenn der einzelne über eine akzeptable Existenzgrundlage verfügt, eine sinnvolle und anerkannte Beschäftigung hat, befriedigende soziale Kontakte und eine befriedigende gesundheitsbezogene Ausstattung.

Nicht demografische Entwicklung und Altersstrukturwandel ergeben – wie in der öffentlichen Diskussion häufig unterstellt wird – ursächlich die bislang ungelöste Herausforderung an die Gesellschaft. Altern kann nicht zureichend begriffen werden, wenn es nur als Problem für die Gesellschaft gesehen wird. Erst im Zusammenhang mit den Prozessen der Veränderung in Ökonomie, Politik und Kultur, am Arbeitsmarkt und bezüglich der Sozialpolitik und der Familie tragen auch demografische Entwicklung und Altersstrukturwandel dazu bei, dass die bisherige institutionalisierte Vergesellschaftung des Alterns zunehmend problematisch wird. Die bisherigen altersrelevanten Vergesellschaftungsformen sind nicht dynamisch und flexibel genug, um mit der gesamten gesellschaftlichen Entwicklung Schritt zu halten. Sinnvoller Pragmatismus wäre an die Voraussetzungen anzubinden, die ich anhand der Neukonzeption von Generationenpolitik weiter oben dargelegt habe.

3.2.6 Störungen und Einschränkungen

Erhebungen in verschiedenen europäischen Ländern (vgl. SIZE 2006)[4] haben erwiesen, dass für die Betrachtung von Störungen und Einschränkungen, die größtenteils mit dem Älterwerden einhergehen, aus einer sozialwissenschaftlichen Perspektive das Konzept der Mobilität geeignet ist, um Forschungsbefunde in einen systematischen Zusammenhang zu stellen. Zuvorderst sind einige begriffliche Klärungen dienlich. Wenn von Mobilität gesprochen wird, ist der gedankliche Bezugspunkt meist eine Bewegung im Raum bzw. ein raum-zeitlicher Vorgang. So lautet denn auch eine gängige Auffassung: Mobilität heißt die Bewegung von Personen und Gütern im Raum, um Distanzen zu überwinden. Diese an den Gedanken von Verkehr angelehnte Auffassung ist jedoch zu eng für unsere Fragestellung. Obwohl nun der Begriff Mobilität seinen Ursprung in der Militärsprache des 18. Jahrhunderts haben dürfte, wurde er von allem Anfang an in psychischen und sozialen Kontexten gebraucht. Der deutsche Geograf Jürgen Bähr hat deshalb eine allgemeine systemtheoretische Umschreibung verwendet: Mobilität bedeutet die Veränderung der Position eines Individuums zwischen definierten Einheiten eines Systems (Bähr 1983, S. 278). Neben diesen Auffassungen birgt der Begriff die Vorstellung eines kognitiven Vermögens im Sinne von Promptheit und Reagibilität des Denkens (mobilitas animi). Diese geistige Mobilität wurde seit jeher als Korrelat zur physischen Mobilität gesehen. Inzwischen ist es üblich geworden, zwischen sozialer und räumlicher Mobilität zu unterscheiden, wobei in erster Linie auf die Bereitschaft und tatsächliche Realisierung, den Wohnort sowie soziale Netzwerke und Bildungs- und Arbeitsumwelt zu wechseln, gezielt wird. Es zeigt sich an diesen Beispielen, dass der Begriff Mobilität sehr verschieden gefasst wird. Für die vorliegende Fragestellung versuche ich, ihm einen spezifischen Zuschnitt zu geben.

Ein Individuum muss prinzipiell in der Lage sein, sich im Raum zu bewegen, besitzt es diese Fähigkeit nicht, ist Teilhabe am Leben ohne Unterstützung nicht möglich. Deshalb lässt sich auch sagen, dass Mobilität die Erfahrung und die Nutzung von Lebensraum konstituiert (Topp 2001). Wiewohl diese Voraussetzung als unabdingbar für die Teilhabe am Leben sich darstellt, gibt es erhebliche interindividuelle Grade oder Ausmaße an Mobilität, die für notwendig angesehen werden, und es gibt höchst unterschiedliche Ziele, in deren Dienst

[4]Neben Anton Amann und Barbara Reiterer waren Ralf Risser (Fa. FACTUM, Wien) und Heinz-Jürgen Kaiser (Universität Erlangen) an der Kompilation des hier zitierten Berichts beteiligt.

Mobilität gestellt wird. In der Literatur wurde zielgerichtete Mobilität mit Bedürfnissen in Verbindung gebracht, deren Befriedigung mit den physischen und sozialen Mobilitätsbedingungen der Umwelt in Konflikt geraten können. Die Sozialgerontologie hat sich einen transaktionalen Mobilitätsbegriff zu eigen gemacht, der deutlich in der „Environmental Docility Hypothesis" (Lawton 1990) zum Ausdruck kommt. Das Individuum und seine Umwelt sind wechselweise miteinander verbunden. Wenn nun jemand älter wird und wenn zunehmend Verluste und Defizite auftauchen, wird die spezifische Ausgestaltung der Umwelt mehr und mehr bedeutsam für die Planung und Realisierung des Alltagslebens und vice versa, oder in anderen Worten: Die Bedingungen für Einbindung werden ohne Anpassung der Umwelt an die geänderten Bedürfnisse des Individuums und ohne Anpassung des Individuums an die Umwelt schwieriger.

Nun ist auf einen Aspekt der Mobilitätsdiskussion einzugehen, die in den letzten Jahren zunehmend ideologisch durchsetzt wird, indem der Diskurs selbst normativ geworden ist. In der Gegenwartsgesellschaft hat Mobilität längst eine positive Konnotation angenommen; völlig abseits von individuellen Bedürfnissen und Absichten gilt sie als Synonym für aktiv, dynamisch, vital, flexibel, fleißig und anpassungsfähig. Mobilität ist zu einem Slogan für ein gutes Leben geworden und damit zu einer Aufforderung für einen bestimmten Lebensstil. Das hat seinerseits wieder damit zu tun, dass Teilhabe der Älteren (social participation genannt) auf der sozialen und politischen Agenda steht, weil, ganz zu Recht, von der Teilhabe erhofft wird, dass sie Ausgrenzung verhindere. Angemessene Unterstützung für die Älteren wird zu organisieren schwierig und auch kostspielig, wenn diese von den gesellschaftlichen Institutionen und Angeboten abgeschnitten oder ihnen gegenüber isoliert sind.

Das steigende Alter ist mit einer Reihe physischer und psychisch-geistiger Einschränkungen und Defizite verbunden. Sensorische, kognitive, psychische und organische Fähigkeiten können eingeschränkt werden, was unweigerlich zu Mobilitätsveränderungen führt, die ihrerseits wieder in einen Verlust von Lebensqualität und erhöhte Kostenbelastung münden können. Zumindest seit einem Vierteljahrhundert[5] konnten einige empirische Zusammenhänge wiederholt bestätigt werden. Der Vergleich von Mobilitätsparametern unter Älteren zeigt, dass in 50 % der Tage eines Jahres diese ihre Wohnung nicht verlassen (Übereinstimmung für Belgien, die Niederlande, das Vereinigte Königreich und die Schweiz, siehe SIZE 2006, S. 19). Der Prozentanteil hängt, unter anderen Faktoren, vom chronologischen Alter und

[5]Zum Vergleich der Daten siehe die im Text angegebenen älteren Quellen und die referierten Befunde in Amann (2011).

dem Geschlecht ab. Für 75-Jährige und ältere lag der Wert bei 60 %, bei Frauen dieses Alters bei 70 %. Die Ursachen sind verschieden; aus einigen Forschungen geht hervor, dass zwar die Zeit, welche Ältere im Vergleich zu Jüngeren außer Haus verbringen, erkennbar zurückgeht, nicht aber die Zahl der Außer-Haus-Aufenthalte (Hartenstein und Weich 1993, S. 39). Zu den persönlich berichteten Motiven zählen nicht nur physische Einschränkungen, sondern auch Einstellungen und Emotionen, besonders die Furcht, Opfer von Übergriffen auf der Straße zu werden.

Der Bewegungsradius schränkt sich mit zunehmendem Alter ein. In diesem Fall der Mobilitätsminderung sollte das Augenmerk auf Barrieren gerichtet werden, die möglicherweise unnötig sind und entfernt werden könnten.

3.2.7 Geistig-psychische Veränderungen

Für unser Thema der Bedingungen für die Teilhabe am Leben mag es genügen, von psychisch-geistigen Veränderungen im Alter und von psychischen Störungen und Krankheiten im Alter zu sprechen, auch wenn diese Unterteilung etwas grob anmuten mag (vgl. Jenny 1996).

Eine lange Geschichte hat die Auffassung vom generellen geistigen Leistungsverfall im Alter, eine Form der Intelligenzveränderung, erlebt. Die sogenannte „Defizit-Hypothese“, die Annahme, dass es ab dem dritten Lebensjahrzehnt zu einer sukzessiven Minderung der geistigen Leistungsfähigkeit komme (Lehr 1991), ist längst widerlegt. Früh schon hat Leopold Rosenmayr (1974) in einem umfänglichen Literaturreferat das Thema kritisch behandelt. Trotzdem herrscht, gerade für das höhere Lebensalter als ganze Lebensphase, diese Sichtweise immer noch weithin vor; nicht nur bei Jüngeren, auch viele Ältere nehmen sich selbst so wahr. In dieser Haltung, denn etwas Anderes dürfte es nicht sein, schlägt eine allgemein in der Gesellschaft verbreitete, tendenziell abwertende Einstellung gegenüber dem Alter durch – entgegen aller Alterseuphorie, die von der Werbung verbreitet wird.[6] Tatsächlich kommt es aber im höheren Alter nicht bei allen Menschen zu denselben Veränderungen, sodass vielfältige interindividuelle Möglichkeiten geistiger Veränderungen und auch Steuerungsmöglichkeiten auftreten: Abbau und Kompensation, Selektion, Optimierung sowie Aktivierung

[6]Die unter einer degenerativen, bewegungshinderlichen und schmerzhaften Gelenkserkrankung leidende Großmutter kann am Morgen plötzlich mit Hund und Enkel durch den Garten tollen, wenn sie sich nur am Abend davor das Knie mit der angeblich besten Salbe eingerieben hat, die am Markt zu haben ist.

und Übung (vgl. Amann et al. 2010a, Abschn. 5.4). Wenig wissen wir allerdings darüber, ob und wie aufmerksame Beobachtung von Veränderungen und gezielte Gegenaktivität die Lebensenergie steigern können, und nicht nur einen modellhaft angenommenen weiteren Verfall hinauszögern. Einschlägige Vorüberlegungen veröffentlichten Erik H. Erikson, Joan M. Erikson und Helen Q. Kivnick (1986). Diese Frage könnte, wie immer forschungsadäquat ausformuliert, den Punkt berühren, an dem ein erhöhtes Energie-/Aktivitätsniveau das Ausmaß der Teilhabe zu steigern vermag. Wenn einmal vom Rückgang der altersbedingten Geschwindigkeit bei intellektuellen Leistungen abgesehen wird, sind die Unterschiede in den durchschnittlichen Leistungen bei gesunden Angehörigen derselben Generation zwischen dem fünften und achten Lebensjahrzehnt relativ gering.[7] Das Lebensalter spielt in all diesen Fragen eine untergeordnete Rolle, weil bisher kein einheitliches Defizit-Muster altersbezogener Intelligenzveränderungen empirisch nachgewesen werden konnte. Dagegen kommt Umweltbedingen und Gesundheitsstatus eine wesentliche Bedeutung zu. Höhe der Schulbildung und weiterhin ausgeübte geistige Tätigkeit haben eine empirisch nachgewiesene Breitbandwirkung bis ins hohe Alter. Der Gesundheitszustand wird mit zunehmendem Alter subjektiv wie objektiv bedeutsamer, so wirken z. B. altersbedingte sensorische Einbußen sich auf die intellektuelle Leistungsfähigkeit aus. Neben hirnorganischen Veränderungen, auf die noch eingegangen wird, können unterschiedliche andere organische Erkrankungen, im Alter mit vermehrter Häufigkeit auftretend, die die intellektuelle Leistungsfähigkeit beeinflussen.

Obwohl die Forschungsergebnisse, insbesondere die theoretischen Modelle oder Konzepte, die in den letzten Jahrzehnten entwickelt wurden, sehr verschiedenartig und relativ heterogen erscheinen, soll trotzdem kurz auf die Gedächtnisveränderungen im Alter eingegangen werden. Das „Gedächtnis", ein Vermögen des Individuums, das teils als im Gehirn angesiedelt, teils als modale Tätigkeit von Ich und Selbst interpretiert wird ist ein kognitiver Leistungsbereich, der sich im höheren Alter bei den allermeisten Menschen deutlich verändert. Am schnellsten fallen uns im Alltag Veränderungen der Merk- und Erinnerungsleistungen auf und deshalb machen wir an ihnen die Vorstellungen von kognitiver Leistung fest. Die Veränderungen kommen schleichend und nahezu unbemerkt. Wenn Personennamen und Daten nicht mehr erinnert werden, hilft man sich noch mit Tricks. Da war doch dieser Schriftsteller, ein Österreicher, wie hieß er nur?

[7] Auf Details wie z. B. die Unterscheidung zwischen flüssiger und kristallisierter Intelligenz und was an erster genetisch bedingt sein könnte, gehe ich hier nicht ein, sie können in jedem Übersichtswerk zur Alterspsychologie nachgelesen werden.

Etwas über einen „Hagestolz" hat er geschrieben, lebte zur Zeit von Abraham Lincoln, wie hieß der nur? Selbstmord hat er begangen, den Sommernachtstraum hat er auch geschrieben, nein den „Nachsommer." Ist das der richtige Titel? Ach ja: Adalbert Stifter. Nun kann kognitive Leistungsfähigkeit sowohl durch psychische Belastung als auch durch organische Beeinträchtigung gemindert werden, was allerdings nicht nur bei Älteren, sondern auch bei Jüngeren vorkommen kann. Es ist ein Faszinosum, dass bei Jüngeren dasselbe Phänomen anders interpretiert wird als bei Älteren, bei denen es generell als altersbedingt auftauchendes Defizit gilt. Doch auch hier gilt: Altersbedingte Funktionseinbußen sind nur eine Ursache in einer ganzen Reihe von Faktoren und Training und Merkstrategien sind wirksam.

Ein gerade im Alltagsverständnis wenig bekanntes und meist falsch wahrgenommenes Phänomen sind Persönlichkeitsveränderungen. Manchen erscheinen sie geradezu als geheimnisvoll und schicksalhaft. Das reicht vom „Altersstarrsinn", einer schwer korrigierbaren Meinungsinsistenz, über die auch Jüngere verfügen, über emotional und geistig erscheinende Umstellungsschwächen, an der eine beginnende Depression verkannt wird, bis zur Vorstellung, dass psychische Reaktionen auf biologisch bedingte Abbauprozesse zurückgingen (Jenny 1996, S. 61). Gerade hier erlangt die schon mehrfach erläuterte Individuum-Umwelt-Verschränkung eminente Bedeutung. Anstatt Bedingungen, die Bewältigung erschweren oder behindern, als solche wahrzunehmen, wird die Problemlage individualisiert. Das mündet dann in angenommene altersbedingte Persönlichkeitsveränderungen, die als zunehmende Introvertiertheit, abnehmende Flexibilität und vermehrte depressive Reaktionen auf Belastungen interpretiert werden, und die fast samt und sonders einer wissenschaftlichen Fundierung entbehren (Jenny 1996, S. 62). Es kann mit der Annahme kaum fehlgegangen werden, dass die Zeitcharakteristiken und Umwelten einer Generation einen spezifischen Einfluss auf die Persönlichkeitsentwicklung haben. Nicht umsonst war die Schriftstellergeneration nach dem Zweiten Weltkrieg (z. B. Wolfgang Borchert oder Heinrich Böll, die so genannte „Trümmerliteratur") in solch auffälligem Maße in ihren Arbeiten mit Kriegserlebnissen, Armut, Not und verpassten Lebenschancen beschäftigt. Ebenso gilt, dass bestimmte sogenannte Persönlichkeitsmerkmale sich über den Lebensverlauf hin sowohl als stabil als auch wandelbar herausstellen. Offenheit und Zurückhaltung, Flexibilität oder Rigidität, die alt gewordene Menschen zeigen, kennzeichnete sie auch schon in jüngeren Jahren. Auch das Aktivitätsniveau und die Stimmungslage im Sinn eines „Vorläufers" depressiver Reaktionen verändern sich kaum. Kreative Fähigkeiten und künstlerisches Potenzial bleiben relativ stabil bis ins hohe Alter. Das Lebensalter zeigt kaum einen Einfluss auf diese Merkmale der Persönlichkeit (Jenny 1996, S. 62).

Zu den psychischen Erkrankungen, denen in den letzten Jahren zwar vermehrt, aber immer noch nicht genügend Aufmerksamkeit gewidmet wurde, zählt vor allem die Demenz. Vor einem Vierteljahrhundert war der wissenschaftliche Diskurs noch stark medizinisch und biologisch orientiert (z. B. Bergener und Finkel 1995), bald aber wurde das Aufmerksamkeitsspektrum weiter und es nahmen sich auch die Sozialwissenschaften (Psychologie, Sozialarbeitswissenschaft und Soziologie) der Themen an (z. B. Aldebert 2006). Schätzungen zufolge leben in Österreich 130.00 Personen mit irgendeiner Demenz (Höfler et al. 2015). Aufgrund des Anstieges der Zahl der Älteren, insbesondere der Hochaltrigen, wird sich der Anteil an Erkrankten bis 2050 verdoppeln. Die Diskussion über mögliche Ursachen von Demenzerkrankungen währt seit Jahrzehnten (vgl. Pantel 2017), in den USA wurde inzwischen der Demenzbegriff als Syndromdiagnose zugunsten des Konzeptes minore oder majore neurokognitive Störung (Neuro-Cognitive Disorder NCD) aufgegeben. Auf Symptomatiken und Krankheitsverläufe ist hier nicht einzugehen, eine Betrachtung aus soziologischer Perspektive dagegen ist unumgänglich. Im Vordergrund steht die Wahrnehmung, dass die Diagnose schwierig und häufig ungenau ist und dass es keine wirksame Therapie gibt. Die Erkrankung scheint mit einer deutlich geminderten Lebenserwartung einherzugehen, sie äußert sich in schwersten geistigen und körperlichen Beeinträchtigungen, sie verschlechtert die Lebensqualität massiv und wird in ihrem Fortschreiten zu einer immer wachsenden Belastung auch für die Umgebung, in erster Linie für die betreuenden Angehörigen. Die von Demenz Betroffenen und ihre Angehörigen erleben Isolation und Ausgrenzung aus dem sozialen Leben, sie werden aus dem öffentlichen Raum hinausgedrängt und Schritt für Schritt aus ihrer Umwelt entbunden. Es ist ein Leiden unter Ausschluss, unter Abschiebung (Schaub und Lützau-Hohlbein 2017), das Sensibilität, Sorgfalt und fundierte Ausbildung bei jenen erfordert, die professionell mit der Situation zu tun haben, doch nicht immer ist dies gewährleistet. Wie die Gesellschaft Demenzerkrankungen sieht, ist mit spezifischen Wahrnehmungsmustern verbunden bzw. von ihnen abhängig. In früheren Zeiten war diese Wahrnehmung geprägt von den Bildern der Krankheit im mittleren bis späten Stadium, gegenwärtig wird versucht, schon in frühen Phasen zu unterstützen und den Blick stärker auf Möglichkeiten als auf Defizite zu lenken. In der Praxis der Einstufung spielt deshalb das Konzept der Selbständigkeit zunehmend eine wichtige Rolle. Um es noch einmal zu betonen: Die Demenz ist die häufigste und zugleich folgenschwerste psychische Erkrankung, sie führt nicht nur zur schrittweisen Entbindung der betroffenen Menschen aus ihren Lebenszusammenhängen, sie erschwert auch den Angehörigen die Teilhabe am Leben in massiver Form.

3.3 Generationen sind aufeinander verwiesen

Zwei Gründe sind es vor allem, die die Hereinnahme des Generationenthemas nahelegen. Zum einen fügt sich der Generationenbegriff logisch in den Zusammenhang zwischen das Individuum mit seinem Erwerb von Handlungskompetenz, Sprache und Denken einerseits und die anderen in der Alltagswelt, repräsentiert vor allem durch vorangehende Gattungsmitglieder; zum anderen stellt die Aufeinanderfolge von Generationen einen Kern der demografischen Struktur einer Gesellschaft dar. Diese Zusammenhänge sollen hier kurz beleuchtet werden, die Erörterung stellt einen Bezug zu Hannah Arendt (1981) und Hans Jonas (1980) her. Bei beiden wird der Gedanke des Geborenwerdens und des Abgehens aufeinander bezogen, wobei Hannah Arendt die Besonderheit im Nachwachsen durch Handeln und Sprache der Kommenden sieht, Hans Jonas aber in der Anfänglichkeit und Andersheit der jeweils Nachkommenden, ihre Argumente sind überraschend ähnlich. Schon im Biedermeier dürfte dieser Gedanke ein Topos gewesen sein. Adalbert Stifter sagt in der Gegenüberstellung eines Jünglings und eines alten Mannes („Der Hagestolz", vgl. Abschn. 6.2): „Viktor das freie heitere Beginnen, mit sanften Blitzen der Augen, ein offener Platz für künftige Taten und Freuden - der andere das Verkommen, mit dem einschüchternden Blicke und mit einer herben Vergangenheit in jedem Zuge" (Stifter 1951, I: 638). Dass wir sterben müssen, sagt Hannah Arendt, ist mit dem Geborenwerden verbunden. Das setzt Jugend und Alter in eine Beziehung des Nachbildens und des Abgehens. „Weil jeder Mensch auf Grund seines Geborenseins in *initium,* ein Anfang und Neuankömmling in der Welt ist, können Menschen Initiative ergreifen, Anfänger werden und Neues in Bewegung setzen" (Arendt 1981, S. 166). So ist es immer verfügt gewesen. Die Veränderungen der letzten hundert Jahre veranlassen uns, den Sinn dieses Zusammenhangs im Raum der tatsächlichen Entwicklungen zu überdenken. Gebürtigkeit[8] und Sterblichkeit sind mit dem Versprechen des Anfangs, der Unmittelbarkeit und dem Eifer der Jugend verbunden, zusammen mit einer ständigen Zufuhr an Andersheit, die nachbildet. Dafür gibt es in unserer Welt keinen Ersatz. So weit hat z. B. der Philosoph Hans Jonas schon vor Jahrzehnten gedacht. „Dies immer-wieder-Anfangen, das nur um den Preis des immer-wieder-Endens zu haben ist, kann sehr wohl die Hoffnung der Menschheit sein, ihr Schutz davor, in Langeweile und Routine zu versinken, ihre Chance, die Spontaneität des Lebens zu bewahren"

[8]Hannah Arendt spricht im Englischen von Natalität; der in der deutschen Übersetzung dafür gewählte Ausdruck Gebürtlichkeit klingt allzu hölzern (Arendt 1981, S. 167).

(Jonas 1980, S. 49 und 50). Doch das Gegenstück wurde bisher noch nicht gesehen: dass das Abgehen ebenfalls mit einem Versprechen verbunden ist. Das Alter gibt den Nachkommenden das Modell ab, wie sie entweder selbst werden können, oder nicht werden wollen oder sollen. Alle, die älter werden, haben ihren Spiegel in denen, die schon alt geworden sind. Aus ihm stammen ihre Ängste und ihre Hoffnungen, ihre Praktiken und ihre Ideologien. Auch dafür gibt es in der Welt keinen Ersatz. Kinder gehen zu Eltern in Opposition, sie lösen sich von ihnen ab. Ohne diesen Prozess könnten sie nicht „erwachsen" werden. Im großen Maßstab sind die nachrückenden Generationen immer wieder neu. Sie sind in anderen Zeiten aufgewachsen, sie legen sich ihre Welt selbst zurecht. Doch niemals ohne den Blick auf das, was ihnen voraus gegangen ist. Dabei ändern sich die konkreten Formen. Früher einmal mögen die Alten Autorität und Weisheit gehabt haben und die Jungen mögen von ihnen gelernt haben. Heute haben sie Achtung und Autorität weitgehend verloren. Die „Ehrfurcht vor schneeweißen Haaren" war schon im Schlager vor fünfzig Jahren nur noch eine Fiktion. Heute, heißt es, lernten die Alten von den Jungen. Doch dieses Lernen bezieht sich am ehesten auf die neuen Techniken der Alltagsbewältigung und auf Informationstechnologien. Ob die Jungen von den Alten lernen, beide voneinander, oder die Alten von den Jungen, sind Ausprägungen historischer Wandlungen. Am Generationenlernen wurden bisher die geistigen und seelischen Dimensionen zu wenig beachtet (Amann 2004). Dabei ist eine Dimension des Generationenverhältnisses auch von ethischer Bedeutung. Die von Immanuel Kant in seinem Aufklärungsaufsatz angeprangerte Selbstverschuldung ist auch ein generationales Verhältnis und Verhängnis: Jede Generation erzieht ihre Kinder zur ganzen oder teilweisen Unmündigkeit, indem sie ihnen ihr eigenes, selbst nicht ausreichend geklärtes Weltverständnis, ihren Sprach- und Begriffsgebrauch unreflektiert anträgt und nahebringt. An anderer Stelle (Amann 2017) habe ich angemerkt, dass es immer die Erwachsenen sind, die den Kindern bereits die vorurteilsgeladenen, abschätzigen und verurteilenden Stereotype einimpfen, dass es ihr, zwar nicht juristisches, aber moralisches Verbrechen ist, die Bewusstseins- und Charakterdeformierung zu betreiben (ohne Ausnahme, ob religiös oder politisch). Was werden jene heute Jungen von ihren Eltern gelernt haben, die schon wieder in politischem Führerkult, medialer Massenverblödung und dumpfem Nationalismus grundeln?[9] Es wäre eine sicherlich interessante politikwissenschaftliche

[9]Ein Ausdruck aus dem Wienerischen, der das völlig unaufmerksame Schwimmen im Trüb-Seichten bezeichnet, zu dem ich kein treffenderes Wort finde, das in seinem latenten Gehalt sich zugleich auf den Charakter und die Verhältnisse bezieht.

Projektidee gewesen, vor ca. dreißig Jahren, denn damals begann dieser ganze Widersinn seine ersten Züge zu zeigen, z. B. mit dem österreichischen Politiker Jörg Haider, den Wandel in den politischen Strategien und die Akzeptanz in der Bevölkerung in einer Langzeitbeobachtung zu erfassen. Was wäre unter Strategien zu verstehen? Jene Handlungsmuster, die sich unter den populistischen Rechten herausgebildet haben. Zu ihnen zählt die ständige Provokation, welche die Grenzen in der Sprache und im sittlichen Empfinden verschiebt, einzig um öffentliche Aufmerksamkeit zu erreichen. Diese Provokationen insinuieren, dass die Rechten in einem ständigen gerechten Kampf gegen Mächte stehen, die das Wohl und die Sicherheit des Volkes bedrohen (AsylantInnen, Sozialschmarotzer etc.). Wenn sie von anderen Parteien wegen ihrer Provokationen kritisiert werden, stellen sie sich selbst als Opfer dar (verräterisch genug ist die Herkunft ihrer Schlagworte wie „Lügenpresse", „Asyltouristen" oder „Volksverräter"). Dabei spielt sich eine genau von ihnen vorausberechnete Dialektik ab. Sind andere Parteien ebenfalls provokativ, kommt die offensive Gegenwehr der Aufmerksamkeit der Rechten zugute (ihre SympathisantInnen sehen sie in der Opferrolle bestätigt), halten sie sich bewusst zurück, ist ihr Profil zu unscharf, was viele wieder als Bestätigung für die Richtigkeit der Argumente der Rechten ansehen (in dieser prekären Situation ist in Österreich die SPÖ seit ca. einem Jahr). Würde die Rechte sich „seriös" gebärden, wäre sie wahrscheinlich für einen großen Teil ihrer AnhängerInnenschaft schlagartig weniger interessant. Übertreiben darf sie aber auch nicht, zu groß ist dabei die Gefahr, sich selbst zu entlarven. Dafür kann als bestes Beweisstück dienen, dass bei den zahlreichen Verbalattacken ganz Rechter, die offen mit Gewaltandrohung, Verleumdung und Diffamierung arbeiten, aus den Parteispitzen abschwächende Meldungen kommen wie: das war nicht so gemeint, die Person ist missverstanden worden, sie wurde absichtlich falsch interpretiert (das Heft wird umgedreht und der angeklagt, der auf einen Missstand hinzuweisen sich erfrechte). Ohne diese Generalvermutung weiterzuführen, lässt sich mit Recht noch einmal die Frage stellen: „Was werden die heute Kleinen und Jungen gelernt haben, wenn sie in zwanzig Jahren auf die Bühne der Gestaltung des öffentlichen Lebens treten werden?"

Eine Generation ist ein gedachter Lebenszusammenhang von Menschen, die derselben Kohorte angehören, und anhand dessen eine Reihe von Charakteristika, die allen mehr oder weniger gemeinsam sind, beschreibbar ist. Zu diesen Charakteristika zählen die genannten gemeinsamen Erfahrungen und Werthaltungen, die Fertigkeiten und Kenntnisse, aber auch gemeinsam erlebte Geschehnisse wie Krieg, das Auftauchen des Fernsehens und dann des Internets, der Sturz politischer Regime oder die Dominanz bestimmter Musiktrends. Die jeweilige Komposition all dieser Charakteristika, die meist für einen bestimmten, relativ kurzen

Geschichtsabschnitt kennzeichnend sind, macht die „Einzigartigkeit" einer Generation aus. Damit ist es zulässig, davon zu sprechen, dass eine Generation gemeinsam geteilte Kultur und Tradition, eine gemeinsam geteilte Konstellation von Emotionen, Einstellungen, Präferenzen und Praktiken sei. Allerdings muss betont werden, dass Generationen nicht exklusiv sind, weil die oben genannten Charakteristika auch einzelne Generationen überlappen. The Beatles oder Frank Sinatra, der allmähliche Niedergang politischer Großparteien, profitgesteuerte Umweltverderbung überspannen ganz offensichtlich mehrere Generationen (Amann et al. 2016, S. 37 und 38).

In einer analytischen Unterscheidung haben sich in den letzten Jahren drei Sichtweisen des Generationenkonzepts herausgebildet, die vor allem in der empirischen Forschung Relevanz entwickeln könnten. Die Abfolge der Generationen in der Familie, die Filiation, legt das Augenmerk auf mikrosoziale Netzwerke mit ihren Spannungen (siehe weiter unten) und Praktiken der Alltagsbewältigung, mit ihren ökonomischen Strategien und Traditionsfiktionen. Dieser Perspektive entspricht in etwa der Ausdruck der Generationenbeziehungen. Eine nächste Perspektive richtet sich auf Relationen außerfamiliärer Prozesse zwischen Kohorten (zu verschiedenen Zeitpunkten geborene Altersgruppen), sie sollte zeitgeschichtliche und kulturelle Austauschprozesse zwischen Verschiedenaltrigen erfassen. Konflikt und Ausgleich spielen in diesem Konzept sich nicht über zwischenmenschliche Beziehungen ab, sondern über und durch die Vermittlung von Institutionen. Hier ist zurecht von Generationenverhältnissen zu sprechen. Die dritte Perspektive richtet sich gewissermaßen auf eine Sonderform der zweiten, indem altersbezogene Großgruppen ins Blickfeld kommen wie im sogenannten Generationenvertrag. Diese Großgruppen, z. B. Erwerbstätige und Pensionierte, sind keine Kontrahenten, die ihre Verhältnisse mehr oder weniger frei bestimmen, diese werden mehrteils über staatliche Einrichtungen unter Beiziehung der Wirtschaft mit dem Instrument der Umverteilung gesteuert und definiert. Allerdings: Für alle drei Generationsformen gilt: Alle Generationen, die heranwachsen, haben auch die materielle Welt derer vor sich, die vor ihnen waren und noch sind. In den letzten Jahren ist das Argument aufgetaucht, die Alten hinterließen den Jungen eine verwüstete und ausgebeutete Welt, sie handelten ohne Rücksicht auf die nachfolgenden Generationen. Auch hier ist der Blick zu kurz. Wer nicht zurückschaut, versteht gar nichts. Die Schädigung der Umwelt in ihrer modernen Form läuft seit weit über zweihundert Jahren. Umweltschädigend sind fast alle und die großen Entscheidungen, die zulasten der Umwelt gehen, werden immer von jenen getroffen, die im Vollbesitz der wirtschaftlichen und politischen Macht sind – das sind nie „die Alten" zu einem gegebenen Zeitpunkt. Hier bedarf der Gedanke einer Zeitdimension. Was in unserer wissenschaftlich-technischen Zivilisation an Verletzungen und irreparablen Schäden der Natur und den Menschen angetan wurde, liegt in der Verantwortung der gesamten Gesellschaft im langen Horizont dessen, was notorisch als Fortschritt missverstanden wurde und immer noch wird. Damit wäre ein brennender Anlass gegeben, sich auf eine Verantwortungsethik zu besinnen, die weit voraus greift. Der unverrückbare Kern aller Verhältnisse aber ist das gegenseitige Aufeinander-Verwiesensein. Zu dem, was die ständige Neugestaltung der Welt heißen kann, tragen die Jungen im Eifer für ihre Zukunft bei, die Alten durch das, was sie sind, und an dem die Jungen ihre Entwürfe orientieren – zustimmend, oder ablehnend. Teilhabe ist unter dieser Perspektive jedweder Beitrag der verschiedenen Generationen zur Gestaltung der Welt. Jener der Alten ist um nichts geringer als jener der Jungen. Und ob einer besser oder schlechter sei, das zu beurteilen bedürfte erst einmal gesellschaftlich verbindlicher Beurteilungskriterien im Lichte einer besseren Gesellschaft. Die sind weit und breit nicht zu sehen. Wird die Seite der Alten aus ideologischen Gründen abgedrängt, wie es Mode geworden ist, tritt die Verneinung des Prinzips des Aufeinander-Verwiesenseins ein. Die Gesellschaft ist ganz oder gar nicht. Wer nur ökonomisch denkt, ist ein schlechter Philosoph, wer in der Politik nur technokratisch entscheidet, hat das Ganze aus den Augen verloren. Wer sich aber Urteile erlaubt, ohne das Ganze im Auge zu haben, ist von Scharlatanerie nicht weit entfernt (Amann 2004).

3.4 Familie, Beziehungen und Generationensolidarität[10]

Über kaum ein anderes Thema herrscht ein solches Maß an Unwissen und Fehleinschätzungen und bei kaum einem anderen Thema sind so einseitige Schwerpunktsetzungen in der öffentlichen Diskussion zu beobachten wie bei jenem der Generationenbeziehungen und -verhältnisse. Umso wichtiger sind die Ergebnisse aus Studien, die zu Einstellungen und Verhaltensweisen im Wechselverhältnis zwischen den Generationen bzw. Altersgruppen, einerseits in den Familien, andererseits auf gesellschaftlicher Ebene, empirische Resultate liefern. Der zentrale Befund lautet, dass die Familie, insbesondere die intergenerationellen Beziehungen der Kernfamilie, nach wie vor ein äußerst tragfähiges, solidarisches System der Sicherung gegen Notlagen und Situationen

[10]Hier beziehe ich mich auf einen noch nicht veröffentlichten Text, den ich für ein Forschungsprojekt verfasst habe. Vgl. Altwerden (2009, Abschn. 3.4.2).

des Hilfe- und Unterstützungsbedarfs darstellen. Tritt Unterstützungsbedürftigkeit auf, dann bleibt kaum jemand ohne ausreichende Hilfe seitens der Familie. Ein solcher Hilfebedarf tritt bei den Jüngeren zum Teil erheblich häufiger auf als bei den Älteren. Besonders deutlich wird dies im finanziellen Bereich und bei der Betreuung von Kindern, und es ist regelmäßig die Elterngeneration, die primär diesen Hilfebedarf deckt. Zentrale Hilfeperson ist die Mutter. Bei Dienstleistungen für Personen höheren Alters spielen auch die Töchter eine wichtige Rolle, wie überhaupt das Helfen eine starke weibliche „Schlagseite" hat. Die Familie ist nach wie vor eine Solidaritätsdrehscheibe zwischen den Generationen. Die wechselseitigen Unterstützungen erfolgen psychisch, sozial und materiell. Der Anteil der Älteren sollte dabei nicht unterschätzt werden: Ihre permanenten materiellen Zuwendungen an die jüngeren Generationen sind ein bedeutendes Element für die Erhaltung ihres Lebensstandards.

Als Faktum muss tatsächlich gelten, dass sich Generationenbeziehungen zu einem großen Teil in den Familien abspielen. Doch muss auch bedacht werden, dass „Familie" nicht gleich Familie ist. Es besteht eine große Diskrepanz zwischen den Idealvorstellungen über die Zusammenlebensformen (Ehe und Familie) und der Wirklichkeit. Nach Untersuchungen in europäischen Ländern stellen sich ein überwiegender Anteil der Jugendlichen und jungen Erwachsenen die Familie als die ideale Form des Zusammenlebens vor, die Wirklichkeit ist von diesem Ideal jedoch ziemlich weit entfernt. In der heutigen Gesellschaft gibt es eine große Palette familiärer Erscheinungsformen mit verschiedensten Typen von Beziehungen. Diese Beziehungen sind immer verbunden mit Verhältnissen von Macht, mit Abhängigkeiten, aber auch mit der Bereitschaft zu Hilfe, Beistand und der Zurückstellung der eigenen Interessen. Häufig sind Familienbeziehungen Belastungen ausgesetzt, wie etwa durch behinderte Kinder, die Pflege älterer Angehöriger, durch Drogen- und Alkoholprobleme, weiters durch psychologisch schwierige Konstellationen wie Mutter-Tochter- oder Vater- Sohn-Konflikte. Diese Schwierigkeiten kumulieren z. B. häufig dann, wenn es um die Erbringung von Pflegeleistungen geht. Nur: All diese Befunde sind nicht Ausdruck neuer Konflikte; Ausgleich und Konflikt sind allen sozialen Beziehungen eigen, auch jenen zwischen den Generationen in der Familie.

Markant werden die zu beobachtenden Relationen an der so genannten mittleren Generation, denn diese erlebt wahrscheinlich am deutlichsten die Veränderungen in den Beziehungen zu den Kindern, der eigenen Generation und jener der Eltern. Studien zeigen immer wieder, dass durch die Geburt des ersten Enkelkindes die Eltern endgültig zu Älteren werden, d. h. zu Großeltern, und manche wehren sich heftig dagegen, von den eigenen Kindern Opa und Oma genannt zu werden. Zu den nicht einfachen Aufgaben zählt, dass Eltern und Kinder sich aus der ursprünglichen Eltern-Kind-Beziehung lösen und eine zwischen älteren und jüngeren Erwachsenen aufbauen müssen, wobei insbesondere die Unabhängigkeit der Jüngeren respektiert werden muss. Viele der Schwierigkeiten bei Betriebsübergaben dürften auch aus diesem Kontext entstehen, nicht nur aus wirtschaftlichen und behördlichen Zwängen. Spezifische Typen von nicht gelungener Beziehungsarbeit sind schon lange bekannt. Hatten z. B., was häufig vorkommt, die Eltern der mittleren Generation allzu große Erwartungen an ihr eigenes Leben und erlebten deren Misslingen, so suchen sie häufig bei den Kindern die Erfüllung ihrer narzisstischen Wünsche. Als Folge erleben sich solcherart geforderte Kinder viele Jahre als eingeengt und müssen sich unter Druck in eine bestimmte Richtung entwickeln. Zu diesem Bild zählt dann das unter Protest erfolgende frühzeitige Verlassen des Elternhauses oder sie gehen innerhalb der Familie in Opposition. Dann auftretende heftige Vorwürfe wegen des „Andersseins" der Kinder spiegeln ausgeprägte Enttäuschungen bei den Eltern. In dem Roman „Die Nähe der Sonne" des österreichischen Schriftstellers Gernot Wolfgruber, in dem der Protagonist Stefan Zell zum Schluss psychisch zerstört endet, ist eine solche nie gelungene Beziehung zwischen Zell und seinen Eltern auf beklemmende Weise nachgezeichnet worden: „Und innen, innen Hiroshima." Eine andere Form gestörter Beziehung wird z. B. sichtbar, wenn die mittlere die Beziehungen zur älteren Generation aufgrund von Eifersucht gegenüber den eigenen Kindern abbricht. Ein Leben lang haben sie vergeblich sich nach Zuwendung, Wärme und Versöhnung gesehnt. Jetzt erleben sie, dass die eigenen Eltern als Großeltern dies alles den Enkeln gewähren. Nicht weit auch von diesem Beziehungsproblem stellt sich der Fall dar, in dem pflegende Frauen ihre pflegebedürftigen älteren Mütter bevormunden und beherrschen, gerade so, als wollten sie jenen „heimzahlen", was sie einst einstecken mussten.[11] Dass für die Zukunft mit einem Rückgang des privaten Pflegepotenzials zu rechnen ist, muss hier nicht näher ausgeführt werden. Die wichtigsten Faktoren: Veränderung der Haushalt- und Familienstrukturen, Nachrücken kleinerer älter werdender Kohorten, Mobilität, Frauenerwerbstätigkeit etc. sind bekannt.

Ein weiteres Faktum stellen die Veränderungen dar, die im Umfeld der Familienbeziehungen in den letzten Jahrzehnten stattgefunden haben; es ist zu einem Wandel der Rollen von Mann und Frau gekommen. Das alte Muster, der

[11] Vgl. eine frühe, psycho-sozial orientierte Kasuistik bei Hartmut Radebold, Hildegard Bechtler und Ingeburg Pina (1981).

Mann geht arbeiten und die Frau bleibt zu Hause, stimmt aus den verschiedensten Gründen nicht mehr; ökonomische Notwendigkeiten, veränderte Werthaltungen etc. spielen eine Rolle. Bei Erwerbstätigkeit beider Partner entstehen wiederum spezifische Belastungen und Reibungsflächen in den Familienbeziehungen. Form und Funktionen der Familie sind, wie erwähnt, in den letzten Jahrzehnten einem starken Wandel unterworfen worden. Solidarität und Integration zwischen den Generationen haben auch neue Formen des Zusammenlebens zu berücksichtigen. Weiters sind die Belastungen, die den Familien durch Betreuung der Älteren, Arbeitslosigkeit von Angehörigen, behinderte Kinder, hohe Mobilitätserfordernisse aus beruflichen Gründen etc. erwachsen, stärker zu bedenken. Konkrete Hinweise auf einen manifesten Generationenkonflikt sind diese Befunde allerdings nicht.

Betrachtet man die Ergebnisse von Studien, die die Generationenbeziehungen außerhalb der Familie zum Thema haben, zeigt sich auch kein dramatisches Bild. Auf gesamtgesellschaftlicher Ebene weisen manche Untersuchungen zwar Konfliktpotenzial, aber keine Feindseligkeit im Verhältnis zwischen den Generationen nach. Den Senioren wird nur wenig Beteiligung an intergenerationellen Konflikten zugeschrieben. Sie gelten nach wie vor als eine tendenziell benachteiligte Gruppe, allerdings als eine, die in Konkurrenz mit anderen benachteiligten Gruppen, wie z. B. Familien mit Kleinkindern, in Zukunft dennoch eher Einschränkungen in Kauf nehmen werden muss. In Bezug auf die Frage, ob zur künftigen Sicherung der Finanzierung des Pensionssystems eher die jüngere Aktivbevölkerung oder eher die Pensionisten zurückstecken werden müssen, deutet sich eine gewisse Polarisierung der Meinungen an, jedoch nicht so sehr im Sinne (alters)gruppenegoistischer Haltungen, sondern als altersunspezifischer Dissens quer durch die Bevölkerung. Konflikte werden wahrscheinlicher, wo Alt und Jung einander als Fremde begegnen und wo daher Klischeevorstellungen und Vorurteile an die Stelle persönlicher Kenntnis treten. Insgesamt scheint das gesamtgesellschaftliche Generationenverhältnis von einer „wohlwollenden Ambivalenz“ gekennzeichnet zu sein, die auch ins Negative kippen könnte. Die Zukunft dieses Verhältnisses wird von der Mehrheit allerdings skeptisch beurteilt. Nur wenige glauben an eine Verbesserung, die Hälfte an eine Fortsetzung des Status quo, und immerhin vier von zehn nehmen an, dass sich das Verhältnis zwischen Alt und Jung in den nächsten zwanzig Jahren verschlechtern wird.

3.5 Altersbilder, einst und jetzt

3.5.1 Begriffsbestimmung

Wissen wir um unser „geistiges Gepäck“, wenn wir vom Alter sprechen? Aus vielen Gesprächen ist mir bewusst, dass die meisten Menschen, vor allem im mittleren Alter, zu diesem Thema wenig spontan zu äußern wissen. Interessant scheint aber eine deutliche Ausnahme: wenn sie mit dem Älterwerden der eigenen Eltern konfrontiert sind. Denn nach längeren Diskussionen zeigt sich dann oft eine erstaunliche Fülle zunächst nicht bewussten Wissens. Allerdings beruht dieses weniger auf Tatsachen, als vielmehr auf Überlieferungen, Einstellungen, Vermutungen und Seltenheitserfahrungen. Solches „Wissen“ lässt sich mit dem Begriff Altersbilder zusammenfassen.

Altersbilder sind Bilder vom Alter, die wir in unseren Köpfen tragen und die an stereotypisierten Benennungen festgemacht werden. Die „hilfebedürftigen Älteren“, die „reisefreudigen Älteren“, der „Greis“, das „aktive Alter“, „eingeschränkt produktive ältere Arbeitskräfte“ sind Stichworte, hinter denen bestimmte Bilder vom Alter stehen. Sie bestimmen unsere Wahrnehmungen und leiten unser Handeln. Wir verständigen uns mithilfe dieser Bilder und sprechen unter ihrem Diktat über das Alter und wir beurteilen es – unser eigenes und das der anderen. Sie haben sehr unterschiedliche Quellen wie kulturgeschichtlich abhängige Denkmodelle, Märchen, Geschichten und Gedichte etc. (vgl. Radebold 2009). Die zentrale Frage jedoch ist: Was wird mit den Bildern des Alters kommuniziert? Um darauf eine Antwort zu bekommen, müssen wir die Arten und Weisen betrachten, in denen zu verschiedenen Zeiten über das Alter gesprochen wurde, wir müssen also die Altersdiskurse unter die Lupe nehmen. Aber: Ehe mit dieser Analyse begonnen werden kann, sind einige Voraussetzungen zu klären.

Was wird hier unter Diskurs verstanden? Diskurse sind Formen einer verständnisorientierten Kommunikation. Sie sind öffentlich bzw. veröffentlicht und stellen damit eine Sprech- und Denkpraxis dar. Der Begriff Diskurs gilt nicht für das private Diskutieren, obwohl dieses von öffentlichen Diskursen natürlich nie unabhängig ist. In dieser Sprech- und Denkpraxis werden systematisch die Dinge erzeugt, von denen gesprochen wird. Die Gesamtheit der Diskurse folgt zu bestimmten Zeiten bestimmten Regeln und Prinzipien, die bestimmen, wie überhaupt gesprochen und gedacht werden kann, was jeweils als wahr oder falsch gilt (Amann 2012, S. 209 und 210). Vor zwanzig bis dreißig Jahren wurde noch von Flüchtlingen gesprochen, dann ist in einem schleichenden Prozess, in dem

Gesetzesgrundlagen ebenso wie das Bewusstsein der Menschen verändert wurden, die Asylantenerzählung daraus entstanden, was z. B. die gedankliche Verbindung zwischen Verfolgten aus der Zeit des Nationalsozialismus und Verfolgten aus heutigen totalitären und terroristischen Ländern erfolgreich außer Kraft setzt. Die Vorstellung der Verfestigung von Gedanken und Ideen durch wiederholtes Benennen im Medium sozialer Gruppen oder Wiedergabe in Printmedien war bereits fester Bestandteil der Gesellschaftstheorien von Wilhelm Jerusalem oder Georg Simmel.

Dass die genannte Sprech- und Denkpraxis systematisch die Dinge erzeugt, von denen gesprochen wird, fällt unter den Begriff der sozialen Konstruktion von Weltbildern. Wir benützen Ideen und Konstruktionen, um Ordnung in die Flut der Erscheinungen zu bringen. Diese einverleibten geistigen Schemata (durchaus im Sinn von Jan Piaget) erzeugen relativ verfestigte Vorstellungen, mit deren Hilfe die Gegenwart Sinn annimmt, andere Menschen verstehbar werden, und der soziale Raum erschlossen werden kann. Die ständige Konstruktion, Verbreitung und Wiederholung solcher Ordnungsvorstellungen senken sich tief in unsere Vorstellungen von der Welt, sie nehmen den Charakter sozialer Tatsachen an, an denen wir unser Handeln orientieren. Es stellt sich dabei natürlich sofort die Frage, weshalb dann manche Konstruktionen oder Altersbilder so besonders machtvoll sind und sich sogar gegen besseres Wissen halten können, andere wiederum eine Konjunktur erleben, und dann in den Hintergrund treten oder völlig verschwinden. Diese gedanklichen Konstruktionen sind „soziale" Konstruktionen. Sie werden entwickelt, die Menschen diskutieren über sie, eignen sie sich an und kommen zu gleichen oder ähnlichen Auffassungen über eine Sache, sodass relativ feste Überzeugungen entstehen. Über die Medien werden sie verbreitet, wiederholt und bestätigt (Amann 2004, Kap. 1). In ihrem Entstehen sind sie in Machtprozesse eingebunden, sowohl im privaten wie im öffentlichen Bereich, selbst Auswahl und Art der Präsentation sind mit Machtpotenzialen und ihrem Prozessieren verbunden. So werden diese Konstruktionen selbst zu sozialen Tatsachen.

Wie eine Sache gesehen wird, so ist sie. Je stärker nun diese Überzeugungen sind, desto mehr immunisieren sie sich gegen Informationen und Wissen, durch die sie erschüttert oder widerlegt werden könnten. In dieser Situation wird vielfach gar nicht mehr nach solchem oppositionellen Wissen gesucht. Es entsteht ein festes „Weltbild". Damit sind Altersbilder Kommunikationskonzepte, sie waren seit jeher und sind immer noch ambivalent, sie unterliegen politischen und wirtschaftlichen Veränderungen und gestalten sich als kulturelle vorübergehend stabile Interpretationsmuster aus.

3.5.2 Antike Altersbilder

Der Diskurstyp des Altertums war vornehmlich einer der Altersklage: Klage über die Endlichkeit des Lebens, Klage über die vergangenen Jahre und ihre Freuden. Euripides (485–406 v. Ch.) formulierte: „Das traurige, tötende Alter hass ich; hinab ins Meer stürz es! Nie in der Sterblichen Häuser noch in die Städte sollt es einziehen.“ Eines aber ist sicher: Die Antike teilte nicht die Auffassung von einer ursprünglichen und einfachen Teilung des Lebens, nämlich jene zwischen Jugend und Alter, wie dis heute häufig geschieht – vor allem in den Generalisierungen: „*die* Jungen“ und „*die* Alten“. Zwar kennt auch Aristoteles (384–322 v. Ch.) die Klage, ja geradezu eine Versammlung aller negativen Stereotype des Alters. Die Alten „sind bösartig…Auch vermuten sie leicht Böses wegen ihres Misstrauens…Auch sind sie kleinlich…Sie sind geldhörig…Auch ängstlich sind sie und fürchten alles im Voraus, sodass das Alter Feigheit den Weg bereitet.“ Aber, es kommt auf den Kontext an, in den das Alter gestellt wird. Mit seiner Lehre der guten Mitte formuliert er ideale Persönlichkeitsmerkmale für den idealen Lebenslauf. So kennt er drei Altersstufen, wobei Jugend und Alter zwei Extreme sind, das richtige Maß sich aber im mittleren Alter ausdrückt. Nicht viel anders verhält es sich mit Platon (427–347 v. Ch.). Für ihn ist das Ideal der Greis (Personen, älter als 50), wie er es in den Nóμοι (Gesetze) ausführt, es geht ihm um die Beispiel- und Vorbildfunktion der Alten. Dieser Gedanke führt ihn bis zum Alterslob, wie es in den einführenden Passagen zur Πολιτεία (Der Staat) ausgesprochen wird. Doch lassen wir uns nicht verwirren: Die Antworten, die der alte Κέφαλος (Kopf – der mit dem schönen Haupt) gibt, sind ein Lob des richtig gelebten, des philosophischen Alters. Die Klagen seien, sagt er, ja nicht unberechtigt, aber auf die Mängel komme es nicht in erster Linie an, sondern auf die richtige Sinnesart, mit ihnen umzugehen. „Aber die Klagen … haben einerlei Ursache: nicht das Alter, o Sokrates, sondern die Sinnesart der Menschen.“ Tatsächlich haben Klagen über die Last des Alters in der ganzen Antike zum geläufigen Inventar der Vorstellungen vom Leben gehört. „Wenn der Leib von den mächtigen Schlägen des Alters gebrochen ist und die schwindende Kraft der Gelenke verrostet, erlahmt der Verstand und gehen Zunge und Geist aus den Fugen“ sagte spät noch der römische Dichter Lukrez. (97–55 v. Chr.).

Ohne weitere Beispiele zu nennen, ist klar: Als Diskurstyp haben wir es hier mit der Altersklage zu tun. Aber: Es ist ein moralischer Diskurs, in dem der richtige Weg der Lebensordnung, die richtige Sinnesart, mit dem Älterwerden umzugehen, als Lehre vorgestellt wird. Wie die faktische Lebenssituation, heute würden wir sagen, die empirisch bestimmte Lebenslage der Älteren aussieht, spielt in diesem normativen Diskurs keine Rolle.

3.5.3 Eine Auffassung des Mittelalters

Vom hohen Mittelalter bis ins 19. Jahrhundert herauf werden die Theologen nun die Experten für das Alter, jedenfalls sind sie die wichtigsten Wortführer des Altersdiskurses. Der Diskurstypus wird zu einem des Alterstrostes. Es ist der Trost des Christentums. Ein in vieler Hinsicht vorbildliches Trostbuch stammt von Daniel Tossanus (1541–1602) aus dem Jahr 1599. Es ist ein echtes Trostbuch, nicht ein Pflichtenbuch, wie es bei Marcus T. Cicero (106–43 v. Ch.) der „Cato Maior" war. Daniel Tossanus redet als Alter zu den Alten, er sieht den alten Menschen als des Trostes bedürftig und sich als Theologe dazu in der Lage, Trost zuzusprechen. Wie steht es nun bei ihm mit den Beschwernissen des Alters? Sie sind vorhanden und sie sollen nicht schöngeredet, aber auch nicht verdammt werden. Es geht um die Aufrichtung des schwach gewordenen, zweifelnden Menschen, und deshalb hält er Bekehrung und Vergebung besonders im Alter, nach einem langen Leben, für wichtig und möglich. Es hilft nicht, über die entschwundene Jugend zu jammern. Die Alten sollen fromm sein, weil das die Voraussetzung ist, um allen Widrigkeiten des Lebens und des Alters zu begegnen und sie zu ertragen. Was ist nun das Zentrum dieser Überlegungen? Die christliche Frömmigkeit ist die wichtigste Kraft des Alters, aber sie ist nicht ohne Mühe und Anstrengung, nicht ohne Bekehrung und Gebet erreichbar. Und natürlich gilt: Alle negativen Seiten des Alters sind keine Entschuldigung für fehlende Frömmigkeit und Glaubenseifer, sind diese aber vorhanden, werden sie zum Trost des Alters.

Ohne auch hier wieder weitere Beispiele zu nennen, ist klar: Als Diskurstyp haben wir es hier mit dem Alterstrost zu tun. Auch hier ist es wieder ein moralischer Diskurs, in dem der richtige Weg der Lebensordnung, die richtige Sinnesart, mit dem Älterwerden umzugehen, als Lehre vorgestellt wird. Der Rahmen der Lehre ist aber nicht mehr die antike Philosophie, sondern das Christentum (das allerdings seine Wurzeln in der Antike und im Alten Testament hat; zuwenig wird oft bedacht, dass unser Denken ein Erbe aus Babylon, Athen, Rom und Jerusalem ist). Wie die faktische Lebenssituation, heute würden wir sagen, die empirisch bestimmte Lebenslage der Älteren aussieht, spielt auch in diesem normativen Diskurs wiederum keine Rolle.

3.5.4 Die Erfindung des Alters als soziales Problem und wirtschaftliche Last

Heute gilt als Faktum, dass ältere Menschen die größte Gruppe sind, die wohlfahrtsstaatliche Transferleistungen bezieht, dass Pensionen der größte Ausgabenposten in den Sozialbudgets darstellen, und dass die Älteren am häufigsten Konsumenten von Sozial- und Gesundheitsleistungen sind. Hinter der Entwicklung, die zu dieser Situation geführt hat, standen, neben der demografischen Alterung, gesellschaftliche Strategien und ihnen entsprechende Konstruktionen (Amann 2012, S. 211).

In den ersten dreißig Jahren nach dem II. Weltkrieg wurde Alter als soziales Problem identifiziert. Die ersten „Warnungen", in denen die Älteren als „Last" für die Gesellschaft interpretiert wurden, stammen aus den frühen 1950er Jahren. Die Vereinten Nationen sprachen von „the burden of population aging" und Konrad Adenauer drohte in der großen Regierungserklärung von 1953, dass die Älteren es sein würden, die von der Abnahme der Zahl Erwerbstätiger, bedingt durch den Geburtenrückgang, in der Bevölkerung betroffen würden. Diese Interpretationen, die das neue Phänomen des Alterns der Bevölkerung mit ersten Einordnungsmarken versahen, erfolgten parallel zur Konsolidierung und Expansion der nationalen Pensionssysteme im so genannten Goldenen Zeitalter des Wohlfahrtsstaats. Die wesentlichen sozialpolitischen Ziele waren die effiziente Ausgliederung älterer Arbeitskräfte aus dem Arbeitsmarkt und die Schaffung einer relativen Einkommenssicherheit im Alter Amann (2012, S. 209).

Diese Strategie hatte zwei Effekte: Einerseits sank die Erwerbsbeteiligung in den höheren Altersgruppen (60–65) sukzessive ab, die Zahl der Pensionen stieg also an, andererseits wurde zunehmend akzeptiert, dass die Einkommensbedürfnisse älterer Menschen niedriger seien als jene der „ökonomisch Aktiven". So liegt denn auch die sogenannte Einkommensersatzrate heute in Deutschland unter 70 % und im UK knapp über 60 %. In politischer Sprache wurde Alter, oder der Beginn des Alters, mit dem gesetzlichen Pensionsalter gleichgesetzt. Alter war zu einem sozialen Problem geworden, das unter der Regie der Sozialpolitik reguliert werden musste (Amann 2012, S. 212).

Dann entstand die Konstruktion der Pensionierung als Lösung für ökonomische Probleme. Beginnend mit den Arbeitsmarktproblemen, der internationalen Wirtschaftskrise („Ölschock") und den fiskalischen Spannungen Anfang/Mitte der 1970er Jahre begann eine geänderte Rekonstruktion der sozialen Bedeutung des Alters in zweierlei Weise: Einerseits wurde das Alter von der Pensionseintrittsdefinition, die am gesetzlichen Pensionsalter gehangen hatte, in eine wesentlich weitere Kategorie umdefiniert, die von 45/50 bis zum Tod reichte, andererseits hat die durch sozialpolitische Frühpensionierungsoptionen extrem angestiegene Zahl vorzeitig aus dem Erwerbsleben Ausgeschiedener die Abwertung älterer Menschen auf dem Arbeitsmarkt massiv verschärft. Es war Anfang der 1980er Jahre, als sowohl in Deutschland wie in Österreich die Frühausscheidenden in den Medien gebrandmarkt wurden, gleichzeitig aber in den Betrieben vermehrt die Versetzung älterer Arbeitskräfte auf sogenannte Schonarbeitsplätze oder gar deren Kündigung zu den beliebtesten Verdrängungsstrategien avancierten (Amann 2012, S. 212).

In den 1970er Jahren hatte dieser Prozess mit einem massiven Abfall vor allem der männlichen Erwerbsbeteiligung in den höheren Altersgruppen begonnen (mit Ausnahmen in Schweden und Japan). Dieser Vorgang war wesentlich nachfragebedingt durch den Beschäftigungskollaps von Mitte der 1970er bis Anfang der 1980er Jahre. Dieser sozialpolitisch initiierte Massivtrend zur Frühpensionierung führte dazu, dass es auf der einen Seite die gab, die eine Frühpensionierung als wünschenswerte Alternative zur Arbeitslosigkeit ansahen, und auf der anderen Seite jene, die durch einen feindseligen und altersdiskriminierenden Arbeitsmarkt effektiv in die Frühpension getrieben wurden. In dieser Zeit breitete sich, gleichermaßen als Legitimierungsmodell, die Konstruktion von der mangelnden wirtschaftlichen Produktivität der älteren Arbeitskräfte aus (Amann 2012, S. 212).

Die sozialpolitische Strategie bestand in vielen europäischen Ländern darin, die angespannten Arbeitsmärkte, generell also das Wirtschaftssystem, durch massenhafte Pensionierungen zu entlasten. In Österreichs eisenverarbeitender Industrie wurden ab März 1983 durch einen Erlass des damaligen Sozialministeriums ältere Beschäftigte (52+Jahre bei Frauen und 57+Jahre bei Männern) frühzeitig in Pension gezwungen, um den entsprechenden Sektor des Arbeitsmarkts zu entlasten. Für die Alterskonstruktionen war bedeutsam, dass ab dem Zeitpunkt, da dieses „Hilf-der-Wirtschaft-durch-das-Pensionssystem" als nicht mehr finanzierbar erkannt wurde, die frühzeitig aus dem Erwerbsleben Ausscheidenden zu Sündenböcken für die steigende Belastung des Pensionssystems umdefiniert wurden. Heute stehen wir vor der paradoxen Situation, dass in der EU generell versucht wird, die Erwerbsquoten unter den Älteren von einem Tiefpunkt aus anzuheben, den die Politik selbst herbeigeführt hat, und dass gleichzeitig die über 45-/50jährigen in Hinsicht auf Beschäftigungschancen, Karrieremöglichkeiten und Weiterbildung auf dem Arbeitsmarkt diskriminiert werden. Die Älteren waren von einem sozialen Problem zu einer ökonomischen Last geworden (Amann 2012, S. 213).

Ende der Achtzigerjahre des 20. Jahrhunderts war die Berichterstattung in der bundesdeutschen Presse zum Thema Alter eine über Altenhilfe. Die Alten, denen Aufmerksamkeit gewidmet wurde, gehörten vornehmlich zur Klientel der Sozialhilfe: es waren die Betreuungs- und Pflegebedürftigen, die Armen, Kranken, Einsamen und von der Gesellschaft Verlassenen. Diese Berichte wurden jahrelang, auch in Österreich, von Werbeanzeigen ergänzt, vor allem in illustrierten Zeitschriften. Soweit sich diese an alte Menschen wandten, waren sie nahezu identisch mit Pharmawerbung. Symptome der Lustlosigkeit, der Abgespanntheit und Niedergeschlagenheit kennzeichneten die bildlichen und sprachlichen Darstellungen. Mit unpräzisen Verallgemeinerungen wurde der alte Mensch beschrieben. Er wurde dargestellt als ein von vielfältigem Verschleiß gekennzeichneter, durch mannigfache Defizite geprägter und unter vorzeitigen, oder in diesem Sinne rechtzeitigen, Altersbeschwerden leidender Greis. An diesem Altersbild hatten die Pharmaindustrie und die zahlreichen Verbände und Organisationen, die sich für das Wohl und die Betreuung vor allem hilfebedürftiger Menschen einsetzen, ihren erklecklichen Anteil (Amann 2004, S. 16).

Als Diskurstyp haben wir es hier mit der Altenlast zu tun. Hier ist es ein politisch-moralischer Diskurs, die faktische Lebenssituation, d. h. empirisch bestimmte Lebenslage der Älteren, spielt in diesem normativen Diskurs ständig mit. Damit unterscheidet er sich von den historisch älteren.

3.5.5 Der Euphoriediskurs des Alters als Gegenbild

Nun zeigen sich, in kräftigem Gegenzug, seit einigen Jahren wieder scheinbar positive Bilder. Genussfähigkeit, ewige Jugendlichkeit und materieller Wohlstand werden hervor gehoben. In ihrer positiven Überzeichnung sind sie wiederum einseitig und deshalb falsch. Ebenso, wie noch vor kurzer Zeit die Malaise des Älterwerdens das Hauptthema war, so ist nun dessen Vermeidung, ja gar dessen Verhinderung – anti-aging und forever young – der Renner aller Vorurteile. „Älter werde ich später" ist einer der vielen Buchtitel, der für diese Bilder geradezu das Motto abgeben kann. Ganz gezielt werden in diesen Bildern die jungen, aktiven, geistig mobilen, kontaktreichen, kommunikativen, gesunden, körperlich fitten und sportlichen, mitunter sogar politisch aufmüpfigen Alten beschrieben. Dieses „neue Alter", eine Entdeckung der Wissenschaft, ist demnach durch Kreativität, Verhaltensreichtum, Unabhängigkeit und Eigenständigkeit, Freisein vom Bedarf an fremder Hilfe, soziales Eingebundensein, Interessenvielfalt und Freizeit- und Konsumorientierung gekennzeichnet (Amann 2004, S. 17).

Als Diskurstyp haben wir es hier mit einem der Alterseuphorie zu tun. Hier ist es wieder ein moralischer, zugleich aber auch ein ideologischer Diskurs, vor allem nun einer der jugendzentrierten Ästhetik, und die faktische Lebenssituation,

d. h. empirisch bestimmte Lebenslage der Älteren, spielt in diesem normativen Diskurs wiederum ständig mit. Außerdem sind alle Altersdiskurse offensichtlich auch moralische Diskurse.

Unsere Konstruktionen bestimmen die Welt, wie wir sie sehen und sie leiten unser Handeln, ebenso tun dies unsere Altersbilder. Auf der Ebene politischen Handelns wirken kollektive Konstruktionen, sie münden in Gesetze und Regulierungen und gestalten die Welt institutionell aus. In unserem alltäglichen Handeln wirken ebenfalls kollektive Konstruktionen, sie münden in die Formen, wie wir mit den Älteren umgehen. Die wichtigste Aufgabe besteht darin herauszufinden, welche Konstruktionen negativ sind, weshalb sie es sind, und wer ein Interesse daran haben kann, sie zu benützen.

Eine kurze Übersicht zu historischen Formen der Teilhabe im Alter

4

Dass uns über die Zeit der Jäger und Sammler (auch Selbsterhaltungs- oder Überlebensgesellschaften genannt) und auch über jene nach der agrarischen Revolution keine befriedigenden Erkenntnisse zur Verfügung stehen, aus denen sich teilhabespezifische Lebensformen ableiten lassen, wurde bereits angemerkt. Ich will mich daher auf zwei weit auseinander liegende, aber lehrreiche Beispiele konzentrieren: auf ethnologische Forschungen der Neuzeit und auf Lebensformen unter Bauern und Handwerkern des 19. Jahrhunderts. Sie zeigen die große historische Variabilität der möglichen Teilhabebedingungen.

4.1 Befunde aus der Ethnologie und Kulturgeschichte

Am Beginn dieses Kapitels mögen einige kurze Bemerkungen helfen, einen Blick darauf zu werfen, wie in traditionellen Gesellschaften Alter und Altersstufen konstruiert werden. Georg Elwert (1992) geht davon aus, dass in allen nicht-industriellen Gesellschaften eines fehle: „eine Zuordnung von Sozialstatus zu nach Jahren gezähltem, zu chronologischem Alter" (Elwert 1992, S. 261). Entsprechend fehle auch ein chronologischer Altersbegriff. Daher stellt sich die Frage, auf welche Weise in solchen Gesellschaften eine Altersgliederung zustande kommt (falls sie wahrnehmbar sein sollte). Die Antwort entspricht einer groben Typologie mit folgenden Merkmalen. In Wildbeutergesellschaften richten sich Altersbegriffe und Vorstellungen vom alten Menschen nach physischen Fähigkeiten. Weiter existiert eine Differenzierung, die besonders für Frauen gilt und sich nach Positionen im Reproduktionszyklus gestaltet; entscheidend ist, ob Frauen heiratsfähig, verheiratet, Mutter, geschieden, Witwe oder Schwiegermutter sind. Unverheiratete und

A. Amann, *Leben – Teilhaben – Altwerden*,
https://doi.org/10.1007/978-3-658-27230-2_4

kinderlose alte Frauen oder Männer können unter Umständen nie zu „Alten“ werden. Drittens werden Senioritätssysteme beobachtet, in denen Alter immer relativ im Verhältnis zu den Nachkommen definiert wird. Wer alt wird, ohne ein „Ältester“ zu sein, kann möglicherweise marginalisiert werden. Schließlich werden noch Alters- und Generationenklassensysteme genannt, in ihnen rücken Gruppen von Gleichaltrigen in rituell bestimmten Jahreszyklen in andere Alterskategorien auf (Elwert 1992, S. 261 und 262).

4.1.1 Wissen und Senioritätsprinzip

Der Status der älteren Menschen, also Ansehen und Geltung sowie Macht, die ihnen zukommen, ist abhängig von den wirkenden Strukturen und geltenden Werten. Auf- und Abwertungstendenzen in Hinsicht auf den Stellenwert des Alters können in der Geschichte nebeneinander wirksam werden (Rosenmayr 1990; Borscheid 1989; Minois 1987). Nur so kann verstanden werden, wie vielfältig und ausgesprochen widersprüchlich sich die Befunde darstellen, die urgeschichtlich erschlossen, aus traditionellen Gesellschaften historisch rekonstruiert oder ethnografisch in Rückzugsgebieten von Stammeskulturen (vgl. Lee und Daly 1999; Diamond 2013) noch zu beobachten sind. Ein Resümee, das sich dazu ziehen lässt, hat Jared Diamond (2013) folgendermaßen formuliert: In manchen traditionellen Gesellschaften seien die Menschen gezwungen, ihre Älteren zu vernachlässigen, auszusetzen oder gar zu töten (vgl. auch Amann 1989a, S. 11–13). Mit hoher Wahrscheinlichkeit seien solche Praktiken aber auf Nomaden und Gesellschaften in besonders unwirtlichen Umwelten einzugrenzen. Andere traditionelle Gesellschaften ermöglichten ihren Älteren ein weitaus befriedigenderes und produktiveres Leben als die meisten westlichen Gesellschaften. Jared Diamond meint, in Übereinstimmung mit zahlreichen Ethnologen und Ethnologinnen, dass zu den Faktoren, die eine solche Variationsbreite ermöglichen, die Umweltbedingungen, die Nützlichkeit und die Macht der Älteren sowie die Werte und Regeln der jeweiligen Gesellschaft zählten (Diamond 2013, S. 44). Sie sind meist segmentär differenziert, basieren auf Verwandtschaftssystemen sowie Jagd-, Produktions- und Wohngemeinschaften.

Für Stammesgesellschaften hält Leopold Rosenmayr fest, dass in ihnen, in verschiedenen Modalitäten, das Anciennitäts- oder Senioritätsprinzip herrschte. Es diente dazu, im, wenn auch langsamen, kulturellen Wandel Stabilität zu erhalten. Information bzw. Wissen gelangte, allem voran sakrales und mythisches Wissen, „in Stufen von den Älteren mit den höheren Weihen zu den Jüngeren, die im Wissen und in den Weihen aufrücken konnten, wenn sie das Regelsystem, das von den Alten repräsentiert wurde, befolgten" (Rosenmayr 1990, S. 41). Wenn von „Altenmacht" gesprochen wird, kommt damit ein breit und umfassend wirkendes Senioritätsprinzip zum Ausdruck, dem Kontrolle durch die Älteren innewohnt, das allerdings häufiger auf Männer als auf Frauen zutraf. Erfahrung und angehäuftes Wissen werden zu einem Trumpf, der immer wieder sticht (Machtpotenzial). Da diese Gesellschaften ohne Schrift sind, muss sich solches Wissen in der mündlichen Weitergabe und der daran anschließenden Verwendung bewähren. Wenn also alte Menschen aufgrund ihrer Erfahrung z. B. praktische Kenntnisse fürs Überleben und der Tradition (z. B. Abstammungsmythen etc.) besitzen, flößen sie Achtung ein, sie müssen den Jüngeren als unentbehrlich erscheinen. Zugleich stehen sie als Alte teilweise schon im Reich der Toten, im Reich der Ahnen, von denen in der Vorstellung vieler dieser Gesellschaften alles für das Wohlergehen, für Erfolg und Dauer des Volkes abhängt. In dieser Perspektive gewinnen manche der Älteren furchterregende Macht. Sie spielen die Mittlerrolle zwischen den Lebenden und den Ahnen (Amann 1989a, S. 46). Es lässt sich mit einiger Berechtigung vermuten: Um die Erinnerung an Schöpfungsmythen, Traditionen, Magie und Rituale zu sichern, ist es sinnvoll, sie möglichst vielen in Worten und Bildern mitzuteilen, die sie dann wieder weitertragen können. Die Älteren übertragen also ihre Erinnerungen jeweils in die Erinnerung der Nachfolgenden. Diese Übertragung dürfte die Grundlage der Beziehungen zwischen den Menschen und den Generationen sein. Ich vermute, dass damit die Traditionen des Erzählens in so vielen vorindustriellen Gesellschaften zusammenhängen, Erzählungen, die zugleich zur Zeitvorstellung als Form der Erzählung führen (siehe auch Brock 1998).

4.1.2 Materielle Faktoren und Wertungssystem

Doch ist es nicht das Wissen allein, das Status und Ansehen verleiht. Es spielt die Verfügungsmacht über Grund und Boden, über die Menschen einer ausgedehnten und weit verzweigten Sippe ebenfalls eine Rolle. Klarerweise gibt es deutliche Unterschiede in der Bedeutung der einzelnen genannten Faktoren für die Macht der Alten. Wo die Besiedlung dünn ist, mag die Verfügungsmacht über Grund und Boden eine geringere Rolle spielen, wo der Boden ertragreich und die klimatischen Verhältnisse vorteilhaft sind, mag sich der Bedarf an „vielen Händen" geringer darstellen. Ansehen und Einfluss sind zwischen Männern und Frauen verschieden verteilt und – nicht immer sind die Frauen unterlegen.

Von entscheidender Bedeutung aber ist immer wieder, welche Weise und Entwicklungshöhe die Produktion erreicht hat (Amann 1989a, S. 46 und 47). Eine wie immer genaue Unterscheidung zwischen Jägern, Sammlern, Viehzüchtern und Feldfruchtbauern zeigt schon deutliche Unterschiede in den Bedingungen und Formen des Altenprestiges (Simmons 1945).

Mit ihr im Zusammenhang und von ihr geprägt steht das Wertungssystem einer Gesellschaft, aus dem wiederum Ansehen und Wertschätzung der Älteren erfließen. Auf der Fidschi Insel Viti Levu, berichtet Jared Diamond aus eigener Erfahrung, leben Ältere im Kreis der Familie und lebenslangen Freunde im Dorf, in dem sie ebenfalls ihr Leben lang zuhause waren. Oft wohnen sie auch im Haus der Kinder, die sich um sie kümmern. Das gehe so weit, „dass einem alten Elternteil, dessen Zähne bis auf das Zahnfleisch zerschlissen sind, das Essen vorgekaut und weich zubereitet wird“ (Diamond 2013, S. 246). So weit das auch von unseren Praktiken (und unseren verinnerlichten Wertungen und Geschmacksanmutungen) liegen mag, nehmen nicht Mütter bei uns, wenn das Füttern der Kleinkinder mit dem Löffel beginnt, deren Essen vorher manchmal in den Mund? Doch Wertungen und Regeln und das ihnen folgende Handeln sind kontingent. Für die hier referierten gesellschaftlichen Verhältnisse lässt sich, mit aller Vorsicht, nur sagen: Es sind materielle und immaterielle Faktoren, derentwegen ältere Menschen als nützlich angesehen werden, und derentwegen die Jüngeren die Älteren unterstützen können. Das kulturelle System regelt den Respekt für die Älteren, den Respekt vor der Privatsphäre, es regelt die Bevorzugung der Familie gegenüber dem Individuum (woraus Generationenkonflikte entstehen können) und die Verantwortlichkeiten. Nochmals in anderen Worten: „Immer werden also der Entwicklungsstand der Arbeitsteilung und der Produktion sowie das Ausmaß der Kräfte, das die Wahrung der Subsistenz verschlingt“ (Amann 1989a, S. 47), eine entscheidende Rahmenbedingung für die kulturelle Ausgestaltung aller anderen Lebensäußerungen sein.

4.1.3 Wo das Leben kümmerlich ist

Tatsächlich existieren überaus zahlreiche Quellen, aus denen Materialien ethnologischer und kulturanthropologischer Feldforschung in Archiven zusammengetragen worden sind und auf die sich Autoren und Autorinnen immer wieder beziehen. Es gibt z. B. die „Human Relations Area Files, Inc.“ (HRAF) in New Haven, Connecticut; es gibt z. B. das „Cross Cultural Cumulative Coding Center“

an der Universität von Pittsburgh.[1] Diese Archive bergen Daten über Tausende von Gesellschaften, in denen Untersuchungen und Beobachtungen stattgefunden haben. Über die quellenkritischen und methodologischen Probleme dieses ganzen Materials verbreite ich mich hier nicht.[2] Jedenfalls ist dies der Hintergrund für die Behauptung, dass es viele Berichte bzw. Fälle gibt, auf die wir uns stützen können.

Unter extremer Armut gibt es nur Gegenwart, die Zukunft kommt in den Blick einzig unter der Ägide der Ahnen. Die Armut, die in einer kleinen überschaubaren Gruppe mit primitivsten Mitteln der Produktion, nahezu unabhängig von anderen Gruppen in der Umgebung, die Menschen bedrückt, ist von anderer Art als jene, in der sich heute Millionen in der Welt befinden. Die Fälle, in denen alte Menschen ausgesetzt oder getötet werden, treten in Gesellschaften auf, „in denen ältere Menschen zu einer ernsthaften Last werden, die für die Sicherheit der gesamten Gruppe gefährlich ist" (Diamond 2013, S. 250). Dass diese Situation mit einiger Wahrscheinlichkeit bei nomadisierenden Jägern und Sammlern und andererseits in klimatisch unwirtlichsten Gegenden (arktische Gegenden und Wüsten) auftritt, wurde schon erwähnt, und trotzdem ist es nicht so, dass sie alle ihre alten Menschen opfern. „Manche Gruppen (darunter die !Kung und die afrikanischen Pygmäen) haben gegen ein solches Vorgehen offenbar einen größeren Widerwillen als andere (beispielsweise die Ache, Sirionó oder Inuit)" (Diamond 2013, S. 251).

Aus den einschlägigen Berichten ist eine Art Gradation der Verhaltensmuster ablesbar. Sie beginnt mit Vernachlässigung, bis die alten Menschen sterben. Sie werden ignoriert, bekommen kein Essen und man lässt sie davon ziehen. So ist es berichtet von den Inuit in der Arktis, den Hopi in den nordamerikanischen Wüsten, den Witot im tropischen Südamerika und den australischen Aborigines. Eine andere Art der Vernachlässigung geht mit einer gewissen Aktivität einher. Von den Lappen (Samen) in Nordskandinavien, den San in der Kalahariwüste, den

[1]Bereits die Eingabe der in Anführungszeichen gesetzten Titel ins Internet bringt Tausende von Einträgen.

[2]Es gibt eine lange Tradition der kritischen Betrachtung sozialanthropologischer und ethnologischer Arbeit und ihrer Ergebnisse. Das beginnt schon mit den bekannten Forschern wie Lucien Levy-Bruhl, Bronislaw Malinowski, Edward Evans-Pritchard oder auch Victor Segalen mit seiner Idee des Exotismus, verstanden als eine Ästhetik des Diversen, die nach meinem Dafürhalten wenig rezipiert wurde (vgl. Segalen 1983). Jüngere Kritik versucht nun, Epistemologien verschiedener Disziplinen zu integrieren (vgl. Hafner-Fink et al. 2017).

nordamerikanischen Omaha und den Kutenai- und Ache-Indianern im tropischen Südamerika ist aufgezeichnet: Sie lassen alte oder kranke Menschen absichtlich zurück, wenn die übrige Gruppe ihr Lager verlegt (Diamond 2013, S. 251). Simone de Beauvoir zitiert einen Fall der Sirionó im bolivianischen Urwald.

„Holmberg[3] erzählt vom Vorabend eines allgemeinen Aufbruchs: 'Meine Aufmerksamkeit wurde auf eine alte Frau gelenkt, die krank in einer Hängematte lag, zu krank, um sprechen zu können. Ich fragte das Oberhaupt des Dorfes, was man mit ihr zu tun gedächte. Er verwies mich an ihren Mann, der mir sagte, man würde sie hier sterben lassen (…) Am nächsten Tag brach das ganze Dorf auf, ohne sich von ihr auch nur zu verabschieden (…) Drei Wochen später fand ich die Hängematte und die sterbliche Hülle der Kranken'" (Beauvoir 1977, S. 41 und 42).

Zur aktiven Hintanlassung ist zu zählen, dass z. B. die Ache die Männer im Wald zu einer „Straße des weißen Mannes" brachten und sie fortgehen ließen. Nie wieder wurde von ihnen etwas gehört. Eine weitere Verhaltenversion ist für die Tschuktschen und die Jakuten in Sibirien, die Crow-Indianer in Nordamerika, die Inuit und die Wikinger dokumentiert. Die ältere Person wird aufgefordert, Selbstmord zu begehen, indem sie von einer Klippe springt, ins Meer geht oder den Tod im Kampf sucht. Ein alter Steuermann von den Reef-Inseln im Südwestpazifik verabschiedete sich offiziell und stach dann mit einem Boot in See, von wo er nie zurückkehrte (Diamond 2013, S. 252). Entschieden eingreifend erscheint eine weitere Weise, die sich als Sterbehilfe oder Mord auf Verlangen bezeichnen lässt, beispielsweise durch Erdrosseln, Erstechen oder lebendiges Begraben. „Beim Volk der Kaulong im Südwesten von Neubritannien war es auch noch bis in die 1950er Jahre allgemein üblich, dass eine Witwe unmittelbar nach dem Tod ihres Mannes von ihren Brüdern oder ihrem Sohn erdrosselt wurde" (Diamond 2013, S. 253), im Dienste einer „Verpflichtung". Jane Goodale wird als Gewährsperson genannt. Die letzte Version beschreibt, dass das Opfer gewaltsam getötet wird, ohne das es selbst mitwirkt oder zustimmt.

Diese Berichte stammen zum allergrößten Teil aus den Quellen der alten Ethnologie, die Wirklichkeit, über die hier berichtet wird, hat sich verändert, ist vergangen, und die Authentizität der Berichte ist manchmal peinlichen Fragen ausgesetzt. In einem aber scheint die Forschung übereinzustimmen: Armut wird zu einem bestimmenden Faktor, sie vermag Gefühle zu ersticken, aber auch die Entwicklung von Gewohnheiten und Einrichtungen, die die Versorgung der Kranken der Alten und der „Unnützen" sichern würden, effektiv zu verhindern. Diese kleinen Gemeinschaften sind so zerbrechlich, dass Armut ihre Existenz dauernd gefährdet.

[3]Der Anthropologe Allan Holmberg, der 1948 ein Buch über die Sirionó herausbrachte.

Dennoch ist festzuhalten, dass in den meisten Gesellschaften die Alten nicht vernachlässigt wurden, obwohl „die Versorgung der Alten nichts Natürliches ist" (Elwert 1992, S. 265). Sie wurden um Rat gefragt, in unterschiedlichen Weisen und Ritualen, es wurde ihnen entweder regelmäßig oder vom Überfluss zu essen gegeben. Es lässt sich als Grundlinie aus vielen Studien zusammenfassen, dass zwar in fast allen diesen Gesellschaften die älteren Menschen eine besondere Stellung einnahmen, dass ihr Wissen eine wichtige Rolle spielte und an dieses Status und Prestige gebunden waren. Hier lässt sich noch einmal auf den Menschen als „Mängelwesen" zurückgreifen, denn das Alter kann auch als überprägnante Ausformung dieses Spezifikums gelten, wie sich mit Bezug auf Paul Baltes oder Arnold Gehlen sagen ließe. Diese Phase nachlassender physischer Kraft, die ja gerade für Jäger, Krieger und Nomaden sicher wesentlich ist, diese Phase nachlassender geistiger Beweglichkeit, diese Phase nach der Menopause ist eine Schlüsselperiode für einen Institutionenaufbau der Versorgung, um Mängel zu kompensieren (Elwert 1992, S. 265). Jedenfalls dürfte die Versorgung der alten Menschen in besonderem Maß davon abhängig gewesen sein, ob eine gesellschaftliche Ordnung entwickelt worden war, die über individuelle Interessen hinausging und dem Alter (den Altersstufen) Funktionen zugeteilt hatte. Der faktische Umgang mit den Alten aber hing immer in beträchtlichem Maße von der Weise und dem Stand der Produktion, der Verteilung der Güter (ihrerseits kulturell geregelt) der Arbeitsteilung und den mythisch-religiösen Konzeptionen und normativen Regelungen ab, die sich mit eben diesen Bedingungen entwickelt hatten (Simmons 1945). Anthony P. Glascock (1986) berichtete über eine 1983 in Somalia (Bay Region) durchgeführte Untersuchung über die Kontrolle von Eigentum und Rechten unter alten Männern. In der Übertragung von Eigentums- und Verfügungsrechten (in der untersuchten, patriarchalischen islamischen Gesellschaft) wurden Töchter gegenüber Söhnen benachteiligt und es wurde zwischen „guten" und „schlechten" Söhnen unterschieden. Gut sind jene, die sich von Jugend an unterwürfig zeigen und zu erkennen geben, dass sie, wenn die Väter schwach, krank und hinfällig sein werden, für diese sorgen und sie bis zum Tode unterstützen würden. In der Auswahl der Kriterien, die einen guten Sohn ausmachen, waren sich die befragten alten Männer auffallend einig, und ebenso darüber, dass nur ein möglichst langes Beharren auf Eigentums- und Verfügungsrechten über Land, Wasserstellen und Tiere die Versorgung im Alter und die Aufmerksamkeit und Hilfe der Kinder gewährleisten würden. Daraus erklärt sich die in den genannten Quellen häufig erwähnte ökonomische Ungleichheit zwischen jungen und alten Männern, im Fall matrilinearer Stämme wie den Lele in Zaire ist die Situation allerdings anders (Douglas 1971).

Es lässt sich in den traditionellen Gesellschaften für die Frage der Teilhabe der Älteren am Leben ein Horizont aufspannen, der vielfältiger nicht sein könnte. Kulturell regulierte Weisen der Einbindung/Entbindung mit der Begleiterscheinung der sozialen Integration reichen von einer durch Status und Ansehen gesicherten Dominanzposition, die buchstäblich für das Weiterbestehen des Stammes einstehen muss, über vermutlich allgemeine Wohlgelittenheit bis zu graduell ansteigender Versagung der Mittel zur Teilhabe, die im äußersten Fall mit der aktiven Auslöschung des Lebens abschließen. Zur Konstruktion der Lebensformen zählt wohl in all diesen Weisen auf der Seite der Individuen eine Art des nachdrücklich erlernten Einverständnisses mit diesen Regelungen. Von wirksamer und wiederholter Auflehnung gegen diese Praktiken durch Ältere scheinen die Quellen nirgends zu berichten. Einbindung/Entbindung sind in traditionellen Gesellschaften in hohem Maße reguliert: nach Altersstufen und Initiationen, nach Geschlechterregeln und Verwandtschaftsnetzwerken, nach mythisch-religiösen Ritualen und nach Verhaltensregeln, die einigermaßen konfliktfreie soziale Beziehungen auf Dauer stellen sollen. Der Versuch des Aufrechterhaltens funktionierender sozialer Beziehungen zwischen verschiedenen Gruppen, beispielsweise als Wiedergutmachung nach einer Schädigung, kann in überaus komplexe Verhaltensrituale münden und einen Zeit- und Energieaufwand erfordern, der aus westlicher Sicht geradezu abstrus erscheinen mag. Ein Ausgleich des materiellen Schadens in äquivalenter Weise steht dabei weit im Hintergrund, zentral geht es um Versöhnung. Auch in solchen Prozessen werden Erfahrungen der Älteren aufgerufen und benötigt, weil sie wissen, wie andere Fälle früher gelöst wurden (vgl. Diamond 2013). Teilhabe am Leben in archaischen Gesellschaften mag einerseits hoch reguliert und andererseits als strukturell unterkomplex interpretiert werden, da die tatsächlich wirksamen Regulierungen einer Struktur entstammen, in der die wirtschaftliche Produktion noch in der Gesellschaft stattfindet (Karl Polanyi) und Herrschaftshierarchien noch nicht existieren. Doch selbst diese Verhältnisse sind recht unterschiedlich gestaltet je nach der Rolle, die Eigentum und Verfügungsrechte, Prestige und Einfluss, Wissen und Magie spielen.

4.2 Teilhabe im Zeitalter der Industrialisierung

Über die Situation der Älteren im Zeitalter der Industrialisierung zu sprechen heißt, mit jener historischen Konstellation konfrontiert zu sein, in der der erstarkende Kapitalismus und der Staat (in fast allen Ländern noch in Form der Monarchie) beginnen, die neuen Herrschaftsstrukturen zu entwickeln, in denen die Älteren als Gruppe von sozialpolitischem Interesse sich herauszukristallisieren beginnt. Parallel dazu existieren aber noch ältere (ständische) Strukturen der vor- und frühkapitalistischen Zeit, die nun in Widerspruch zu den neuen Entwicklungen geraten.[4] Aus der Vielzahl an Konstruktionen, die in der Geschichtswissenschaft, der Sozial- und Wirtschaftsgeschichte und der frühen Soziologie entwickelt wurden, um diesen Wandel zu beschreiben oder zu erklären, greife ich die so genannte „Familienwirtschaft" heraus. Die Dominanz dieser Form, entstanden aus der Hausgemeinschaft, begann mit der Nachfrage des Kapitalismus nach Arbeitskräften der außerhäuslichen Lohnarbeit zu weichen. Es wurde zwar in der frühen Sozialgeschichte davon ausgegangen, dass die Hausgemeinschaft kein „Haus" im heutigen Sinn voraussetzte, sicher aber ein Mindestmaß an planmäßiger Ackerwirtschaft (Weber 1922, S. 195), und später dann auch ein System der geschlechts- und altersspezifischen Arbeits- und Rollenteilung sowie der Eigentums- und Herrschaftsregelung (Amann 1989a, S. 89). Lange war eine Auffassung prägend, z. B. von Otto Brunner (1956)[5] vertreten, die am „Haus" patriarchalische und den Autarkismus romantisierende Vorstellungen nährte, inzwischen hat die Kritik (z. B. durch Claudia Opitz) wesentliche Aspekte korrigiert. Ich werde der besseren Übersichtlichkeit halber eine Differenzierung nach Bauern und Handwerkern vornehmen, da deren „Familienwirtschaften" sich sehr stark voneinander unterschieden.

4.2.1 Bäuerliches Leben

Im Sinne idealtypischer Merkmalsbestimmung bildete der bäuerliche Wirtschaftsbetrieb eine relative Einheit aus Produktion, Konsumtion und familiärem Beziehungssystem. Gerade der Ausdruck familiäres Beziehungssystem muss allerdings genauer besehen werden. Mann, Frau und Kinder (die Kernfamilie im heutigen Verständnis), andere Verwandte, teilweise hin bis zu geistig oder physisch behinderten Schwägern etc. arbeiteten auf dem Hof. Dazu gesellten sich häufig das sogenannte Gesinde, Taglöhner und Saisonarbeiter und -arbeiterinnen,

---

[4] Vgl. die bedeutende „Quellensammlung zur Geschichte der Deutschen Sozialpolitik 1867 bis 1914", im Auftrag der Historischen Kommission der Akademie der Wissenschaften und Literatur – Mainz, daraus. z. B. Born et al. (2000a, b); Henning und Tennstedt (2003).

[5] Otto Brunner, ein Großdeutschland- und Nationalsozialismus-affiner österreichischer Historiker war der Autor, mit dem die Auffassung des „ganzen Hauses" als Kategorie frühneuzeitlicher Verfassung und Gesellschaft ihren Aufschwung nahm.

abhängig von der anfallenden Arbeit, Erntezeit etc. Reinhard Sieder dokumentierte (1987, S. 17), dass aus sozialer und hausrechtlicher Perspektive die weitschichtig Verwandten und das Gesinde in weiten Gebieten Österreichs, Deutschlands, Frankreichs und der Schweiz zur „bäuerlichen Familie“ zählten. Den Personenverband bilden daher idealtypisch jene, die der bäuerlichen Wirtschaft dauerhaft zugehören. Bis ins 19. Jahrhundert produzierte diese Familienwirtschaft für den Eigenbedarf, erst die Industrialisierung führte Ende des 19. Jahrhunderts in den Familienwirtschaften dazu, dass das Gesinde durch Maschinen ersetzt und die bäuerliche Familie sich in ihrem genealogischen Kern auf das „bürgerliche Familienmodell“ reduziert wurde (Sieder 1987, S. 19).

In diesen Verhältnissen dürfte ein frohes und umsorgtes Alter, gekennzeichnet durch Einbindung und volle Integration, wie es Ernest W. Burgess in romantisierender Manier einmal gezeichnet hat, wohl kaum möglich gewesen sein (Burgess 1962, S. 350), eine wohlfahrtsstaatliche Absicherung gegen Unfall, Krankheit und Alter gab es (außer in rudimentären Ansätzen des kirchlichen Armenwesens) ohnehin nicht. Sicherheit und gebührender Ort der Existenz fand sich einzig in der Familie. Unverheiratete alte und auf sich allein gestellte Menschen, egal ob Mann oder Frau, führten ein erbärmliches Leben. Auf die Situation der Witwen und der Bewohner von Versorgungsspitälern hat Peter Borscheid wiederholt hingewiesen. Diese agrarisch geprägte Welt hielt für den Großteil ihrer Menschen, eben die bäuerliche Bevölkerung, Arbeit, Mühe und Not bereit, sie waren abhängig von der Natur, ihr ausgeliefert. Auch wer lange und viel auf dem Acker arbeitete, hatte noch keine Gewähr für eine gute Ernte. Ein einziges Unwetter konnte alles zerstören. So ist auch zu verstehen, dass das Denken und Mühen der Bauern sich um die Erhaltung und Vermehrung von Landbesitz drehte, denn von ihm hingen Überleben, Wohlergehen und soziale Geltung ab. Notwendig rückte damit auch das Erbe in eine zentrale Stellung, wodurch von Generation zu Generation der Umgang mit dem Besitz zu den wichtigsten Grundkategorien des Lebens gehörte (Borscheid 1989, S. 320). Für den bäuerlichen Bereich stand als wichtigstes strukturelles Element der Einbindung und zugleich Entbindung der Älteren das „Ausgedinge“ zur Verfügung, das für die bäuerliche Wirtschaft erkenntlich einige Vorteile, für die betroffenen Älteren aber überwiegend Nachteile barg. Bei aller rudimentären Versorgung bedeutete der „Altenteil“ für den Bauern, dass er seiner Funktion als Vorstand des Betriebes verlustig ging (wobei die Verpflichtung zur Mitarbeit meist nicht gänzlich erlosch, weder für den Altbauern noch für die Altbäuerin), der Nachfolger aber in die Pflicht genommen wurde, nun für den Lebensunterhalt der Alten zu sorgen. Oft kleinlich und äußerst detailliert abgefasste Übergabeverträge zeigen, wie sehr die Zusicherung von Rechten, wie z. B. am Sonntag Fleisch zum Essen zu bekommen oder den Haupteingang des

Hauses benützen zu dürfen, das Ergebnis von Konflikten (oder Mittel zu deren Vermeidung) waren. In den vorneuzeitlichen Gesellschaften ist es im bäuerlichen Bereich mit ziemlicher Sicherheit auch zu Minderbewertungen des Alters, zu Ausgrenzung und Diskriminierung gekommen. Die Alten selbst versuchten häufig, um die strukturell gestützte Entbindung durch das Altenteil zu unterlaufen, so spät wie möglich den Betrieb zu über geben,[6] oder nach der Übergabe sich mit Arbeiten und Dienstleistungen an die Jüngeren als unverzichtbar geltend zu machen. Eine Untersuchung Anfang der 1980er Jahre in Oberösterreich zeigte eben solche Muster und Strategien als heute noch vorhanden.[7] Die alten Bauern und Bäuerinnen „ziehen ins Ausgedinge“, versuchen aber weiterhin, sich nützlich zu erweisen, „getan wird, was noch geht“; das Verhältnis zwischen Alten und Jungen ist nicht immer einfach, „man muss irgendwie das Maul halten auch“; zumindest die jungen Schwiegertöchter geben zu, dass die Hilfe der Altbäuerin sie entlastet, „die Mutter kann nur noch in der Küche am Tisch sitzen und Kochen vorbereiten und auf die Kleine schauen, das hilft mir aber schon.“ Im Blick zurück auf die vorindustrielle Zeit mag als Hypothese gelten: Familienwirtschaft und Arbeitsorganisation waren so eng miteinander verflochten, dass ein im heutigen Sinn verstandener Übergang vom Arbeitsleben in den Ruhestand strukturell nicht vorgesehen war und im Bewusstsein der Beteiligten keinen Platz hatte. Es wird allerdings zu einer Umschichtung und Umstrukturierung der Arbeitsbereiche gekommen sein. Arbeiten mit großer physischer Beanspruchung, Tätigkeiten an weit entlegenen Orten oder solche, die große Geschicklichkeit verlangten und gefährlich waren, wurden den Alten wohl abgenommen. Auch heute werden die großen, elektronisch gesteuerten Landmaschinen selten von alten Bauern gefahren und bedient, das ist eine Domäne der Jungen. Vermutlich hat es aber immer eine deutlich erkennbare Trennung zwischen Männer- und Frauenarbeit gegeben, innerhalb des Ausgedinges ist sie heute noch sichtbar (Amann 1989b). Die Stellung der Älteren in der bäuerlichen Gesellschaft hat jedenfalls ein Auf und Ab

[6]Dieses Muster deckt sich in seiner Logik durchaus mit dem Versuch alter Männer in archaischen Gesellschaften, die Übergabe von Eigentum und Verfügungsgewalt so weit wie irgend möglich hinaus zu zögern.

[7]Im Jahr 1983/1984 hatte ich im Rahmen einer zweisemestrigen Lehrveranstaltung ein Studienprojekt mit Studierenden der Volkskunde und der Soziologie an der Universität Wien durchgeführt. Das Thema betraf Älterwerden in der bäuerlichen Welt, das Projekt beinhaltete verschiedene qualitative Methoden als Arbeitswerkzeug, auch einen längeren Feldaufenthalt in einer ausgesuchten bäuerlichen Gemeinde in Oberösterreich. Aufgrund von Verzögerungen, wie sie in derartigen Projekten häufig sind, konnte der Projektbericht zwar 1986 fertig gestellt, aber erst 1989 gedruckt werden (Amann 1989b).

erfahren, abhängig von Ansehen und Geltung des Alters an sich, mit Tiefständen vor und bis nach dem Dreißigjährigen Krieg, und mit Höhepunkten von der Mitte des Siebzehnten Jahrhunderts bis zum Beginn des Neunzehnten Jahrhunderts.

4.2.2 Die Situation im Handwerk

In strukturell verschiedener Weise stellte sich die Situation der Handwerker dar. Familienleben und Wirtschaftsleben waren auch bei ihnen eng verflochten, doch die Sozialform des ganzen Hauses galt nicht. Meist fehlte der Hausbesitz und die Trennung zwischen Haushaltung und Betrieb war deutlicher als im bäuerlichen Fall. Die häufige materielle Enge und die Regeln der Knappheitsgesellschaft haben die Formen der Altersversorgung und die Lage der alten Menschen im Handwerk ganz wesentlich bestimmt (Borscheid 1989, S. 359). Auch sollte keinesfalls übersehen werden, dass die Lebenslagen im Handwerk erheblich von der Leistungskraft der Landwirtschaft abhingen. Missernten, staatliche Misswirtschaft, Krisen und Preissteigerungen in der bäuerlichen Wirtschaft bedrückten das Handwerk ständig. Das Bewusstsein der Unsicherheit beherrschte den Menschen, je älter er wurde. Ständiger Mangel frisst sich geschwürhaft in Körper und Seele, er schürt Misstrauen und die Handwerker sahen ja, wie immer mehr Zunftmitglieder aus Arbeitsmangel und Unterbeschäftigung in eine Kümmerexistenz am Rande der Gesellschaft glitten (Borscheid 1989, S. 359). Werner Sombart hat für diese Zustände ein anschauliches Bild gezeichnet.

> „Viele kleine Meister wohnen mitsamt ihrer Familie derart beschränkt und sanitätswidrig, dass sie oft geradezu das Mitleid der inspicierenden Beamten herausfordern; in einem kleinen Zimmer, das Werkstätte, Wohnung und Küche darstellt, lebt die ganze Familie groß und klein, ob gesund oder krank; hier wird im Sommer und Winter von früh morgens bis spät abends gearbeitet, gekocht, gewaschen, geschlafen, meist ohne jeden anderen Luftwechsel, als das Öffnen der Thür mit sich bringt (…). Teilweise muss die Frau im Gewerbebetrieb selbst helfen, das ist vielfach der Fall bei den Schneidern, Pantoffelmachern, Schuhmachern, Kürschnern, Mützenmachern, Buchbindern etc. Vor allem aber liegt ihr der Handel mit den erzeugten Produkten ob“ (Sombart 1902, II: 563/564 Fußnoten).

Die Zunftvorschriften bestimmten zwar zum Haushalt des Meisters gehörig seine Gattin und die Kinder, aber auch die im Haushalt lebenden Lehrlinge und Gesellen, doch der entscheidende Unterschied zum bäuerlichen Betrieb lag im Produktionsprozess (Sieder 1987, S. 103). Bei den Bauern hing alles von Besitz und Verfügung über bewirtschaftbaren Boden ab, im Handwerk waren die

Produktionsmittel leichter zu beschaffen, dafür kam das öffentlich organisierte Moment der Qualifikation, der technisch planenden Kompetenz hinzu.[8] Für die Handwerker entfiel die enge Bindung an Grund und Boden, der für die Bauern der einzige Garant für das Lebensnotwendige war, aber auch eine eiserne Kette für die Generationen und eine dornige Bürde.

Gezielt schuf die zünftisch organisierte und legitimierte Hierarchie zwischen Lehrlingen, Gesellen und Meistern andere Beziehungen als im bäuerlichen Betrieb. Zudem dürften Meister, die über großes Geschick und handwerkliches Wissen verfügten, eine hohe Wertschätzung erfahren haben, die wohl qualitativ anders war, als jene großer Bauern, allerdings wird dies fraglich zu einer Zeit, als der beginnende Kapitalismus mit seiner Entwicklung von Manufaktur und Fabrik das traditionelle Handwerk zunehmend in Bedrängnis brachte (vgl. Amann 1989a, S. 92). Es mag sein, dass die Situation durch einen Zwiespalt charakterisiert war. Auf der einen Seite konnten manche Handwerker aufgrund der anerkannten Qualifikation, der zünftisch gesicherten Rechte gegenüber Gesellen und Lehrlingen und aufgrund seiner hausväterlichen Autorität über Status und Einfluss verfügen. Auf der anderen Seite war die ökonomische Grundsicherung, wie bereits erwähnt, unsicher genug. Einen gewissen Ausgleich konnte das Kleineigentum an Grund schaffen, auf dem landwirtschaftliche Subsistenzwirtschaft betrieben wurde (Amann 1989a, S. 93). Im Unterschied zum Bauern war der junge Handwerker nun nicht auf Ererbung seiner Produktionsmittel angewiesen, die Söhne, die in der Regel die Ausbildung nicht in der väterlichen Werkstatt gemacht hatten, warteten nicht auf das Erbe und so musste der Handwerksmeister, anders als der Bauer, nicht zu Lebzeiten „übergeben". Die Söhne gingen auf Wanderschaft, sahen sich, häufig vermittels Heirat mit einer Meisterswitwe oder Meisterstochter, nach einer eigenen Werkstatt um (Sieder 1987, S. 110). Diese Kennzeichen des Handwerks begannen spätestens mit dem Aufkommen der Gewerbeordnungen und der Aufhebung von Gewerbebeschränkungen zu verschwinden.

Die Prozesse der Einbindung und Entbindung waren bei den Handwerkern ständisch organisiert, mit oft wenig Bewegungsspielrum für den einzelnen Menschen, Integration erfolgte fast ausschließlich über die dörfliche Gemeinschaft

[8] In der Literatur scheint mir eine ungebührliche Höherbewertung handwerklichen Wissens und Könnens gegenüber bäuerlicher Kompetenz vorzuherrschen. Wenn wir heute z. B. das von den Bauern selbst verfertigte Werkzeug für die Almsennerei, die Heu- oder die Holzgewinnung in die Hand nehmen und staunen mögen, wie es sich praktisch bewährt, seit Jahrhunderten (und selbst die neuesten technischen Hilfsmittel sind oft den alten Formen abgeschaut), so dürfen Zweifel an dieser Einschätzung auftreten.

bei den Bauern und über die zünftische Organisation bei den Handwerkern, wobei bei diesen die Besiedelungsdichte eine gewisse Rolle gespielt haben dürfte: Handwerker im Dorfe oder in einer kleinen Stadt lebten anders als jene in sogenannten Zunftstädten mit einer gewissen Wohlhabenheit. Das Alter war kein Status klaglosen Versorgtwerdens, für den Bauern mussten die eigenen Kinder für die Altersversorgung einstehen, die Handwerker sicherten sich selbst ab, auch für die Hinterbliebenen über die vielen Witwen- und Waisenkassen im Merkantilismus. Arbeit in unterschiedlicher Form dauerte oft bis ans Lebensende und Frauen waren fast immer in einer schlechteren Lage als Männer. Trotzdem dürfte die Integration in die kleinen Gemeinschaften auch im Alter relativ gut gewesen sein.

Teil III
Empirische Befunde aus rezenter Forschung

5 Teilhabe: Normative Vorgaben und empirische Befunde in Österreich

5.1 Selbstbestimmtes Leben

Wie schon deutlich gemacht wurde, kann ein Konzept der Teilhabe, das den gegebenen Verhältnissen der Gegenwartsgesellschaft angemessen sein soll, die Bestimmung der Leitbegriffe nicht von einem begründungsphilosophischen, überzeitlichen Standpunkt aus erfassen, sondern muss diesen Verhältnissen verpflichtet bleiben. Selbstbestimmung der Subjekte ist daher aus dem Kontext einer demokratisch verfassten Gesellschaft unter den Bedingungen kapitalistischer Marktwirtschaft zu gewinnen. Demokratisch verfasst heißt, dass die konstituierenden Elemente dieser Staats- bzw. Regierungsform, nämlich Gleichheit und Freiheit, in ihrer konkreten Ausformung mitgedacht gehören. Das war schon bei Alexis de Tocqueville der Fall und hat sich inzwischen nicht geändert (Tocqueville 2016[1835], S. 15 ff.). Nun ist aber Selbstbestimmung ein offener und schillernder Begriff. Für den hier vorgesetzten Zweck halten wir fest, dass er seine politische Übersetzung in den Postulaten der Freiheit und Gleichheit gefunden hat (Dux 2013, S. 15), und zwar in einem ganz spezifischen Zuschnitt: Freiheit verlangt nach Selbstbestimmung in der Gestaltung der praktischen Lebensführung, Gleichheit dagegen ankert in dem festen Grund, dass die Selbstbestimmung nirgendwo anders, als in der von den Menschen selbst geschaffenen Lebensform statthaben kann (Dux 2013, S. 15). Damit erhält Demokratie eine spezifische Bestimmung. Sie ist die Form einer gesellschaftlichen Verfassung, deren Aufgabe

Hier sei Dr. Elisabeth Hechl im Bundesministerium für Arbeit, Soziales, Gesundheit und Konsumentenschutz (Wien) für die Unterstützung einschlägiger Forschungsprojekte gedankt.

A. Amann, *Leben – Teilhaben – Altwerden*,
https://doi.org/10.1007/978-3-658-27230-2_5

es ist, die Rahmenbedingungen für eine selbstbestimmte Lebensführung der Subjekte überhaupt erst zu schaffen, denn vom ökonomischen System kann dies nicht erwartet werden. Allerdings ist die gegenwärtige Demokratie eine von Macht verfasste Form und es ist die Frage zu stellen, wo sie eben dadurch viele Menschen daran hindert, ein selbstbestimmtes Leben zu führen. Ein erster Hinweis ist prinzipieller Art: Menschen werden an einem selbstbestimmten Leben überall dort gehindert, wo sie organisierter Macht, also Herrschaft, unterworfen und deshalb abhängig sind und ihre Lebensführung nach den Vorgaben dieser Herrschaft gestalten müssen. In gegenwärtigen Demokratien im Zuschnitt kapitalistischer Marktwirtschaft gilt dies jedenfalls überall, wo Menschen ihre Arbeitskraft unter den Vorgaben des herrschenden Systems verwerten müssen. Hierin liegt zugleich auch der große Widerspruch in allen gegenwärtig sichtbaren Fassungen des Begriffs Teilhabe: Sie ist im Prinzip in der gegenwärtigen Gesellschaft nur möglich im Rahmen des ökonomischen Systems, das gleichzeitig nicht in der Lage (und auch nicht willens) ist, Teilhabemöglichkeiten für alle zu schaffen (vgl. Amann et al. 2010a; Amann 2008b). Damit wird auch klar, dass alle Sozialformen und institutionellen Arrangements, die Teilhabemöglichkeiten außerhalb des ökonomischen Systems schaffen oder schaffen wollen, normativ eingeplante Aufgabenträger sind, die der Rolle von Lückenbüßern entsprechen. Nicht umsonst stellt die Teilhabe der älteren Menschen, und um die geht es hier, im wirtschaftlichen Bereich den geringsten Anteil. Diese Einschätzung ist kein abwertendes Urteil und stellt die Integrationsleistungen dieser Einrichtungen nicht infrage, sie soll aber deutlich machen, dass die gegenwärtige Gesellschaft diese Teilhabemöglichkeiten (hauptsächlich über das kulturelle System) geschaffen hat, weil das ökonomische System, das vorgibt, das zentrale System dieser Gesellschaft zu sein, solche Integrationsleistungen nicht für alle Menschen gleichermaßen erbringen kann oder will.

Es gehört zur menschlichen Grundverfassung, sich im Leben behaupten zu müssen, und jedes Subjekt versucht, diesem Prinzip nachzukommen, indem es sein Leben so einzurichten trachtet, dass es dieses selbst als ein sinnvolles Leben verstehen kann. Selbstbestimmtheit ersteht aus Sinn. Nun wäre es allerdings ein infantiles Verständnis von Selbstbestimmung, wenn es nichts anderes besagte, als dass letztendlich jeder Mensch selbst zu bestimmen habe, was für seine Lebensführung als sinnvoll zu gelten habe (Dux 2013). Die Möglichkeiten, Lebensführung und -formen zu wählen, sind durch die Gesellschaft vorgegeben, und aus dieser Bedingtheit heraus kommt es darauf an, dass das Subjekt sie nutzen kann und auch tatsächlich nutzt. Ich habe dies im Konzept der „erlernten Dispositionsspielräume" dargelegt. Selbstbestimmtheit ist offenbar ein Begriff, der von der gesellschaftlichen wie der individuellen Gestaltungskraft der Lebensführung bestimmt wird und immer zwischen Zwang und Autonomie oszilliert. Es kann keine Frage sein, dass die in der demokratischen Verfassung mit enthaltene Vorgabe der Selbstbestimmung für die Lebensführung an den ökonomischen Möglichkeiten bemessen wird. Dass für eine gelingende Lebensführung, die subjektiv als Sinn des je eigenen Lebens erfahren werden kann, in der gegenwärtigen Gesellschaft Arbeit und Bildung die wichtigsten kategorialen (aber zu hinterfragenden) Formen sind, ist evident, wird hier aber nicht weiter ausgeführt (vgl. Dux 2013, S. 60 ff.).

5.2 Gesellschaftliche Bereiche der Teilhabe

In gegenwärtigen Überlegungen zur Rolle von Demokratien und ihrer inneren Funktionalität besteht Konsens darüber, dass die Etablierung und Verfestigung allgemeiner und gleicher Teilhaberechte und -pflichten sowie ihre Nutzung durch die Bevölkerung zu den unverzichtbaren Merkmalen der Demokratie gehören, wobei Teilhabe auf Inklusivität zielt und Wettbewerb auf Liberalisierung, zumindest gilt dies auch trotz heftiger gegenteiliger Tendenzen in manchen europäischen Ländern. Dabei hat es den Anschein, als würde in den letzten Jahren in der politischen Diskussion mehr und mehr Gewicht auf den zweiten Aspekt gelegt. Streckenweise hat es geradezu den Anschein, als wäre das Prinzip der partizipativen Demokratie, das einmal als Leitbild für die Weiterentwicklung und Vertiefung der Europäischen Union gegolten hat, in einen Status minderer Bedeutung gerutscht. Schon lange stehen in den Versuchen, Verfassungsrechte und gesellschaftliche Beteiligung zu beurteilen, institutionelle Aspekte im Vordergrund. Der Grund dürfte darin liegen, dass die Einschätzung bzw. Messung institutioneller Merkmale als relativ unproblematisch angesehen wird. Die Nichtregierungsorganisation Freedom House erstellt z. B. einen jährlichen Bericht, „Freedom in the World“, in dem sie den Grad an Demokratie und Freiheit in Ländern und umstrittenen Territorien auf der ganzen Welt bewertet. Dem Bericht liegen umfangreiche Checklisten zur Verwirklichung politischer Rechte und bürgerlicher Freiheiten zugrunde, anhand derer Bewertungen durch LänderexpertInnen auf Skalen von 1 (am freiesten) bis 7 (am wenigsten frei) durchgeführt werden. Danach erfolgt eine Festlegung von Schwellenwerten für die Klassifikation eines Landes als „frei“ (1,0 bis 2,5), „teilweise frei“ (3,0 bis 5,0) und „nicht frei“ (5,5 bis 7,0). Freedom in the World erfasst drei Dimensionen im Bereich der politischen Rechte und vier Dimensionen im Bereich der bürgerlichen Freiheiten Abb. 5.1.

Politische Rechte	Bürgerliche Freiheiten
Wahlprozess	Meinungs- und Glaubensfreiheit
Politischer Pluralismus und Partizipation	Versammlungs- und Vereinigungsfreiheit
Funktionsweise des Regierungssystems	Rechtsstaatlichkeit
	Persönliche Autonomie und Individualrechte

Abb. 5.1 Dimensionen politischer Rechte und bürgerlicher Freiheiten. (Quelle: https://de.wikipedia.org/wiki/Demokratiemessung sowie u. a. auch Campbell und Barth (2009))

Nun sagt die Verankerung partizipativer Prinzipien im Verfassungssystem eines Landes noch nichts über die Praxis sozialer und politischer Beteiligung aus. Denn nicht alle Beteiligungsrechte werden von allen BürgerInnen genutzt und umgekehrt sind auch nicht alle Formen der Beteiligung am politischen und gesellschaftlichen Leben institutionell geregelt bzw. möglich. Damit wird die Frage der sogenannten Partizipationsforschung interessant: Wer beteiligt sich in welcher Form und mit welchem Ergebnis an der Gestaltung des politischen und gesellschaftlichen Zusammenlebens? Was ist unter politischer und sozialer Partizipation zu verstehen? Forschungen über politische und soziale Partizipation sind in eine lange Forschungstradition eingebettet. Alexis de Tocqueville beschrieb die Vereinigten Staaten als „Nation of Joiners" und er sah in dieser Eigenschaft eine Ursache für die Stärke der amerikanischen Demokratie (vgl. Dux 2013). Zwischen der politischen und der sozialen Partizipation machte er keinen Unterschied. Im 20. Jahrhundert ging diese Sicht anscheinend zunächst verloren. Die Forschung widmete ihre Aufmerksamkeit in erster Linie der politischen Partizipation, vor allem der Wahlbeteiligung. Erst in den letzten vierzig Jahren knüpfte die Forschung wieder stärker an die Tradition Alexis de Tocquevilles an. Die Begriffe „Bürgergesellschaft" oder „Zivilgesellschaft" wurden als Sammelbezeichnungen für das politische und soziale Engagement der Menschen benutzt. Auch wenn diese beiden Verhaltenstypen eng miteinander zusammenhängen, ist es dennoch sinnvoll, sie analytisch voneinander zu trennen, denn sie erfüllen unterschiedliche Funktionen und richten sich an unterschiedliche AdressatInnen. Diese Perspektive gilt heute vor allem für politologische und im engeren Sinn demokratietheoretische Forschung. In der Sozialgerontologie hat sich eine etwas andere Tradition herausgebildet.

In ihr entspricht es der Forschungspraxis, eine Einteilung der gesellschaftlichen Gesamtheit in wirtschaftliche, soziale, politische und kulturelle Sektoren vorzunehmen und diese voneinander zu trennen. Diese Art der Differenzierung entspringt soziologischen Gesellschaftstheorien und hat in der Geschichte dieser Wissenschaft so weit geführt, dass sogar diesen Kennungen entsprechende Systeme voneinander unterschieden wurden, die angeblich nach ihren je eigenen Regeln selbstherrlich funktionieren. Wiewohl dagegen viele Argumente eingesetzt werden könnten und die gesellschaftlichen Entwicklungen der letzten fünfzig Jahre immer deutlicher machen, dass diese Trennungen sich zunehmend schwieriger gestalten und an heuristischer Kraft verlieren, werden sie hier beibehalten. Es hätte keinen erkennbaren Zweck, im Zuge einer Konzeptualisierung von Teilhabe die Begriffe und ihre Relationen völlig neu benennen zu wollen. Ich folge also einer Differenzierung in wirtschaftliche, politische, soziale und kulturelle Teilhabe und vermeide damit auch den Partizipationsbegriff. Der Vollständigkeit halber sei hier noch angemerkt, dass auch internationale Organisationen wie z. B. die United Nations Economic Commission for Europe in ihren Grundsatzpapieren relativ willkürliche Begriffsverwendung betreiben. Als Beispiel möge dienen: UNECE (2010), wo kulturelle Teilhabe ohne nähere Erläuterung in social participation aufgeht.

5.2.1 Wirtschaftliche Teilhabe

Für die in diesem und den nächsten drei Subkapiteln für Österreich referierten Ergebnisse sind die beiden am breitesten angelegten Forschungsprojekte herangezogen worden, die für die vorliegende Thematik zur Verfügung stehen: Alter und Zukunft (2010) sowie Bundesplan (2016) und Amann et al. In ihnen wurde eine Bestandsaufnahme der gesamten einschlägigen sozialgerontologischen und alterspolitischen Forschungsliteratur im Jahr 2010 vorgelegt, an welche sich der sogenannte „Bundesplan für Seniorinnen und Senioren“ anschloss (im Jahr 2012 im Parlament angenommen), ein Programmkatalog mit Zielformulierungen und Handlungsempfehlungen für 14 thematische Bereiche der Alterssozialpolitik, dem dann im Jahr 2016 eine Evaluation folgte. Ergänzend wurde Amann et al. (2018) berücksichtigt, worauf sich die folgende Kompilation vor allem stützt. Ausdrücklich werden hier auch praktische Beispiele und Maßnahmen dargestellt, die im Rahmen der Alterssozialpolitik Bedeutung haben.

Wirtschaftliche Teilhabe wird in der einschlägigen Forschung vornehmlich über die Teilnahme am Erwerbsprozess analysiert und spitzt sich auf die Situation älterer Arbeitskräfte und Älterer außerhalb vom Arbeitsmarkt zu. Die Legitimierung dieser Zuspitzung ist pragmatisch und beruft sich auf ein mehr oder weniger alltagsweltliches Verständnis darüber, ab wann Menschen als ältere Arbeitskräfte eingestuft werden (können), während die obere Grenze meist im gesetzlichen Pensionsalter gesehen wird, die zugleich eine regulierte Beendigung der Teilhabe bedeutet. An dieser Gruppe zeigt sich die innere Widersprüchlichkeit vollständiger Teilhabe aller im Wege über die Ökonomie in voller Deutlichkeit. Normativ steht sie nicht zur Diskussion, sie wird einhellig verlangt (wenn auch aus ganz anderen Gründen, als dem einer selbstbestimmten Lebensführung), faktisch stehen ihr aber die größten Hürden entgegen. Ältere Arbeitskräfte tragen die größte Last suboptimal funktionierender Arbeitsmärkte (höchster Anteil an Langzeitarbeitslosigkeit, geringste Chance der Wiedereingliederung), ihre Arbeitskraft wird als minderwertig eingeschätzt (mangelnde Produktivität bei relativ hohen Erwartungen), die Wirtschaft ist einfallsreich weit über ihre eigene Vernunft hinaus in den Versuchen, sie los zu werden; von manchen Medien und den WenigdenkerInnen werden sie als arbeitsfaul und pensionsbesessen eingestuft, andere sprechen von leistungsgemindert, gesundheitsgefährdet und weiterbildungsresistent, die allgemeine Negativbewertung des Alters trifft auf diesem Wege bereits die 45-Jährigen. Wie meistens werden auch hier Frauen stärker benachteiligt.

Nun soll dieses negative Bild, das durchaus in weiten Bereichen der Realität entspricht, etwas differenziert werden. Im Thema frühes Ausscheiden aus dem Arbeitsleben zeichnet sich in den letzten Jahren ein Umdenken ab, das speziell auf eine Erhöhung des faktischen Pensionsantrittsalters gerichtet ist. Die Fortschritte sind allerdings nur gering und leider wird dieses Umdenken nicht durch Vorstellungen einer weiteren Teilhabe älterer Arbeitskräfte gespeist, sondern durch die Erwartung von Kostenersparnis im Pensionssystem. Neue und alte Vorstellungen sind zu finden in der Verlängerung der Lebensarbeitszeit und damit einer Ausweitung der Beschäftigung Älterer. Hier steht auch die Diskussion einer Erhöhung der gesetzlichen Pensionsgrenzen immer wieder zur Debatte. Es bestehen aber erhebliche Zweifel daran, wie wirksam eine alleinige Altersgrenzenanhebung in Verbindung mit finanziellen Abschlägen sein kann. Es ist ja noch immer der Wunsch nach frühem Austritt aus dem Erwerbsleben weit verbreitet und Betroffene wie Betriebe sind an Möglichkeiten vorgezogener Pensionierung interessiert. Das gilt auch für Teile der Gewerkschaften. Außerdem gibt es immer noch Arbeitsplätze, auf denen Menschen gar nicht alt werden können. Damit hängt auch zusammen, dass manche Vertretungen von ArbeitnehmerInnen innerhalb und außerhalb der Betriebe in einem früheren Berufsaustritt einen wichtigen Beitrag zur Humanisierung des Arbeitslebens älterer Kollegen und Kolleginnen sehen. Diese Situation ist jener in Deutschland ähnlich (vgl. Heinze et al. 2011, Kap. 6).

Im Evaluationsbericht zum Bundesplan für Senioren und Seniorinnen (2016) wurden von Anton Amann und Roland Loos (zusammengefasst) folgende

Ergebnisse berichtet. Die Zahl der Arbeitssuchenden in Österreich hatte seit rund 4 Jahren kontinuierlich zugenommen. Die Zahl der beim Arbeitsmarktservice (AMS) Wien als arbeitslos vorgemerkten Personen war im August 2015 im Jahresvergleich zu 2014 um 19,7 % auf 121.769 gestiegen. Dabei waren die Älteren in einer schlechteren Lage: Die Zahl der unter 25-jährigen Arbeitsuchenden war um 7,4 % gestiegen, jene der über 50-Jährigen um 24,2 % (AMS Wien News 13.10.2015). Für ältere ArbeitnehmerInnen hatte die Arbeitslosenquote zur Jahresmitte 2015 16,2 % betragen und war damit um fast 7 % höher als die Gesamtquote (Wirtschaftsblatt 24.07.2015). Es musste also konstatiert werden: Eine nachhaltige Verbesserung der Situation für ältere Arbeitsuchende ist gegenwärtig nicht in Sicht.

Neben den älteren Arbeitsuchenden sind Langzeitarbeitslose (Personen, die länger als ein Jahr keine Anstellung haben) aller Altersstufen von der Krisenentwicklung am Arbeitsmarkt besonders stark betroffen. Von solchen Krisen getroffen zu werden, zählt zu den heftigsten Wirkungen im Entbindungsprozess, da Einkommensverluste, soziale Ausgrenzung, Konflikte in Beziehungen etc. Hand in Hand zu gehen pflegen. Ende August 2015 gab es fast 148.000 Langzeit-Arbeitsuchende, und damit um 27.000 mehr als vor einem Jahr. Die Hälfte des Anstiegs entfiel auf Wien, wo es ein Plus von 13.000 auf knapp 64.000 Betroffene gab (Kurier 15.09.2015). Auch bei den Langzeit-Arbeitsuchenden waren es wiederum die Älteren, die am schwersten in Beruf und Arbeitswelt reintegrierbar sind, sodass man bei ihnen von einer „doppelten Ausgrenzung“ oder sogar von einer Mehrfachausgrenzung (bei Berücksichtigung von Folgeeffekten) sprechen kann. Jedenfalls wird in diesen Gruppen Diskriminierung besonders deutlich sichtbar. Im Oktober 2015 suchten 391.000 Personen in Österreich einen Job. Menschen mit Fluchtgeschichte sind in dieser Zahl nicht berücksichtigt, weil sie in den AMS-Statistiken nicht inkludiert werden. Vom Arbeitsmarktservice werden nur anerkannte AsylwerberInnen berücksichtigt. Gegenwärtig, hieß es damals, sind gemäß AMS 4,8 % (19.000) der Arbeitsuchenden AsylwerberInnen, zwei Drittel von ihnen in Wien. Das AMS rechnet für 2016 mit weiteren 35.000 Asylberechtigten auf Jobsuche, was die Lage am Arbeitsmarkt verschärfen dürfte (Kurier 02.10.2015, S. 7). Aufgrund der Flüchtlingsbewegung werden in den nächsten Jahren sowohl die Beschäftigung als auch die Arbeitslosenzahlen unter MigrantInnen vermutlich stärker ansteigen als bisher angenommen. Das Österreichische Institut für Wirtschaftsforschung (Wifo) geht davon aus, dass bis 2020 insgesamt 764.000 zugewanderte Personen in Österreich einer Beschäftigung nachgehen werden. Dies sind um rund 150.000 mehr als bisher. Die durchschnittliche Arbeitslosenquote wird in Österreich gemäß Prognose des Wifo bis zum Jahr 2017 von 9,2 % auf 9,9 % steigen, jedoch ausgehend von diesem hohen Wert ab 2018 wieder etwas abnehmen (9,4 % für 2020) (Standard 14.10.2015, S. 17). Es ist zu vermuten, dass die eher hohe Zahl der Menschen mit Fluchterfahrung, welche auch stets älter werden, weitere Verschlechterungen für ältere Arbeitssuchende am Arbeitsmarkt generell mit sich bringen wird (Amann und Loos 2016, Kap. 3). Inzwischen haben sich einige statistische Werte gegenüber dem Zeitraum der Bestandsaufnahme zwar verändert, es besteht aber kein Zweifel, dass in der grundsätzlichen Lage älterer Arbeitskräfte auch in Zukunft keine fundamentalen Verbesserungen eintreten werden, jedenfalls so lange nicht, wie die Politik in ihrer Unentschlossenheit weiter verharrt. Sollte jedoch ein entschiedener Schwenk in den politischen Prioritäten zugunsten der älteren Arbeitskräfte erfolgen, so wären folgende Punkte zu bedenken.

Widersprüche und sich verschlechternde Aussichten[1]

- das Argument durchschnittlich höherer Personalkosten, die allerdings unterschiedlich begründet werden wie z. B. durch das Senioritätsprinzip oder (angeblich) häufig längere Ausfallzeiten
- die sogenannte kürzere „Halbwertszeit" des Wissens in bestimmten Branchen, was „aktuelle" Formal- und Spezialqualifikationen erfordere
- ein bei älteren Arbeitskräften (angeblich) höheres Sicherheitsbedürfnis in Bezug auf Arbeitsinhalte, Arbeitsplatz und Wohnung, das unvereinbar mit wachsender beruflicher Entnormalisierung sowie Flexibilitäts- und Mobilitätserfordernissen sei
- das bei älteren Arbeitskräften, besonders unter den niedriger Qualifizierten, verbreitete negative Selbstbild zu eigenen betriebsinternen und -externen Beschäftigungsaussichten bzw. zwischenbetrieblichen Mobilitätschancen
- zunehmende Bedeutung von Faktoren psychischer Arbeitsbelastung (Heinze et al. 2011, S. 91 und 92).

Voraussetzungen für künftig bessere Beschäftigungschancen

- Rückgang von Faktoren physischer Arbeitsbelastung
- Zunahme wissensintensiver Arbeit, die (angeblich) vereinbar ist mit alterstypisch höherem Erfahrungs-, Übersichts- und Zusammenhangswissen

[1]In den folgenden Aufzählungen bedeutet das in Klammer gesetzte Wort „angeblich" immer, dass zu dem betreffenden Thema die empirischen Forschungsbefunde nicht eindeutig sind, weshalb intensivere Untersuchungen dienlich wären.

- zunehmende Orientierung von Produkten und Dienstleistungen an einer insgesamt alternden Kundschaft (was eine betriebliche Externalisierung des Alters kontraproduktiv erscheinen lässt)
- steigendes Angebot an Teilzeitarbeitsplätzen, das mit Teilzeitwünschen der Älteren zusammen passt
- steigende Erwerbsneigung älterer Frauen, die allerdings regional und branchenspezifisch stark variiert
- Zunahme von vernetzter, selbst organisierter und dezentralisierter Arbeit, die (angeblich) vereinbar ist mit alterstypisch höherer/m Verantwortungsbereitschaft und Zusammenhangs- und Erfahrungswissen
- (angeblich) günstigere gesundheitliche Ausgangsbedingungen bei nachrückenden älteren Kohorten
- Zunahme höherer Bildungsabschlüsse, was eine verstärkte Teilnahmebereitschaft an Fort- und Weiterbildung bedeuten könnte
- (angeblich) wachsende Einsicht Älterer in die *Mit*verantwortung für die eigene Arbeitsfähigkeit (Heinze et al. 2011, S. 90 und 91).

Der größte Teil der Untersuchungen ist Fragen gewidmet, die die unselbständig Erwerbstätigen betreffen, wenig ist bekannt über wirtschaftliche Teilhabe durch Weiterarbeit nach der Pension (gar „Schwarzarbeit"), durch wirtschaftliche Tätigkeit von Selbständigen jenseits der gesetzlichen Altersgrenze, wie KünstlerInnen etc.

Neben der Beschäftigung älterer Arbeitskräfte zählt zur Analyse wirtschaftlicher Teilhabe in der Forschung vornehmlich der Konsum Älterer. Dabei ist zu beachten, dass meist eine Trennung folgender Art gedanklich vorgenommen wird: a) Teilhabe durch Beschäftigung bis zur rechtlichen Pensionsgrenze und b) Konsum bei allen im Pensionsalter. Wir haben es hier also von vornherein mit sehr heterogenen Gruppen zu tun, bei denen der Teilhabegedanke keinen einheitlichen Bedeutungsgehalt haben kann. Zudem ist die Diskussion, zumindest in den Medien und im Alltag, sehr stark von einseitigen Sichtweisen durchdrungen. Einerseits herrscht ein euphemistischer Ton, der mit der realen Differenzierung im Alter wenig zu tun hat (nicht alle Älteren machen Weltreisen oder Kreuzfahrten), andererseits wird pauschal von der älteren Generation gesprochen, ohne unterschiedliche Zugangsmöglichkeiten zu Märkten, Kaufkraft etc. zu berücksichtigen. Sinnvoller wäre es jedenfalls, die jeweiligen KonsumentInnenentscheidungen und das Konsumhandeln vor dem Hintergrund der Stellung im Lebenszyklus und der spezifischen Umstände in der Biografie zu betrachten (vgl. Abschn. 7.2.2). Erhebliche Differenzierungen würden sich allein schon durch die jeweilige Stellung im Berufs-, Familien- und Einkommenszyklus ergeben, die ihrerseits wieder die Lebenslagen mit gestaltet. Wie in allen Bereichen der Teilhabe gilt auch hier die Vieldimensionalität des Handelns. Älter werdende Menschen mögen sich nach dem Auszug der Kinder (des letzten Kindes) veranlasst sehen, die Wohnung zu wechseln, das Mobilitätsverhalten zu ändern o. ä. Jedenfalls wird das Ausscheiden aus dem Erwerbsleben zu verändertem Konsumverhalten führen, bedingt durch den Wegfall berufsbedingter Ausgaben, durch Umorganisation und Neuentwicklung des Freizeitverhaltens und des sozialen Engagements. Bei manchen wird sich dies mit der Verlagerung von Aktivitäten verbinden wie z. B. Reisen, steigende Ausgaben für Wellness und gesundheitsförderliche Angebote. Jedenfalls führt bei vielen älteren Menschen, die Eltern- oder Großelternschaft leben, dieser Status zu vermehrten Ausgaben im Interesse der und für die Nachkommenden, dieses Muster ist empirisch stabil. Merkliche Veränderungen im Konsumverhalten ergeben sich durch gesundheitliche Veränderungen wie funktionale Einschränkungen, Hilfebedürftigkeit, reduzierte Mobilität (worüber die Studien zu activities of daily life massenhaft Auskunft geben), Verlust der LebenspartnerInnen, gesteigertes Sicherheitsbedürfnis etc. Noch einmal erhebliche Veränderungen ergeben sich durch den Einzug in eine andere Wohnform. Sollen Bestimmungsgründe im Einzelnen benannt werden, die sich auf das Konsumverhalten im Alter auswirken, so wären zu berücksichtigen: der Bildungsgrad, das Geschlecht, die Gesundheit (auch als Bedingung für die Befriedigung weiterer Bedürfnisse), die Wohngegend, das Verlangen nach Sicherheit, der Wunsch nach Selbstständigkeit und Selbstbestimmung, das Verlangen nach Lebensqualität, Bequemlichkeit und funktionalen Erleichterungen im Alltag, Sozialkontakten etc. (vgl. auch: Heinze et al. 2011, Kap. 5).

Produkte und Dienstleistungen, die von älteren Menschen vorrangig in Anspruch genommen werden, haben Eingang unter den Sammelbegriff „SeniorInnenwirtschaft" gefunden. Damit ist aber kein eigenständiger, klar abgrenzbarer Wirtschaftsbereich bezeichnet, sondern vielmehr ein sogenannter Querschnittsmarkt. Die Produkte und Dienstleistungen der SeniorInnenwirtschaft sind dadurch zu kennzeichnen, dass sie verschiedene Sektoren integrieren, z. B. Digitaltechnik und Wohnangebote im Ambient Assisted Living. Diese Querschnittslogik hat jedoch auch einen konzeptuellen Nachteil, weil buchstäblich alle Bereiche, vom Einzelhandel über Freizeit und Tourismus bis zu Finanzdienstleistungen und Wohnbau damit verbunden werden. Nun ist es in den letzten Jahren gerade der demografische Wandel, der erwarten lässt, dass aus der Entwicklung bzw. dem Angebot dieser z. T. integrierten Leistungen Beschäftigungseffekte und Wirtschaftswachstum hervorgehen. Leidlich erforscht sind Nachfrage- und Konsumstrukturen sowie Beschäftigungseffekte. Zukunftsthemen werden sicherlich Technik und Digitalisierung, Technikakzeptanz, Technik und Gesundheit sein. Die mit der SeniorInnenwirtschaft implizit und explizit verbundene Ökonomisierung des Alters bedürfte einer ausgedehnteren kritischen Diskussion. Generell ist festzuhalten, dass wirtschaftliche Teilhabe immer an Konzeptualisierungsschwierigkeiten gelitten hat, da sie in zwei unterschiedlich strukturierten Bereichen der Gesellschaft angesiedelt wird: Einmal auf dem Arbeitsmarkt, ein andermal auf den Konsummärkten und dort mit erheblicher Bedeutung bei den Dienstleistungen, die einerseits mit dem Geld privater Haushalte finanziert werden (Freizeit, Reisen etc.), andererseits mit dem Geld der öffentlichen Hand (Pflege und Betreuung), wobei im Falle der PensionsbezieherInnen die Finanzierung der Ausgaben sich wiederum zu einem erheblichen Teil auf Transferleistungen stützen muss. Aus soziologischer Perspektive sind Geldmittel, woher immer sie stammen mögen, leichter als „Mittel zu …“ einzuordnen, denn als eigenes Teilhabemedium. So wird das Pflegegeld (in Österreich) von vielen EmpfängerInnen, objektiv fälschlich aber subjektiv berechtigt, als Einkommensbestandteil angesehen, besonders von ärmeren Personen. Daraus erfolgt dann die meist verpönte oder zumindest kritisch beurteilte Verhaltensweise, das Pflegegeld zu verwenden, um sich die Dankbarkeit oder Zuneigung von EnkelInnen durch Geldgeschenke „zu erkaufen“, anstatt es für den Zukauf von Pflege- oder Betreuungsdienstleistungen auszugeben (was vom Gesetzgeber ja so vorgesehen wurde). Zum Thema Geld als Mittel zu… muss zuletzt auf die großen Märkte des Tourismus, der Freizeitgestaltung, der Sportbekleidungsindustrie etc. hingewiesen werden, über die Kultur, Fremdes, Abenteuerliches etc. erlebbar (konsumierbar) werden und von SeniorInnenvereinigungen der vielfältigsten Art kräftig beschickt werden.

5.2.2 Politische Teilhabe

Die Politik und auch die politischen Institutionen bleiben vom den demografischen Veränderungen nicht unbeeinflusst. Das trifft auf Wahlen und WählerInnenschaft, Parteien, Gewerkschaften und andere Organisationen zu. Obwohl der Trend zum Alter in den politischen Organisationen wesentlich von der zunehmenden Zahl älterer Menschen in der Bevölkerung geprägt wird, sind demografische Prozesse nicht alleinige Ursache dieser Entwicklung. Ältere sind über ihre demografische Präsenz hinaus den institutionalisierten Formen politischer Partizipation stärker verbunden als jüngere Bevölkerungsschichten, wie ihre höhere Wahlbeteiligung, aber auch ihre Vertretung in Parteien und Gewerkschaften zeigen. Zu den in verschiedenen Ländern vorherrschenden Trends zählen: Die Zahl der Wahlberechtigten wächst, die Wahlberechtigten werden immer älter, ca. jede dritte WählerIn ist älter als 60 Jahre, die 60- bis 69-Jährigen gehen am häufigsten zur Wahl, Ältere wählen eher konservativ. Menschen im höheren

Alter sind in den nationalen Parlamenten unterrepräsentiert, unter den älteren Abgeordneten gibt es nur wenige Frauen. Die Parteien schrumpfen, über fünfzig Prozent der Mitglieder in Traditionsparteien sind über sechzig Jahre alt, die Alterung der Parteien ist ein Langzeittrend. Auch Ältere sind gewerkschaftlich organisiert, aber Gewerkschaften sind eine Männerdomäne (vgl. auch Menning 2009).

Für Österreich ist an dieser Stelle auf den 2012 verabschiedeten „Bundesplan für Seniorinnen und Senioren“[2] hinzuweisen, in dem politische Teilhabe bewusst in den größeren Rahmen gesellschaftlicher Teilhabe gestellt wurde.[3] Er enthält zu diesem Thema unter Punkt 3.1. Gesellschaftliche und politische Partizipation sowohl Ziele als auch Empfehlungen.

Ziele:

1. Sicherstellung der gleichberechtigten politischen, sozialen, wirtschaftlichen und kulturellen Teilhabe älterer Frauen und Männer
2. Verankerung von Partizipation und Mitwirkungsanspruch älterer Frauen und Männer als Bestandteil der politischen Kultur
3. Verstärkte Beteiligung älterer Frauen und Männer im Bereich des freiwilligen Engagements und im Hinblick auf die Übernahme von gesellschaftlichen Aufgaben und Verantwortung.

In den *Empfehlungen* wurde ausgesprochen:

1. Aufwertung der politischen Mitwirkung der SeniorInnenverbände
2. Berücksichtigung weiterer Zielgruppen, insbesondere Ermöglichung umfassender Teilhabechancen für ältere Frauen und Männer mit besonderen Bedürfnissen
3. Verdeutlichung der Leistungspotenziale der Älteren in der Gesellschaft, Motivation von Älteren zum gesellschaftlichen Engagement und freiwilliger/ehrenamtlicher Tätigkeit und Sicherstellung von Strukturen für ehrenamtliches bzw. freiwilliges Engagement
4. Sicherstellung einer umfassenden Dokumentation zur partizipativen Kultur in Österreich.

---

[2]www.bmask.gv.at/site/Soziales/Seniorinnen_und_Senioren/Teilhabe_aelterer_Menschen/

[3]Vgl.: https://www.sozialministerium.at/cms/site/attachments/9/7/1/CH3434/CMS1451919586.368/soziale-themen_seniorinnen_bundesseniorinnenplan_gesellschaftliche-und-politische-partizipation.pdfwww.bmask.gv.at/site/Soziales/Seniorinnen_und_Senioren/Teilhabe_aelterer_Menschen/ Die Zitationshinweise mit „SeniorInnenplan“ beziehen sich auf das hier unter www angegebene Dokument.

Innerhalb dieses umfangreichen Berichtes gibt es zum Thema politische und gesellschaftliche Teilhabe zahlreiche Querverbindungen zu anderen Bereichen wie z. B.: Ökonomische Lage, soziale Differenzierung und Generationengerechtigkeit, Ältere Arbeitskräfte und „Arbeit" im Alter, Bildung und lebensbegleitendes Lernen, Alter- und Genderfragen bzw. die besondere Lage der älteren Frauen, Generationenbeziehungen und Generationenverhältnisse, Wohnbedingungen und Technik sowie Mobilität, Soziale Sicherheit, Sozial- und KonsumentInnenschutz, Sicherung der Infrastruktur.

Inhalte der Querverbindungen lauten z. B.: „Selbstbestimmung, Handlungskompetenz und Würde der älteren Menschen in allen Bereichen der Wirtschaft, Politik und Kultur (verbessern), um deren Inklusion zu fördern" (SeniorInnenplan: 13). „Zu den empirisch immer wieder belegten Differenzierungen unter den Älteren gehören im Sinn relativ stabiler Ungleichheitsmuster: die Exklusion oder mangelnde Inklusion bestimmter Gruppen der Älteren und unter den Älteren" (SeniorInnenplan: 14). „Relativ schlechtere soziale Lagen gehen häufig mit Ausgrenzung, Versorgungsproblemen, Teilhabeminderung, Behinderung und Pflegebedürftigkeitsrisiko einher" (SeniorInnenplan: 14). „Nicht alle Initiativen zur Stärkung des gesellschaftlichen Zusammenhalts sind über Geldflüsse zu regeln. Faire Ressourcenaufteilung, Bekämpfung von Vorurteilen bzw. Diskriminierung jeder Art gegenüber Älteren und Stützung sozial-integrativer Aktivitäten und sozialer Netzwerke gehören dazu" (SeniorInnenplan: 14). „Bei der Diskussion über Ausgrenzung sind folgende Aspekte zu berücksichtigen: [...] soziale Ausgrenzung bzw. Mangel an Integration und Partizipation" (SeniorInnenplan: 14). „Arbeit im Alter umfasst ein breites Spektrum an Aktivitäten, die in vielfacher Hinsicht von Nutzen sind, sowohl für die Arbeitende und den Arbeitenden selbst als auch für ihr bzw. sein soziales Umfeld (wie z. B. die ehrenamtliche Tätigkeit oder die Betreuung von pflegebedürftigen Angehörigen). Diese differenzierte Sichtweise sollte auch in der Diskussion des Zusammenhanges von Lebensarbeitszeit, Pensionierungsstrategien und demografischer Alterung berücksichtigt werden. Jedenfalls sind soziale Integration, Beschäftigungspolitik und soziale Sicherungspolitik unter dem Gesichtspunkt der Arbeit eng verflochten" (SeniorInnenplan: 15). „Bildung ist der Faktor, der in fast allen Lebensbereichen, von der Gesundheit über soziales Engagement und soziale Inklusion bis zu Lebensqualität und Aktivitätsinteresse die entscheidende Rolle spielt" (SeniorInnenplan: 20). „Es sind eher die jungen Alten, Personen mit höheren Schulbildungsabschlüssen und höherem Einkommen, Bewohnerinnen und Bewohner größerer Wohnorte und Personen, die sozial integriert sind, die Kurse und organisierte Bildungsveranstaltungen besuchen. Ältere Menschen, die sich weiterbilden, engagieren sich eher freiwillig und ehrenamtlich, haben mehr Vertrauen in politische Institutionen und sind politisch aktiver“ (SeniorInnenplan: 20). „Darüber hinaus führt Weiterbildungsteilnahme zu sozialer Integration bzw. verstärkt ein positives gesellschaftliches Altersbild, steigert das physische und psychische Wohlbefinden, erhöht die Antizipation und Verarbeitung kritischer Lebensereignisse und wirkt sich positiv auf bürgerschaftliches Engagement bzw. Freiwilligenarbeit aus. Bildung im Alter trägt zur gesellschaftlichen Teilhabe bei“ (SeniorInnenplan: 21). „In vielen politischen und gesellschaftlichen Bereichen sind Mitsprachemöglichkeiten für ältere Frauen nicht realisiert, offensichtlich ist dies bei der Einbindung von älteren Frauen in politische Prozesse der Entscheidungsfindung auf nationaler, regionaler und lokaler Ebene“ (SeniorInnenplan: 22). „Generell muss festgehalten werden, dass der Beitrag der Frauen zur gesellschaftlichen Gestaltung weniger sichtbar ist und auch gegenüber jener der Männer oft minder bewertet wird. Es ist dies ein Grundwiderspruch, den auszugleichen oder gar aufzulösen, zu den vordringlichen politischen Aufgaben gehört“ (SeniorInnenplan: 23). „Seit Jahren wird immer wieder die Forderung nach einer bereichsübergreifenden Generationenpolitik erhoben. Sie hätte die Generationenverhältnisse mit zu gestalten. Empirisch wird dabei vor allem der Mangel einer systematischen Beachtung der Gleichwertigkeit und Gleichrangigkeit von Personen verschiedener Lebensalter bei allen Entscheidungsprozessen sichtbar“ (SeniorInnenplan: 24). „Umgekehrt stellt gemeinschaftliches Wohnen hohe Ansprüche, nicht allein, was geeignete Wohnräume anbelangt, sondern auch bezüglich sozialer Kompetenzen der Bewohnerinnen und Bewohner. Voraussetzung ist eine gemeinschaftliche Haltung, die weit über jene einer unverbindlichen Nachbarschaft hinausgeht. Ein häufiges Grundproblem bei vielen Projekten liegt darin, dass sich ältere Menschen oft primär für das Wohnen, jedoch weniger für die Gemeinschaft interessieren“ (SeniorInnenplan: 27). „Da soziale Ausgrenzung eine fast zwangsnotwendige Folge solcher Minderstellungen ist, liegt die zentrale Aufgabe der Zukunft in der ausgleichenden Verbesserung der Sozialen Sicherheit. Je mehr ältere Menschen als Konsumentinnen und Konsumenten in diverse Märkte eingebunden und Adresse von Werbestrategien werden, desto mehr ist ihr Schutz und die Anpassung der Angebote an ihre Bedürfnisse nötig“ (SeniorInnenplan: 31 f.). „Vermehrtes Wohlbefinden und stärkere soziale Teilhabe selbst bei einem altersbedingt begrenzten sozialen Umfeld würden eine sinnstiftende Lebensführung bis ins hohe Alter unterstützen“ (SeniorInnenplan: 43).

5.2.3 Soziale Teilhabe

Als generelle Annahme kann gelten, dass ältere Menschen auf verschiedenste Art und Weise in die Gesellschaft sozial (nicht) integriert sind. Forschungsergebnisse und Alltagserfahrung belegen, dass sie in sozialen Netzwerken aktiv wie passiv vorhanden, in hohem Maße Mitglieder in Familien und Freundschaftskreisen sind, Vereinen angehören und in diesen mitwirken, Freiwilligenarbeit leisten etc. Das ändert jedoch nichts an der Tatsache, dass Menschen mit zunehmendem Alter Gefahr laufen, ausgegrenzt zu werden. Gesundheitliche Beeinträchtigungen, mangelnde Mobilität, niedriges Bildungsniveau, schlechte Infrastruktur, mangelhafter Zugang zu Angeboten und schließlich Altersdiskriminierung zählen zu den bekannten Barrieren, die sozialer Integration hinderlich sind. Es gibt in den Sozialwissenschaften eine große Zahl an Vorschlägen, wie Integration gedacht werden könnte, in der funktionalistischen Soziologie wurde gar von einer *Integrationsfunktion* gesprochen, mit der gemeint war, dass die jeder Gesellschaft gestellte Aufgabe der Verteilung ihrer Ressourcen und Gratifikationen dann gelöst sei, wenn diese Verteilung von der Mehrheit der Gesellschaftsmitglieder akzeptiert wird. Auf diese Weise wird jedoch kräftig missverstanden, worum es bei der Frage der Integration geht, weil der Bezugspunkt des Gelingens oder Nichtgelingens allein in die subjektive Wertung der Individuen zurückverlagert wird, was die Berücksichtigung diverser konstitutiver Umwelten offenbar völlig außer Acht lässt. Im *Mikrosystem* sind es die Prozesse der Sozialisation und Enkulturation sowie der Identifikation im Kontext handelnder Personen und ihrer sozialen Umwelt, mit der sie direkt oder indirekt in Kontakt stehen; das Mikrosystem kann in ein *Mesosytem* und ein *Exosystem* getrennt werden; im ersten finden Entwicklungen statt, an denen die Menschen direkt beteiligt sind, im zweiten, in das sie vielleicht nie eintreten, gehen Ereignisse vor sich, die beeinflussen, was in der Umgebung geschieht, in beiden geht es um die Platzierung in verschiedenen formellen und informellen sozialen Gruppierungen (soziale Verkehrskreise hat sie Georg Simmel genannt); im *Makrosystem* sind es die anonymen Mechanismen bzw. Institutionen wie gesellschaftliche Arbeitsteilung, Märkte, Geld und ExpertInnensysteme, welche quasi im Rücken der Menschen über ihre Integration mitbestimmen. Diese topologischen Territorien (in Anlehnung an Kurt Lewin) weichen zwar von der üblichen Ebenenunterscheidung zwischen Mikro-, Meso- und Makroebene ab, haben aber den Vorteil, auf handlungsbezogenen Wechselbeziehungen aufzubauen und scheinen deshalb für die Analyse von Fragen der Entwicklung sozialer Beziehungen in einem Integrationsprozess weit besser geeignet zu sein. Schließlich gilt es ja zu berücksichtigen, dass im Wege über

Integration möglichst viele gesellschaftlichen Gruppen, hier die älteren Menschen, in die politischen, sozialen, kulturellen und wirtschaftlichen Strukturen einer Gesellschaft eingebracht werden, damit sie an den Entscheidungsprozessen zu Fragen, die sie betreffen, teilnehmen können. Voraussetzung dafür ist, dass ein Konsens darüber besteht, dass Ausgrenzung minimiert und beseitigt werden sollte, und dass all jenen, die benachteiligt sind, von der Gesellschaft geholfen werden soll, was, den Ausführungen weiter oben zufolge, in den Aufgabenbereich einer alterssensiblen Sozialpolitik fällt.

Soziale Integration lässt sich auch als eine Entwicklung auffassen, in der es um den Aufbau und das relative Stabilhalten von Werten, Beziehungen und Institutionen in einer Gesellschaft geht, in der alle, ungeachtet von Geschlecht, Alter, Herkunft oder Religion, ihre Rechte und Verantwortungen gleichberechtigt mit anderen voll ausüben können. Jede Person sollte in Sicherheit und mit Würde alt werden können, und in der Lage sein, in einer sinnvollen Weise zur Gesellschaft beizutragen (vgl. UNECE 2010). Integration und Teilhabe sind daher eng verbunden mit dem Konzept des sozialen Zusammenhalts, ein sehr wichtiges Element einer integrationsfähigen Gesellschaft. Es bezeichnet die Fähigkeit einer Gesellschaft, das Wohlergehen ihrer Mitglieder zu gewährleisten, Ungleichheiten zu minimieren und Polarisierung und Konflikt zu vermeiden, und es bedarf der Pflege und Förderung von Solidarität und Gegenseitigkeit zwischen den Generationen (UNECE 2010). Mit diesem letzten Gedanken ist die Vorstellung von familiären und gesellschaftlichen Generationenbeziehungen und Generationenverhältnissen angesprochen, die in der Forschung zur sozialen Teilhabe eine wesentliche Rolle spielen – auch im Leitgedanken von Generationengerechtigkeit im Sinne einer sozialen Teilhabegerechtigkeit.

Im Evaluationsbericht zum Bundesplan für SeniorInnen (2016) hat Ines Findenig im 1. Kap. u. a. folgende Ergebnisse dargestellt, die hier resümierend zusammengefasst werden. Dass Teilhabe und Teilnahme Älterer an der Gesellschaft sinnvoll und notwendig ist, wird kaum bestritten. Der tiefere Grund für die Forderung nach Teilhabe liegt in dem Missverhältnis zwischen einem ungenügenden Vergesellschaftungsmodell des Alter(n)s und der tatsächlichen Lebenslage der Älteren, eine Diskrepanz, die Hans Thomae schon vor Jahrzehnten aufgefallen ist. Teilhabeforschung hätte also auch die Aufgabe, an Entwürfen alternsentsprechender Vergesellschaftungsmodelle mitzuarbeiten. Hier zeigen sich in Österreich erhebliche Defizite. Teilhabe oder Teilnahme haben unterschiedliche Bedeutung, Teilhabe ist stärker und näher an einer kontinuierlichen oder regelmäßigen Aktivität. So rückt Teilhabe mit *active ageing* zusammen.

Dieses Leitprinzip fand im Jahr 2012 insofern seinen Höhepunkt, als es zum europäischen Jahr des *aktiven Alterns und der Solidarität zwischen den Generationen* ernannt wurde. Auch in Österreich erfährt das *aktive Altern* in den letzten Jahren stets verstärkte Aufmerksamkeit. Gerechtfertigt und verstärkt wird dies oftmals durch die Hoffnung und den Appell, ältere Personen jenseits der Erwerbsarbeitsphase in verschiedenen Bereichen einsetzen zu können und gleichzeitig dadurch Vereinsamungs- und Fragilitätstendenzen zu verhindern. Parallel zur Gefahr der Instrumentalisierung wird die Chance für ältere Personen gesehen, sich das aktive Altersbild auch zunutze zu machen, indem es als positive Bestärkung des Lebensstils dient. Wie schon im Bundesplan 2010 der Respekt vor Personen erwähnt wird, welche nicht der Produktivitätsnorm des *active ageing* entsprechen, scheint dies, als eine Kultur der Akzeptanz der Nichtteilhabe, erst am Etablierungsbeginn zu stehen. Eine aktuelle Betrachtung des *aktiven Alterns* scheint im Sinne eines Mitdenkens subjektiver Lebenszufriedenheit förderlich zu sein. Besonders, weil eine gute (psychische und physische) Gesundheit zu einer erhöhten Beteiligung beiträgt und gleichzeitig eine Voraussetzung ihrer ist.

Dieser Zusammenhang kann auch darin erkannt werden, dass besonders in späten Lebensphasen freiwilliges Engagement ein weites Spektrum an positiven Aspekten mit sich bringt. Dieses reicht von Gesundheitsförderung, Belastungskompensation, Selbstwertgefühlssteigerung, über alternative Freizeitgestaltungen und den Ausbau von Netzwerken und Ressourcen bis hin zu Partizipationsprozessen per se. Hier sei auch ergänzend die doppelte Funktion des freiwilligen Engagements erwähnt, da es gleichzeitig eine Hilfeoption für EmpfängerInnen als auch eine klare Integrationsaufgabe für die engagierte Person innehat (vgl. Heimgartner und Findenig 2017, S. 187). Obwohl für Österreich und die EU konkrete Vergleichsdaten fehlen, weisen unterschiedliche Forschungen dennoch darauf hin, dass freiwilliges Engagement bzw. freiwillige Aktivität – im richtigen Rahmen – glücklicher und gesünder macht und auch zu einem längeren Leben verhilft.

Wenig hat sich gegenüber dem Ergebnis von 2010 in der Genderfrage geändert. Männer über 65 Jahren finden sich Untersuchungen zu Folge stärker im formellen Engagement, welches Gremienarbeit und politische Aktivitäten inkludiert. Frauen über 65 sind dagegen verstärkt im informellen Bereich zu finden. Die Altersgruppe 60+unterteilt sich geschlechtsspezifisch weiters in den unterschiedlichen formellen und informellen Tätigkeitsbereichen. Weiters tritt die Affinität zu (nicht-)familiären Betreuungsaufgaben bei Frauen über 60 im freiwilligen Engagement hervor. Dies bestätigt langjährige, gesellschaftlich tradierte und vorherrschende Geschlechterungleichheiten im freiwilligen Engagement. Je höher der abgeschlossene Bildungsgrad ist, desto höher steigt aliquot die Chance zu freiwilligem Engagement. Demnach scheinen Anreizsysteme notwendig, welche eine solche Ungleichverteilung tendenziell aufheben können. Oder in einem noch besseren Falle wäre es notwendig, diese Bildungsdiversitäten in Österreich anzuerkennen und dafür zu kämpfen, die Bildungssituation generell zu verbessern, wodurch auch gleichzeitig Armutstendenzen sinken, und folglich freiwilliges Engagement eine größere Chance erhalten könnte. Andere Tendenzen sind ebenfalls stabil: Zusätzlich zu dem Bildungsgrad und dem Geschlecht beeinflusst das vorherrschende Altersbild sowohl gesellschaftliche als auch politische Partizipation von älteren Personen.

Der Bericht Alter und Zukunft verwies 2010 noch auf die Tendenz, dass sich österreichische Senioren und Seniorinnen wesentlich stärker von Organisationen passiv vertreten lassen als sich selbst zu engagieren. Durch das Heranaltern einer selbstbewussten und *aktiven* Generation, wie es der Bericht skizziert, scheint sich jedoch eine Veränderung abzuzeichnen. Ein passives *Sich-vertreten-Lassen* hat in den letzten Jahren einen partiellen Wandel erlebt, bzw. stellt diese Passivität eher ein Phänomen der derzeit über 79-Jährigen dar. Ähnliche Entwicklungen lassen sich auch für das informelle Engagement festmachen, welches bspw. im nachbarschaftlichen Umfeld erfolgt. Da neue Teilbereiche hervorsprießen, in welchen Beteiligung stattfindet, bestärken andere Aspekte zusätzlich die Notwendigkeit von neuen Beteiligungsformaten für Menschen in späteren Lebensphasen.

Gesellschaftliche und politische Partizipation erhält durch erkennbare Veränderungstendenzen für ältere Personen eine weitere Wende, und zwar neben den Teilbereichen auch in der Art, sich zu betätigen. Rahmenbedingungen und Strukturen erfahren einen sichtbaren Wandel von lebenslangen Vereinszugehörigkeiten des Formalen hin zu projektbezogenen flexiblen Tätigkeiten. Diese Entwicklung wird u. a. als Transformation von altem zu neuem Engagement bezeichnet und wird durch höhere Flexibilität gekennzeichnet. Weiters scheint dieser Trend auch den wachsenden Selbstentfaltungsmotivationen im gesellschaftlichen Engagement älterer Menschen entgegenzukommen. Beteiligung scheint somit nun dynamischer und anlassbezogener als anno dazumal. Es haben sich in den letzten Jahren in Österreich neuartige Professionalisierungstendenzen und Qualitätsentwicklungsprozesse im gesellschaftlichen Partizipationssektor vollzogen. Diese kennzeichnen sich u. a. in der Implementierung des ersten Freiwilligengesetzes 2012, wodurch u. a. der Freiwilligenrat, das Webportal freiwilligenweb.at und das freiwillige Sozialjahr eine Verankerung erfahren. Das Gesetz bewirkt einen zwar kleinen, aber doch generellen Anerkennungsauftrieb des Engagements in Österreich. Neben der Präsenz des Webportals, welches Strukturen, Informationen, Darstellungs- und Vernetzungsmöglichkeiten für Engagementsuchende und -gesuchte darstellt, gibt es zusätzlich mittlerweile 12 Freiwilligenzentren und eine Vielzahl an Freiwilligen- bzw. SeniorInnenbörsen. Ebenso haben in Teilen Österreichs Freiwilligenmessen Einzug gehalten (www.freiwilligenmesse.at). Freiwilligenzentren, -messen und -börsen stellen eine wichtige Möglichkeit dar, Menschen für Engagement zu sensibilisieren, zu motivieren und dieses ebenso zu organisieren und zu begleiten. Gleichzeitig gestaltet sich die (tendenziell österreichweite, aber noch nicht flächendeckende) Einführung von FreiwilligenkoordinatorInnen bzw. FreiwilligenmanagerInnen und spezifischen Lehrgängen als eine zukunftsorientierte Strukturierungstendenz gesellschaftlicher Partizipation – und dies besonders bei älteren Personen.

Seit der Expertise zum Bundesplan für Senioren und Seniorinnen 2010 wurde in österreichischen Organisationen eine Vielzahl an Maßnahmen gesetzt, um die Ziele des Planes zu erreichen. Im Bereich der Sicherstellung gleichberechtigter Teilhabe (politisch, sozial, wirtschaftlich und kulturell) älterer Personen zeigt sich, dass u. a. vereinzelt gesetzliche Maßnahmen gesetzt wurden, Informationskanäle geschaffen wurden (z. B. Flyer, Broschüren, Konferenzen, Tagungen etc.), Projekte durchgeführt worden sind (z. B. im Bildungssektor, im Gesundheitswesen etc.) oder andere Maßnahmen (z. B. Sitzungen des Bundesseniorenbeirates, Fördercalls, etc.) initiiert worden sind bzw. mittelfristig geplant sind. In der Verankerung von Beteiligung und Ansprüchen zur Mitwirkung als Aspekt politischer Kultur bei älteren Menschen zeigen sich gegensätzliche Tendenzen im Sinne von einerseits wahrgenommener Stagnation und andererseits von Aktionen und Projekte positiver Art. Im Bereich des freiwilligen Engagements im Sinne der Übernahme gesellschaftlicher Aufgaben und Verantwortungen kann gezeigt werden, dass obwohl eine Uneinigkeit im Vergleich der Organisationen wahrgenommen werden kann, nichtsdestotrotz aber eine Vielzahl an Aktionen gesetzt wurden. Forschungstechnisch kann bislang jedoch keine herausragende Strukturierung der Erhebung von sozialer Teilhabe (im Alter) in Österreich erkannt werden.

Das Bewusstsein für ein organisiertes österreichweites Freiwilligenwesen im Zuge von dezidierten Ausbildungen und Curricula für die Qualitätssicherung der Koordination von Beteiligung scheint an einem hoffnungserweckenden Anfang zu stehen. Nichtsdestotrotz darf eine tendenzielle Gefahr der Instrumentalisierung (siehe *active ageing*) und der Kompensation von Hauptamtlichen nicht außer Acht gelassen werden.

5.2.4 Kulturelle Teilhabe

Kulturelle Teilhabe als Orientierungsbegriff setzt voraus, dass es so etwas wie ein kulturelles Leben gibt und dass dieses mit Bildungsprozessen verbunden ist (Kuhlmann et al. 2016, S. 45), wobei hier eine spezifische Facette von Bildung allgemein, nämlich kulturelle Bildung und der Weg zu deren Teilhabe, zum Tragen kommt. Kulturelle Teilhabe heißt dann Teilhabe am künstlerischen Geschehen (im weitesten Sinn) einer Gesellschaft über Bildungsprozesse. Da Bildung rechtlich gesichert und institutionell (zumindest für einen großen Teil der Gesellschaft – siehe Thematik junge Menschen nach der Flucht) verankert ist, lässt sich kulturelle Bildung als ein Recht auffassen, und weil vorhandene Bildung Wirkungen zeitigt, auch als Voraussetzung für Lebensqualität; sie ist konstitutiver Bestandteil allgemeiner Bildung.[4]

In Hinsicht auf empirische Teilhabeforschung ist es sinnvoll, zwischen Kultur im engeren und im weiteren Sinn zu unterscheiden. Mit Kultur im engeren Sinn werden Kunst/Künste und ihre Hervorbringungen bezeichnet: Bildende Kunst, Literatur in ihren verschiedenen Gattungen, die darstellenden Künste (von Theater über Tanz bis Film), Musik, die angewandten Künste wie Design und Architektur sowie die vielfältigen Kombinationsformen zwischen ihnen. Sie stellen aus der Kultur im weiteren Sinne die Teilmenge dar, um die es in der Teilhabeforschung meist geht. Kultur im weiteren Sinn sind die Lebensvollzüge und Praktiken in ihrer Gesamtheit: z. B. von den technischen Hervorbringungen bis zu den Verhaltensmustern des Zusammenlebens und den Wertvorstellungen und Normen, also auch den philosophischen und religiösen Bezugs- und Deutungssystemen einer Gesellschaft. Weit stärker noch als in den anderen Teilhabebereichen legt sich beim kulturellen eine lebenslaufbezogene Betrachtungsweise nahe, denn die Ermöglichung von Teilhabe im Lebensverlauf weist enge Bezüge zum mehrdimensionalen Konzept der Lebenslage auf (z. B. Nutzung von Handlungsspielräumen im Lebensverlauf). Eben wurde von Rechten gesprochen. Die Verwirklichung von Teilhaberechten (und -pflichten) setzt auf gesellschaftlicher Ebene die Bereitstellung und Gestaltung entsprechender Teilhabemöglichkeiten und -strukturen voraus, also externe Ressourcen, wie sie oben genannt wurden, auf der individuellen Seite interne Ressourcen. Doch, was hat es nun mit dem Bildungsprozess in diesem Zusammenhang auf sich?

Bildung wird aufgefasst als ein immer eben erworbener und sich laufend verändernder Zustand bzw. Prozess, in dem die Menschen fähig sind, ihr Leben selbstverantwortlich (und erfolgreich) zu gestalten. Das betrifft die Nutzung interner und externer Ressourcen. Erworben werden Sachwissen, praktische Handlungskompetenzen, emotionale Kompetenzen und die Fähigkeit der Selbstreflexion, also das, was meistens Orientierungswissen genannt wird. Hier

[4]Einige der folgenden Überlegungen stützen sich auf http://www.bpb.de/gesellschaft/bildung/kulturelle-bildung/59910/was-ist-kulturelle-bildung?p=all

ist die Terminologie in der Teilhabeforschung uneinheitlich. Insoweit die Menschen, ihre Lebenslagen und ihre Bezugssysteme sich im Laufe des Lebens verändern, ist Bildung – zu verstehen als Bildungsprozess – auch nie abgeschlossen. Darin liegt der Grund für die oft vorgetragene Auffassung, dass Bildung und Lernen eine das gesamte Leben begleitende Aufgabe bzw. Pflicht, aber auch Chance sei. Sehr deutlich kommt dies in den letzten Jahren in der Thematik des Lebensbegleitenden Lernens zum Ausdruck. Kulturelle Bildung (es wird auch häufig von musischer bzw. musisch kultureller oder auch ästhetischer Bildung gesprochen) meint den Lern- und Aneignungsprozess in der Ontogenese des Menschen in Hinsicht auf sich selbst und seine Umwelt im Medium der Kultur. Im Endeffekt bedeutet kulturelle Bildung die Fähigkeit zur erfolgreichen Teilhabe an kulturbezogener Kommunikation im Wege über Wissen, Denken und Handlungskompetenz.

Kulturelle Bildung erfreut sich in der öffentlichen Diskussion erheblicher Wertschätzung, auch wenn sich die „Hochkonjunktur", die vor zehn Jahren noch herrschte, offensichtlich abgeschwächt hat, Hoffnungsträger der Bildungsbemühungen insgesamt ist sie immer noch, wobei ein gewisser Grad an sozialer und allgemeiner Bildung Voraussetzung zum Erwerb und Zugang zu kultureller Bildung darstellt und somit nicht für jede Person bzw. Lebenslage greifbar ist. Im Rahmen der kulturellen Bildung dreht sich die Diskussion allerdings mehr und mehr um die sogenannten Schlüsselkompetenzen, die vor allem junge Menschen zu erwerben hätten. Der Zuschnitt der erhofften Erfolge bindet die Kompetenzidee an die Ökonomie. Kreativität ist die höchst gefragte Schlüsselkompetenz, zumindest in Qualifizierungs-Zusammenhängen in der Arbeitswelt. Während sie, so lauten die allgemeinen Urteile, in Pädagogik und Didaktik von der Schule über die Berufsbildung bis zur Weiterbildung nur schwer zu vermitteln sei, stellt sie in den Künsten und bei vielen Kulturschaffenden, d. h. bei KünstlerInnen und KulturvermittlerInnen, eine als selbstverständlich vorausgesetzte Grundkompetenz dar. Der Schwenk des Vorstellungsrahmens in die Ökonomie führt unweigerlich dazu, dass in der politischen Diskussion kulturelle Bildung meist weniger in ihrer Grundbedeutung für die Persönlichkeitsentwicklung und die gesellschaftliche Teilhabe des kulturell gebildeten, emanzipierten Individuums gewürdigt wird, als vielmehr für die angenommenen arbeitsmarktgängigen „soft skills" und auch für Integrationsleistungen in der multi- und interkulturellen Situation.

Im Zusammenhang des Lebenslagenkonzepts wurde festgehalten, dass diese auch die sozialen Organisationsformen bieten, in denen Menschen dann ihre Spielräume nutzen und damit ihre Lage gestalten können. Soziale Organisationsformen spielen in der Frage der kulturellen Teilhabe eine wesentliche Rolle. Wie alle Bildungsprozesse findet auch kulturelle Bildung formal, formell und informell in dafür vorgesehenen Institutionen und außerhalb, im öffentlichen

Bereich und auf privater Ebene statt. Das allgemeinbildende Schulsystem mit seinen Fächern Kunst, Musik und, wo vorhanden, Darstellendes Spiel (Theater), dazu in Deutsch und in Fremdsprachen, in ihren literatur- und kulturgeschichtlichen Anteilen ist die Institution, in der grundsätzlich alle Kinder und Jugendlichen, aber auch Erwachsenen (Biografieaspekt) künstlerisch-kulturelle Bildung erfahren. Zunehmend kommt auch die Bedeutung der Bildungsprozesse im vorschulischen Elementarbereich (Kindergärten und Kindertagesstätten) zutage. Bei der kulturellen Teilhabe Älterer bieten soziokulturelle Einrichtungen und sonstige Kulturvereine Möglichkeiten an. Für die Volkshochschulen in ihren kulturellen Fachbereichen gilt dies schon seit jeher. Dass alle diese Angebote in erster Linie von formal besser Gebildeten genützt werden, ist ein stabiles empirisches Muster. Die professionellen Kultureinrichtungen selbst, wie z. B. Theater, Orchester, Museen, Bibliotheken, Kunstvereine, Kulturzentren, wirken durch ihre Arbeit für ihre Besucher faktisch immer auch kulturell bildend. Die vom BMASK geförderten Projekte, die im vorliegenden Gesamtprojekt recherchiert worden sind, zeigen deutlich: Der große Bereich der LaInnen- oder AmateurInnenkultur, Theatergruppen, freiwillig gemeinnützig betriebenen Museen, Bibliotheken, Kunstvereinen usw. spielt eine starke, oft unterschätzte Rolle in der praktischen kulturellen Bildung für die Aktiven wie für ihr Publikum. Auch die Massenmedien, audiovisuelle Medien und Printmedien (vom Buch bis zur Tageszeitung), wirken mit ihren Inhalten faktisch kulturell prägend, also bildend, bei Älteren allerdings in geringerem Maße als bei Jüngeren. Die vielfältigen Möglichkeiten des Internets enthalten fast ebenso vielfältige Möglichkeiten der kulturellen Bildung und Teilhabe, sei es in aktiver Auseinandersetzung, sei es im bloßen Konsum.

Dass kulturelle Teilhabe schwergewichtig über die Bildungsschiene läuft, wurde verschiedentlich hervorgehoben. Im Evaluationsbericht zum Bundesplan für Seniorinnen und Senioren (2016) kamen Franz Kolland und Vera Gallistl, wiederum in Zusammenfassung, zu folgenden Ergebnissen.

Im Allgemeinen zeigt sich für Österreich eine ausreichende Dokumentation der Weiterbildungsbeteiligung und -barrieren älterer Menschen anhand europäischer Erhebungen, die in Österreich national durchgeführt wurden. Laut Daten des AES geht die Bildungsbeteiligung an formaler und non-formaler Bildung mit steigendem Alter stetig zurück, gleichzeitig ist die Bildungsbeteiligung älterer Menschen gesamt in den letzten Jahren gestiegen. Die Daten zeigen im Vergleich zu den Umfragedaten von 2006/2007 einen leichten Anstieg in der Altersgruppe der 45–54-Jährigen (+5,2 %) und einen stärkeren Anstieg in der Altersgruppe der 55-bis-64-Jährigen (+10 %). Der Strukturindikator Lebenslanges Lernen beschreibt den Anteil der an Aus- und Weiterbildungsmaßnahmen teilnehmenden Bevölkerung im Alter von 25 bis 64 Jahren. Laut diesem Strukturindikator beteiligten sich ältere Menschen 2015 über 60 Jahren zu 5,3 % an Weiterbildung. Die Bildungsteilnahme nimmt auch hier mit steigendem Alter ab.

Dieses Ergebnis bedeutet allerdings nicht, dass das Lebensalter als erklärender Faktor herangezogen werden kann. Denn es ist nicht primär das Lebensalter, sondern es sind andere Faktoren (z. B. Bildungsstatus), die den Rückgang ursächlich erklären. Es zeigen sich Bildungsbarrieren für ältere Menschen, die weniger auf dem Alter als auf Wohnort, Geschlecht und Gesundheitszustand beruhen. Die Schulbildung älterer Menschen ist im Zugang zu Bildung ein zentrales Differenzierungskriterium, das sogar noch stärker als das monatliche Haushaltseinkommen die Teilhabechancen beeinflusst. Ist Bildung im Erwerbsleben noch männlich dominiert, zeigen sich Frauen in der nachberuflichen Bildung wesentlich aktiver.

In den letzten zwei Jahrzehnten kommt es in Österreich zu einer langsamen Ausweitung und Vervielfältigung des Bildungsangebotes für ältere Menschen. SeniorInnenbildung ist in verschiedenen Organisationen angesiedelt und nicht auf Angebote der Erwachsenenbildung beschränkt. Dadurch wurde es seit 2010 nötig, sich stärker mit Strategien der Qualitätssicherung in der SeniorInnenbildung auseinanderzusetzen. Jene Projekte, die österreichweit als besonders innovativ und kreativ identifiziert wurden und darüber hinaus den zugrunde liegenden Qualitätskriterien entsprechen, werden am Ende des Projektes vom BMASK ausgezeichnet. Andererseits finden sich in den letzten Jahren zahlreiche Initiativen zur Verbreitung von geragogischem Grundwissen an Menschen, die in der Bildungsarbeit mit älteren Menschen tätig sind. Auf der Ebene der wissenschaftlichen Untersuchung von Qualitätskriterien der SeniorInnenbildung sind die Studien „Geragogisches Grundwissen. Untersuchung zur Qualitätssicherung für Bildung in der nachberuflichen Phase“ und „Qualitätssichernde Maßnahmen in der erwachsenenpädagogischen Bildungsarbeit in Österreich unter Berücksichtigung der nachberuflichen Phase“ zu nennen.

Zusätzlich zu diesen auf Bundesebene initiierten Maßnahmen zur Qualitätssicherung finden zahlreiche Weiterbildungsmaßnahmen für SeniorInnenbildnerInnen in oder in Kooperation mit unterschiedlichsten Organisationen statt. Dazu gehören etwa die in Kooperation von BMASK und Bundesinstitut für Erwachsenenbildung (BIFEB) jährlich stattfindenden Workshops in Strobl, Schulungen für freiwillig engagierte Personen (u. a. Salzburger Bildungsnetzwerk, Land Vorarlberg) und MultiplikatorInnenschulungen (Land Vorarlberg). Neuere Entwicklungen zeichnen sich dabei in der Ausbildung von alterssensiblen BeraterInnen ab, die in Form von wissenschaftlich fundierten Kurzlehrgängen „Bildungsberatung für ein aktives Altern“ durch das Bildungsnetzwerk Steiermark und die Bildungsberatung Salzburg ausgebildet wurden.

Im Bereich der Bereitstellung von alterssensibler Information und Beratung zu Bildungsmöglichkeiten für ältere Menschen wurden seit 2010 österreichweit (Pilot-)Projekte durchgeführt, die von der Erstellung von Informationsbroschüren und Flyern über Informationsveranstaltung bis hin zur Erprobung einer alterssensiblen Bildungsberatung reichen. Zusätzlich wurden im Zeitraum 2013 bis 2016 zwei Forschungsprojekte durchgeführt, die vom Bundesministerium für Arbeit, Soziales und Konsumentenschutz finanziert wurden und sich mit der wissenschaftlichen Fundierung von Möglichkeiten alterssensibler Bildungsberatung auseinandersetzen.

Zusätzlich zu diesen Forschungsprojekten wurden seit 2010 auch verstärkt (Pilot)-Projekte zur Bildungsberatung älterer Menschen mit dem Fokus auf der nachberuflichen Phase durchgeführt. In verschiedenen Bundesländern zeigen sich erste Aktivitäten in Richtung der Entwicklung einer Bildungsberatung für ältere Menschen. Entsprechend der Fokussierung auf informelles Lernen als neue, alltagsnahe Lernform älterer Menschen und der Bedeutung der wohnortnahen Bildungsinfrastruktur für ältere Menschen etabliert sich in den letzten Jahren eine verstärkte Diskussion rund um den Begriff Community Education. Der Fokus liegt dabei darauf, eine Infrastruktur aufzubauen, die insbesondere bildungsbenachteiligten Gruppen formales, non-formales und informelles Lernen ermöglicht und damit neue Zielgruppen für Weiterbildung erreicht. Die Fokussierung von Community Education wurde in der Aktionslinie 6 der Strategie zum Lebensbegleitenden Lernen festgelegt. Zum Aufbau einer wohnortnahen Bildungsinfrastruktur wurden in den letzten Jahren Pilotprojekte durchgeführt, deren Innovationspotenzial in der Kooperation mit regionalen Partnerorganisationen lag. Beispielhaft seien hier etwa sieben Regionaltagungen des Landes Steiermark genannt, in denen unter dem Motto „Lesen kennt kein Alter(n)" BibliothekarInnen im Umgang mit älteren Menschen geschult wurden. Evaluationen und weitergehende weiterführende Forschungsaktivitäten lassen sich hierzu aber nicht finden.

Projekte zum intergenerationellen Lernen wurden in den letzten Jahren österreichweit erprobt und gefördert. Diese reichten von Projekten von älteren Menschen gemeinsam mit Kindern und Jugendlichen über die Arbeit von BesucherInnen von Tageszentren für asylwerbende und wohnungslose Menschen bis zu Modellprojekten zu intergenerationellen Lernen. Eine praxisnahe Betrachtung solcher Projekte findet sich im Leitfaden zu intergenerativen Projekten, welcher vom BMASK initiiert wurde. Generell gilt es für den intergenerativen Projektbereich und auch Lernprozess zwischen einem miteinander-, voneinander- und übereinander Lernen zu unterscheiden (Franz 2009). Intergenerationelles Lernen findet zwar in einer Vielzahl von Projekten und Organisationen statt, verfügt allerdings (noch) nicht über einen institutionellen Rahmen, der intergenerationelle Lehr- und

Lernarrangements nachhaltig sichern könnte. In diesem Zusammenhang ist auch bedeutend, dass die wissenschaftliche Erforschung oder Evaluierung von intergenerationellen Lernformen und -projekte bis auch einzelne Ausnahmen (siehe u. a. Findenig 2017) in Österreich noch unzureichend ist.

Der „Bundesplan für Seniorinnen und Senioren" (2012) hat in Bezug auf „Altern und Medien" zum Ziel, einen flächendeckenden Zugang von älteren Frauen und Männern zu den neuen Medien sowie Informationen zur sicheren Nutzung und Stärkung ihrer Medienkompetenz zu schaffen. Dies soll durch den Ausbau von wohnortnahen, niederschwelligen, barrierefreien und bildungsfördernden Angeboten für Frauen und Männer in der nachberuflichen Lebensphase in ganz Österreich gewährleistet werden. Die Daten zeigen Anstiege in der Internetnutzung älterer Menschen im Beobachtungszeitraum, wobei dieser Anstieg in der Altersgruppe 70+ höher ausfällt als in der Gruppe der 60–69-Jährigen. Für das Jahr 2014 sind die Daten geschlechtsspezifisch vorhanden und belegen ein starkes Digital Divide nach Geschlecht.

Eine zentrale Herausforderung der SeniorInnenbildung ist die sozial ungleiche Nutzung von Informations- und Kommunikationstechnologien (IKT). Dies wird auch dadurch verdeutlicht, dass die Internetnutzung in einer repräsentativen Befragung von Personen zwischen 55 und 75 Jahren in Österreich 2013 einen zentralen Prädiktor der Realisierung von Bildungsinteresse in konkrete Bildungsbeteiligung darstellt. In ganz Österreich wurden in den letzten Jahren verstärkt sowohl Forschungs- als auch Bildungs-Projekte durchgeführt, die einen Einstieg älterer Menschen in Informations- und Kommunikationstechnologien erleichtern sollen. Einerseits liegt der Fokus dabei auf der Durchführung von Computerkursen für ältere Menschen, andererseits auf der Erarbeitung von alterssensibler Didaktik in Bezug auf neue Technologien und der Erstellung von Informationsbroschüren und Ratgebern.

Als Initiativen können etwa Broschüren für SeniorInnen zum Thema „Das Internet sicher nutzen" genannt werden, die 2017 in aktualisierter Auflage erschienen ist, sowie der Folder für SeniorInnen „Betrug im Internet - so schützen Sie sich" (Neuauflage 2017) und die „A1 Broschüre für SeniorInnen: Internet einfach erklärt" (2015), die auf der vom Österreichischen Institut für angewandte Telekommunikation (ÖIAT) erstellte Plattform saferinternet.at und digitalsenioren.at veröffentlicht werden. Seit 2010 stehen dort darüber hinaus umfangreiche Unterlagen für TrainerInnen zur Verfügung, die mit älteren Menschen arbeiten. Im Auftrag des BMASGK organisierte das ÖIAT zudem 2018 bereits zum fünften Mal das Forum „SeniorInnen in der digitalen Welt" und veröffentlichen im selben Jahr einen Leitfaden zu „Qualitätskriterien für seniorInnengerechtes Lehren und Lernen mit digitalen Technologien". Ebenfalls im Auftrag des BMASK bietet das Österreichische Institut für angewandte Telekommunikation als Koordinationsstelle seit dem Jahr 2017 erstmals Bildungsanbietern und Bildungsanbieterinnen im Bereich „Seniorinnen und Senioren und digitale Medien“ die Möglichkeit, ihr Angebot als Good Practice-Projekt auszeichnen zu lassen.

Das Bundeskanzleramt förderte in den Jahren 2012 und 2013 das Projekt „Seniorkom.at - Wir vernetzen die Generation“. Im Rahmen dieser Initiative wurden in ganz Österreich intergenerative Schulungen und Veranstaltungen durchgeführt, wobei ein besonderer Schwerpunkt auf dem Thema „e-government“ lag. Zusätzlich wurde die Erstellung von Informationsbroschüren zum Thema gefördert.

Zur Frage der kulturellen Teilhabe im Wege über Medien haben ebenfalls im Bundesplan (2016) Eva Flicker und Nina Formanek berichtet (meine Zusammenfassung). Der Bundessenioren- und -seniorinnenplan 2010 behandelte zwei zentrale Problemfelder: mediale Alternsdarstellungen sowie den *digital divide* zwischen den Generationen. Mediale Bilder reproduzieren Vorurteile über Alte/r/n und bewegen sich zwischen *Jugendlichkeitsidealisierung* und *Altersdefizitmodell.* Die Verfügbarkeit von neuen, digitalen Medien sowie deren kompetente Nutzung, spielen heutzutage im Alltag eine immer wichtigere Rolle. Quantitativ ist vielfach belegt, dass ältere Menschen über geringere Medienkompetenz verfügen als Jüngere und sie auch über geringere mediale Ausstattung verfügen. Gleichzeitig muss kritisch angemerkt werden, dass nicht alle Älteren sich mit neuen Medien auseinandersetzen wollen und in ihrem gewohnten Alltag auch gut ohne diese zurechtkommen. Trotzdem gilt, dies zeigen Forschungen seit langem, dass niederschwellige und zielgruppenspezifische Beratung und Informationsangebote zur Nutzung neuer Medien, ein wichtiger Motor zur Förderung der Medienkompetenz von älteren Menschen sind.

Seit 2010 sind im deutschsprachigen Raum rund 20 neue Publikationen zur Mediennutzung bzw. Darstellung älterer Menschen in den Medien erschienen. Das empirische Interesse für das Feld bleibt nicht nur ungebrochen, sondern wird für einen breiteren Kreis an ForscherInnen relevant.

Die jüngeren Studien zur Darstellung des Alterns in den Medien können eine dezente Ausdifferenzierung aufzeigen. Insbesondere im Kinofilm aber auch im Fernsehen sind die Rollen und damit verknüpfte Altersbilder differenzierter, alltagsnäher und glaubwürdiger inszeniert als in den Jahren und Jahrzehnten davor. Es wird die These widerlegt, dass mediale Alternsdarstellungen einseitig und polarisierend sind. Filmanalysen widmen sich den bisher tabuisierten Themen Sterben und Tod im Film. Insgesamt aber stellen ältere Menschen als ProtagonistInnen in Filmen meist die Minderheit. Wenn ältere SchauspielerInnen in Filmen zum Thema Sterben und Tod Hauptrollen übernehmen, dann ist es meist gerade ihr Alter, dem ein besonderes Werbe- und Wirkungspotenzial zugeschrieben wird.

In den letzten Jahren brechen erfolgreiche Kinofilme mit den Tabus Sterben, Tod und Sexualität im Alter. Allerdings bleibt offen, ob diese realitätsnäheren Darstellungen von Lebensverhältnissen im Alter einen generellen Trend einleiten und aus dem Kinofilm auch vermehrt in andere Medienformate diffundieren werden. Anders als im Kinofilm, der neue Altersbilder anbietet, zeigen Studien zu anderen Medien vielfach noch eine Fortschreibung stereotyper Altersbilder. Gerade in der Werbung hält sich das Klischeebild der junggebliebenen, aktiven Älteren beständig, indem diese als kaufkräftige Zielgruppe angesprochen werden.

Eine Analyse führender österreichischer und deutscher Printmedien des Jahres 2012 zeigt, wie auch ein auf den ersten Blick positives Altersbild, die *jungen Alten,* diskriminierend wirkt: Einerseits fungiert dieses als Stereotyp und widerspricht der tatsächlichen Vielfalt an Lebensweisen im Alter, andererseits übt dieses in Verbindung mit neoliberalen Markt- und Werbestrategien einen beträchtlichen Druck auf ältere Menschen aus, möglichst lange wirtschaftlich aktiv und erwerbstätig oder zumindest kaufkräftig zu bleiben.

Sechs Stellen der mittelbaren oder unmittelbaren öffentlichen Verwaltung auf Länder- oder Bundesebene bzw. Interessensvertretungen gaben an, im Zeitraum von Jänner 2012 bis Juni 2015 Maßnahmen gesetzt zu haben, die realitätsnähere Altersbilder fördern sollen. Etwa verleiht der SeniorInnenbund bereits seit einigen Jahren den Medienpreis, die *Senioren-Rose* bzw. die *Senioren-Nessel* für besonders positive bzw. veraltete Medienbilder von Älteren. Der SeniorInnenbund merkt jedoch an, dass trotzdem noch vorurteilsbehaftete Images vom Altern vorherrschend seien und hier noch einiges an Aufklärungsbedarf bestehe.

Daten zeigen, differenziert nach Altersklassen, dass trotz der zunehmenden Ausstattung der Haushalte mit einem PC, derzeit ältere Menschen den Computer noch immer signifikant seltener nutzen als Jüngere, wobei sich dies in den kommenden 15 Jahren stark verändern kann. Ältere NutzerInnen sind hier im Vergleich zu den zugänglichen Daten der Media Server Studie in zwei Altersklassen unterteilt. Demnach fällt besonders die Altersklasse der 65- bis 74- Jährigen auf; sie nutzte den Computer in den letzten 12 Monaten der Befragung mit 49 % deutlich seltener als alle anderen Altersgruppen. Analog dazu liegt in dieser Altersklasse der Anteil jener Personen, die den Computer noch nie genutzt haben mit 43 % weit über den Werten der anderen Altersklassen.

Wie schon 2010 zeigt sich gerade in den höheren Altersklassen eine Geschlechterdifferenz bei der Computer- und Internetnutzung – am stärksten bei über 55-Jährigen: (22 % der Männer haben Computer noch nie genutzt) bzw. (25 % der Männer haben Internet noch nie genutzt) der Männer und 40 %

der Frauen haben Computer noch nie genutzt bzw. 46 % der Frauen haben Internet noch nie genutzt. Diese Daten verweisen auf ein *digital divide* nach Alter und Geschlecht. Die mobile Internetnutzung mit Smartphone, Tablet, Netbook etc. hat in den letzten Jahren stark an Bedeutung gewonnen. Gerade dieses vergleichsweise junge Segment der Mediennutzung verdeutlicht, dass sich jüngere und ältere NutzerInnen bei der Nutzung neuer Medien und Kommunikationstechnologien stark unterscheiden.

Die weitere wissenschaftliche Erforschung des Feldes wird insbesondere durch drei Studien des BMASK, zur Medienkompetenz von Frauen 60plus, zu Maßnahmen für SeniorInnen in der digitalen Welt sowie zur Praxis seniorengerechter Produktgestaltung von Smartphone, Tablets & Co, vorangetrieben. Das BMASK bietet außerdem explizit ein Projekt für ältere Frauen an: „Akademie und Lernnetzwerk für Seniorinnen - maßgeschneidertes Bildungsangebot für ältere Frauen in der nachberuflichen Lebensphase zur Nutzung von PC und Internet".

Die Breitband-Offensive, eine gesetzliche Maßnahme des Bundesministeriums für Verkehr, Information und Technik, ist nicht auf die Zielgruppe der Älteren ausgerichtet, der verbesserte Internetzugang kommt allerdings trotzdem besonders älteren UserInnen zugute, da viele von ihnen stärker auf die Nutzung zu Hause angewiesen sind. Die äußerst umfangreiche, vom Österreichischen Institut für angewandte Telekommunikation durchgeführte Studie zu „Maßnahmen für Senior/innen in der digitalen Welt" zeigt, dass ältere UserInnen ein erhöhtes Sicherheitsbedürfnis hinsichtlich der Nutzung des Internets äußern, da sie Sorge vor Datenmissbrauch und Eingriffen in ihre digitale und nicht-mediale Privatsphäre haben. Gleichzeitig wächst in den höheren Altersklassen der Anteil der OnlineshopperInnen schnell. Soziale Netzwerke, E-Government und mobile Geräte bzw. Apps werden demgegenüber von älteren NutzerInnen weniger häufig gebraucht als von Jüngeren.

Trotz grundsätzlicher Aufgeschlossenheit gibt es verschieden Hürden, welche die Internetnutzung älterer Menschen beschränken (z. B. geringe Selbsteinschätzung von Kompetenzen, fehlende Ressourcen, mangelnde Usability von Geräten). Folglich ist eine wertschätzende Auseinandersetzung mit der Zielgruppe, die statt auf Vorurteilen auf positiven Altersbildern basiert notwendig. Außerdem braucht es neben lokalen Angeboten eine neutrale Beratung im Verkauf. Unter Rahmenbedingungen für Angebote der Medienbildung werden zahlreiche praktische Tipps zur Gestaltung von Kursen (Kleine Gruppen, Flexibilität der Gestaltung, entspanntes Setting, Genderaspekte, Raum- und Geräteausstattung, etc.) formuliert und ausführliche Praxisleitfäden zu Methodik und Didaktik empfohlen.

5.2.5 Kontexthypothesen zur Teilhabe

Kontexthypothesen nenne ich empirisch gestützte Vermutungen, in denen sich einzelne Zusammenhänge in argumentativer Verdichtung betrachten lassen und zur Gänze aus bereits vorhandenen empirischen Ergebnissen in Österreich hervorgehen (im Sinne Otto Neuraths). Sie stammen in wörtlicher Formulierung aus Amann et al. (2018).

Teilhabe allgemein

Im Eröffnen von Spielräumen und in der Ausgestaltung der Einbindung von Menschen in soziale Kontexte gibt es einen Faktor, der nach aller Erfahrung eine zentrale Rolle spielt und eindeutige Breitbandwirkung hat: die Bildung. Das Bildungsniveau beeinflusst nachhaltig freiwilliges Engagement unter den Älteren, der Bereich, in dem jemand die höchste Ausbildung absolviert hat, beeinflusst die Richtung, in der das Engagement wirksam wird, dabei zeigen ältere Personen, die nicht in Österreich geboren wurden, eine geringere Neigung zu Freiwilligenarbeit als in Österreich geborene Personen, bei jüngeren dürfte sich die Situation umgekehrt darstellen; Bildungsniveau und Engagement in BürgerInneninitiativen hängen eng zusammen, in wohltätigen Einrichtungen sind Frauen überproportional vertreten, in Heimatvereinen oder BürgerInnenvereinen sind es wiederum die Männer, die sich deutlich häufiger beteiligen, und das Engagement in dieser Art von Vereinen findet vorwiegend in kleineren Gemeinden statt, hier wirkt ein strukturelles Moment der Gemeinschaftsbildung im kleinräumigen Bereich nachhaltig in Richtung von Einbindung und Integration über die Generationen hinweg; das Einkommen und das Vermögen eines Haushalts wirken sich positiv, höherer Urbanisierungsgrad wirkt sich negativ auf das Ausmaß an Freiwilligenarbeit aus und das Bundesland ist für sich ein differenzierender Faktor; ab dem Pensionierungsalter engagieren sich Frauen weniger als zwischen 35 und 60 Jahren, mit der Anzahl an Personen im Haushalt nimmt die Teilnahme an freiwilliger Arbeit bei Älteren ab, bei Personen mittleren Alters ist es umgekehrt. Die Chance, in einer leitenden Funktion Freiwilligenarbeit zu leisten, ist für Frauen viel niedriger als für Männer, hingegen ist der Einfluss des Geschlechts bei ausführenden und administrativen Tätigkeiten nicht so stark; außerdem hat das Bildungsniveau einen stärkeren Einfluss auf die Ausübung von Freiwilligenarbeit in einer leitenden Funktion als auf die Ausübung einer administrativen oder ausübenden Tätigkeit; andere Freiwillige im eigenen Haushalt sind für die Ausübung einer administrativen oder ausführenden Tätigkeit im Rahmen einer Freiwilligenarbeit von stärkerer Bedeutung als für die Ausübung einer leitenden Funktion. Unterschiedliche Typen von Gruppen und Vereinen erweisen sich für unterschiedliche Personen jeweils als geeigneter Rahmen, sich aktiv einzubringen; Frauen finden sich häufig in religiösen Gruppen und im wohltätigen Bereich, Männer in Heimatvereinen, Sportvereinen oder bei der Freiwilligen Feuerwehr, Personen, die in einer Partnerschaft leben, sind öfter in Bürgerinitiativen aktiv, während verwitwete Menschen eher in seniorenspezifischen Einrichtungen ein Betätigungsfeld finden etc.; hier spielen traditionelle Rollenbilder, Gewohnheitsbildung, eingefahrene Rekrutierungsmuster und ideelle Gratifikationssysteme eine wesentliche Rolle. Die weitaus meisten Personen, die sich in Gruppen oder Vereinen engagieren, tun dies in einem Ausmaß von bis zu zehn Stunden im Monat, und dabei handelt es sich oft um Personen mit geringerem Einkommen. Ansonsten geht jedoch höheres Einkommen tendenziell mit intensiverem Engagement einher. Analog dazu engagieren sich Personen mit höherem Einkommen auch öfter in mehreren Gruppen oder Vereinen zugleich. In Vereinen, die vor allem individuellen Bedürfnissen dienen (Selbsthilfegruppen, Hobbyvereine, Sammelvereine, Sportvereine und geselligen Vereinigungen), engagieren sich besonders Jüngere (51- bis 65-Jährige), und auch der erwähnte Einfluss höherer Bildung findet hier seinen Niederschlag. Erwerbstätige sind auffallend oft bei Vereinen tätig, die gemeinwesenorientiert arbeiten (wohltätige Organisationen, Freiwillige Feuerwehr), ebenso Personen aus größeren Haushalten. Eine Mischung zwischen diesen beiden Typen bilden Personen, die sich in gruppenspezifischen Vereinen engagieren (Bürgerinitiativen, Unternehmens- oder Berufsverbände, Heimat- und Bürgervereine): Auch sie tun dies häufig neben einer Erwerbstätigkeit und leben in größeren Haushalten, sie verfügen dabei aber oft auch über höhere Bildungsabschlüsse. Soziale Teilhabe Älterer im Sinne gelingender Einbindung ist ganz offenbar sowohl von erworbenen als auch von zugeschriebenen Merkmalen abhängig und nur durch die Berücksichtigung externer wie interner Ressourcen erfassbar. Die wiederholt nachgewiesenen Muster geschlechtsspezifischer Teilhabe und Einbindung sind ein deutlicher Ausdruck der Wirksamkeit erlernter Dispositionsspielräume.

Wirtschaftliche Teilhabe

Generell kann gelten, dass finanzielle Deprivation mit einer höheren Besiedelungsdichte steigt, mit einem höheren Bildungsabschluss aber sinkt, manifeste Armut (Armutsgefährdung und finanzielle Deprivation treten gemeinsam auf und wirken in Richtung stark abnehmender Integration) tritt ebenfalls in dicht besiedelten Gebieten deutlich häufiger auf; höher gebildete bzw. sozioökonomisch besser situierte Personen verfügen aufgrund eines höheren sozialen Kapitals über ein größeres soziales Netzwerk und dementsprechend mehr nicht-verwandte Netzwerkpartner als Personen mit geringerer Bildung bzw. geringerem sozioökonomischem Status; (Es sind) vor allem Frauen (aller ausgewiesenen Altersgruppen) und Einzelhaushalte respektive Verwitwete und Geschiedene mit einem geringen Einkommen konfrontiert; weiters zeigt sich neben dem Konnex mit der formalen Schulbildung auch ein signifikanter Zusammenhang mit der Gesundheitssituation und Mobilität: Armut korreliert mit gesundheitlichen Problemlagen und geringerer Mobilität bzw. mit sozialem Rückzug; auch gibt es einen Zusammenhang zwischen dem Erwerbsstatus und der Nutzung von Fortbildungsangeboten, dies gilt auch für die Höhe des Einkommens, den Gesundheitszustand, das Bildungsniveau, das Alter und das Geschlecht; für die Erwerbstätigkeit sind Alter und Gesundheit zwei der wichtigsten Einflussfaktoren, Alter und Erwerbstätigkeit korrelieren negativ, Gesundheit beeinflusst Erwerbstätigkeit wiederum positiv, gesündere ArbeitnehmerInnen sind in der Regel länger beschäftigt. Personen mit einem niedrigeren sozioökonomischen Status und damit geringeren Einkommen bzw. kleineren Pensionen finden sich häufiger in der Gruppe jener mit geringen Kontakten zu ihren Kindern. Schwierige Lebenslagen scheinen direkt an der Minderung von Einbindung beteiligt zu sein.

Kulturelle Teilhabe

Jüngeres Lebensalter, höhere Schulbildung und bessere ökonomische Lage bewirken höhere Bildungsaktivität, ähnliche Effekte erzeugen ein großes Verwandtschaftsnetzwerk und Erwerbstätigkeit (die ihrerseits selbstverständlich mit jüngerem Lebensalter zusammenhängt), wobei langfristig angelegte Muster von Bedeutung sind: je regelmäßiger berufliche Weiterbildung stattgefunden hat, und je regelmäßiger private Weiterbildung praktiziert worden ist, desto eher kommt es zu Bildungsbeteiligung im Alter; sie ist beeinflusst von Schul- und Berufserfahrung und geht mit geschlechtsspezifischen Rollenzuschreibungen und mit der sozialräumlichen Lebenssituation einher, als benachteiligt in der Altersbildung und damit stärker entbunden als andere können folgende soziale Gruppen eingeschätzt werden: Hochaltrige, Pensionierte, im Haushalt tätige Personen und Personen aus kleinen Ortschaften (damit sind die wichtigsten Faktoren, die integrationsabweisend wirken, bereits genannt), wenn es eine biografische Verankerung der Bildungsteilnahme gibt, dann kommt es auch im Alter eher zu organisiertem Lernen. Die kulturellen Angebote in der Umgebung nutzen vor allem die jüngeren Alten, doch Ältere, die in Vereinen tätig sind, nutzen diese Angebote auch öfter, wer nur Volks- und Hauptschulabschluss vorzuweisen hat, zeigt einen deutlich geringeren Nutzungsgrad, ebenso wie jene mit niedrigem Einkommen; geistige Fähigkeiten durch Bildungsaktivitäten zu trainieren, scheint zu den stärksten Motiven zu gehören, gefolgt von der Wissensvertiefung und sich mit anderen zu treffen, für die so genannten bildungsfernen Schichten fallen Kosten, Anerkennung und Training geistiger Fähigkeiten ins Gewicht; nicht zu unterschätzen ist der subjektiv wahrgenommene Lerneffekt, der auftaucht, wenn Menschen zahlreichen Tätigkeiten nachgehen, allerdings gibt es einen deutlichen Unterschied zwischen Männern und Frauen – insgesamt ist unter den Frauen der Anteil der informell Lernenden und der Lernfernen höher, was unter der Tatsache, dass Bildungsteilnahme nicht nur zu stärkerer sozialer Integration, sondern auch zu erweiterter sozialer Teilhabe führt, eine besondere Bedeutung erhält.

Teil IV
Vielfältige Auslegungen

6 Literarische Einbindungen und Entbindungen

„Ich bekenne, ich brauche Geschichten, um die Welt zu verstehen", hat Siegfried Lenz einmal gesagt, und mir will das einleuchten, denn unser Alltag besteht aus Geschichten. In den folgenden Darlegungen verfolge ich keinen literatursoziologischen Ansatz, wie ihn beispielsweise die Arbeiten von Pierre Bourdieu, die Systemtheorie oder die British Cultural Studies nahelegen würden. Weshalb sollte dann eine soziologische Analyse berechtigt auf literarische Stoffe sich einlassen und hoffen, aus diesen Einsichten zu ziehen, die ihr aus dem Rückgriff auf das von ihr selbst produzierte Material, also ihr „Datenmaterial" im weitesten Sinn, möglicherweise nicht zuwachsen würden? Die möglichen und mit Sicherheit kontingenten Antworten auf diese Frage könnten sich auf die Diskurse stützen, die mit den oben genannten Ansätzen verbunden sind, doch will mir scheinen, dass damit nicht viel mehr gewonnen wäre als eine Position der dauernd sich selbst fortzeugenden Relativierungen. Nicht zuletzt wäre auch mit der eigenartigen Tatsache zu kämpfen, dass die Literatursoziologie es im deutschsprachigen Raum nie geschafft hat, ein institutionell breit abgesichertes und theoretisch wohl fundiertes Forschungsfeld zu werden, aus dem sich methodische Zugänge und theoretische Konstruktionen von selbst aufdrängen könnten, auch wenn seit den 1990er Jahren das Interesse eindeutig zugenommen hat. Das auch heute noch sehr lesenswerte Buch von Helmut Kuzmics und Gerald Mozetič (Kuzmics und Mozetič 2003) hat darüber schon vor mehr als fünfzehn Jahren genügend Aufschluss gegeben. Auch könnte eine allein auf die empirische Analyse von Bedingungen der Produktion und Rezeption von literarischen Werken, wie sie eine Zeit lang die Literatursoziologie beherrschte und vom Glanz des empirisch Raffinierten lebte, wenig zur vorliegenden Fragestellung beitragen. Diese Art von Ergebnissen hat gezeigt, dass es mit dem Wissen und der Klugheit jener, die diese Analysen betrieben, damals schon nicht mehr weit her war. Weniger hart ließe sich mit Karl Kraus

A. Amann, *Leben – Teilhaben – Altwerden*,
https://doi.org/10.1007/978-3-658-27230-2_6

sagen: „Aber es ist nun einmal das Verhängnis der Erscheinungen, deren Materie der Glanz ist, daß dem Betrachter im Augenblick, und wie durch diesen selbst, der gesehene Schein sich in den erkannten Schein verwandelt“ (Kraus 1917, Heft 445, S. 134). Allerdings kann es mit der Inspiration allein, die von der Literatur ausgeht, auch nicht getan sein[1]. Vor diesem Hintergrund ist die eingangs gestellte Frage also kaum zu beantworten.

Der Weg, den ich verfolge, nimmt zwei bekannte literarische Kunstwerke als Beispiele für eine teilhabetheoretische Auslegung, und zwar ebenso, wie es mit dem ethnologischen Material und dem empirisch-soziologischen in früheren Kapiteln geschehen ist. Dafür sind einige Abgrenzungsüberlegungen nötig. Die literarische Darstellung von sozialen und kulturellen Konstellationen ist sowohl von ästhetischem wie auch von soziologischem Interesse. Die soziologische Betrachtung der Literatur hat es mit einer eigenen Repräsentation soziokultureller Sinngehalte in literarischen Texten zu tun, seien sie nun „hoch“ bewertet, wie etwa Johann W. v. Goethes „Hermann und Dorothea“, Thomas Manns „Der Zauberberg“ oder Stefan Georges Gedichte, oder „niedrig“, wie etwa die von den Holzknechten im Wald gesungenen Lieder nach Peter Rosegger. In diesem Sinn kann Literatur mit Gewinn „von außen“ betrachtet werden, ohne dass deshalb das Eigenrecht und der Eigenwert des Kunstwerkes als einer konkreten Totalität geleugnet werden müsste. Da allerdings die Autonomie des Kunstwerks/Textes eine gesellschaftlich bedingte Autonomie ist, gesellt sich dieser Betrachtung unausweichlich die Aufgabe der Kritik bei, weil sie anders nur das Starren auf eine Fiktion einer dieser voraus liegenden Realität wäre, denn Literatur beschreibt Realität nicht eins zu eins, sie fingiert des Beschriebene. Thomas Bernhard hat mit diesem Gedanken experimentiert: „Was die Schriftsteller schreiben/ist ja nicht gegen die Wirklichkeit/(…)/aber alles das sie schreiben/ist nichts gegen die Wirklichkeit/die Wirklichkeit ist so schlimm/daß sie nicht beschrieben werden kann/noch kein Schriftsteller hat die Wirklichkeit so beschrieben/wie sie wirklich ist/das ist das Fürchterliche“ (Heldenplatz, S. 115). Zumindest bedeutet Kritik hier, konventionsbedingten Normen und Handlungen zu widersprechen, die Brüchigkeit und Dissonanz der Welt zu sehen, und falschen Harmonisierungen zu widerstehen. Zugleich finden wir eine Gemeinsamkeit mit der wissenschaftlichen Betrachtung. Unzweifelhaft haben Kunst und Soziologie einen gemeinsamen Ausgangspunkt: Es ist dies „der unmittelbare Sinn- und Seinszusammenhang

[1]Vgl. das Interview mit Sina Farzin: https://soziopolis.de/verstehen/was-tut-die-wissenschaft/artikel/wie-geht-es-eigentlich-der-literatursoziologie/.

(…), in den der Mensch mit allen seinen Anlagen und Neigungen, Interessen und Bestrebungen, seinem ganzen Denken und Wollen verwickelt ist" (Hauser 1973, S. 7). Arnold Hauser begreift diesen Lebenszusammenhang als eine Totalität, die in der Zuwendung durch die Kunst gewahrt bleibe, während das Leben im wissenschaftlichen Zugriff diesen Charakter verliere. Wissenschaft abstrahiere vom konkreten, heterogenen und atomisierten Lebensmaterial, dagegen gilt: „Von allen Bewusstseinsformen ist die Kunst die einzige, die sich jeder entsinnlichenden Abstraktion von vornherein und beharrlich widersetzt" (Hauser 1973, S. 8). Kunst will ihren Gegenstand zu unmittelbarer Vision werden lassen, Wissenschaft geht auf das Abstrakte, gemeinsam ist ihnen aber, „herauszufinden, wie die Welt, mit der wir es zu tun haben, beschaffen ist, und wie wir ihr am besten beizukommen vermögen" (Hauser 1988, S. 5), gemeinsam ist ihnen, dass sie Erkenntnisfunktion haben und auf praktische Ziele aus sind. Im Hintergrund dieser Auffassung dräut allerdings die alte Streitfrage, gewissermaßen zwischen Immanuel Kant und Georg W. F. Hegel, ob die „Wahrheit" der Kunst ungreifbar sei oder gar ein willkürliches Moment, und ob die Auffassung, dass Kunst und Wissenschaft derselben Seinssphäre angehörten, zu einer Frage der Metaphysik werde.

Diesem Problem gehe ich hier nicht weiter nach, denn im langen Blick zurück haben auch die Auffassungen von Georg Lukács oder Theodor W. Adorno, die in dieser Streitfrage einst vehement gegenteilige Positionen bezogen und von denen Arnold Hauser, wie viele andere, beeinflusst war, sich der Relativierung durch die Zeit beugen müssen, ich halte eine andere Perspektive für die soziologische Analyse für bedeutsamer. Sie liegt in der Vorstellung, dass alle je möglichen und denkbaren Lebensäußerungen der Menschen in ihrer Alltagswelt verankert sind, von dort ihren Ausgang nehmen und auf sie zurückwirken. Die diesem Prinzip entsprechenden theoretischen Konstruktionen und methodologischen Positionen, welche im Laufe der Zeit, beginnend mit Henri Bergson, Edmund Husserl und Max Weber, weiter über Alfred Schütz und Thomas Luckmann, herauf bis in die jüngeren Positionen der Alltagssoziologie, Gewicht gewonnen haben, müssen hier, zumindest in Grundzügen, als bekannt vorausgesetzt werden.[2] Nun hat die Verquickung von Erkenntnisabsicht und praktischen Zielen zu Worte zu kommen und sie braucht nicht nur eine soziale, sondern auch innerpsychische Verankerung. Eine Prämisse der eben angesprochenen Alltagssoziologie lautet, dass Menschen in einer Welt sinnvoller Beziehungen leben, wir treten keinen reinen

[2]Für eine auszugsweise, aber komprimierte Darstellung vgl. Amann (1996).

Sachverhalten gegenüber, sondern erfahren sie immer in ihrer Bedeutsamkeit, in ihrem Sinn für die Menschen. Anders formuliert: Unsere Welt ist immer schon interpretiert, alles an ihr ist mit Bedeutung versehen, und weil Bedeutung auf etwas gerichtet ist, kann angenommen werden, dass unsere Erfahrung schon an ihrer Quelle durch unsere menschlichen Zwecke bestimmt ist. Alfred Adler hat aus dieser Ausgangssituation abgeleitet, was er den „Sinn des Lebens" genannt hat und von diesem gesagt: „Aber kein menschliches Wesen kann ohne Sinn leben. Wir erfahren die Wirklichkeit immer durch den Sinn, den wir ihr geben; nicht an sich, sondern als etwas bereits Gedeutetes. Es liegt deshalb nahe, anzunehmen, daß dieser Sinn immer mehr oder weniger unvollkommen, unvollendet ist, ja sogar, daß er niemals völlig richtig ist. Unsere Welt der sinnvollen Beziehungen ist eine Welt voller Fehler" (Adler 1979, S. 13). Dies ist ein alter Gedanke, der spätestens mit der Renaissance zur Blüte gekommen ist, und im Kern unser Verhältnis zur Welt bezeichnen soll: Was auch immer die Menschen tun und in welcher Form es geschieht, sie tun es, um eine für sie an und für sich chaotische Wirklichkeit zu erkennen, richtiger zu beurteilen und erfolgreicher zu bewältigen, und eben auch zu gestalten. Allerdings: Es sollte nicht vergessen werden, dass die Menschen (Gesellschaftssubjekte, wie Leo Kofler sie nannte), sich in diesem Prozess einem immer schon gegebenen Sinnzusammenhang unterwerfen (müssen), der seinen Ursprung in der Rationalität, der inneren Logik und der jeweils vorläufigen Ausgestaltung des Gesellschaftsprozesses hat. Darin mag auch eine Ausgangsbedingung für Teilhabe gesehen werden, die einerseits an die Phylogenese der Art Sapiens rückgebunden ist, andererseits aber von jedem Menschen in der Ontogenese neu erworben und praktiziert werden muss, wobei er auf Umwelt angewiesen ist, in der er sich diesen Sinnzusammenhängen unterwirft bzw. sich mit ihnen auseinandersetzt. Dass unsere Welt der sinnvollen Beziehungen eine Welt voller Fehler ist, bedingt eine weitere wichtige Einsicht: Wie die meisten Theorien des Kunstwerks annehmen, dass die Entstehungsgeschichte eines Werks nicht beendet ist, wenn der Autor oder die Autorin es aus der Hand geben, ist auch eine wissenschaftliche Erkenntnis, einmal gefunden, nicht endgültig. Der Prozess der fortdauernden, ergänzenden und verändernden Interpretation, der ständigen Umdeutung, trifft für beide zu.

Die folgenden beiden Erzählungen werden, entsprechend den bisher genannten Voraussetzungen, die eine soziologische Analyse von Literatur rechtfertigen sollen, als Äußerungsform von Sinnzusammenhängen der Alltagswelt genommen und in einen Interpretationskontext gestellt, dessen Deutung die Entscheidung darüber stützen soll, worin der Erkenntnisertrag für Teilhabe liegt.

6.1 „Das Gemeindekind" (Marie v. Ebner-Eschenbach)

Mit der Niederlage Österreichs in der Schlacht von Solferino am 24. Juni 1859 und dem föderalistischen Verfassungsgesetz vom 20. Oktober 1860 wird gemeinhin der Beginn einer liberalen Ära in Österreich und der Einigung Italiens verbunden (vgl. Zeyringer und Gollner 2012, S. 293). In Mähren, wo Marie v. Ebner-Eschenbach am 13. September 1830 geboren worden war, dürften zu jener Zeit die spätfeudalen Verhältnisse zu bröckeln begonnen haben, die Industrialisierung hatte mit Fabriksarbeit schon Einzug gehalten und der junge Lehrer, der im Roman neu ins Dorf kam, verweigerte den traditionspflichtigen Antrittsbesuch auf dem Schloss bei der Grundherrin. Das Gemeindekind, die Hauptfigur Pavel Holub, findet sich deshalb in einer Sozialwelt, die vom Dorf mit Honoratioren und Armen, der Zuckerfabrik mit ihren Arbeitern, dem Schloss mit Grundherrschaft und Bediensteten, der Kirche und dem Kloster mit Autoritäten und Untergebenen, und dem Land mit seinen Bauern, Taglöhnern und Kleinhäuslern gekennzeichnet ist. Mitten in diese Zeit verlegt Marie v. Ebner-Eschenbach das Geschehen in ihrer Erzählung: „Im Oktober 1860 begann in der Landeshauptstadt B. die Schlußverhandlung im Prozeß des Ziegelschlägers Martin Holub und seines Weibes Barbara Holub" (Ebner-Eschenbach 1985, S. 5). Martin Holub, der Vater des Pavel und seiner Schwester Milada, ein notorischer Säufer und Familientyrann, hatte den Pfarrer in der Sakristei erschlagen und beraubt, wurde gehängt, die Mutter wurde, als Mitwisserin angeklagt, zu zehn Jahren Zuchthaus verurteilt. Pavel hatte als Kind und Junge nur Arbeit, Hunger und Schläge gekannt, war einzig seiner Schwester zugetan und fiel durch verstocktes Schweigen auf.

Nachdem die Eltern nicht mehr da waren, fielen die Kinder der Gemeinde anheim, die sich diese Last aber nicht aufbürden wollte. „Verwandte, die verpflichtet werden könnten, für sie zu sorgen, haben sie nicht, und aus Liebhaberei wird sich niemand dazu verstehen" (Ebner-Eschenbach 1985, S. 10). Dem Bürgermeister gelang es, Milada bei der Schlossherrin unterzubringen, welche das Mädchen dann in ein Kloster gab, das als angesehene Erziehungsanstalt galt, wo sie noch vor der Einkleidung zur Nonne sterben sollte, der „Verlust seines einzigen Glücks", sagte Pavel; er aber wurde zum Gemeindehirten Virgil, einem Spitzbuben gegeben, der samt den Häuslern, bei denen er wohnte, zu den Verrufensten des Ortes zählte. Keiner wollte den Sohn eines Raubmörders als Hausgenosse der eigenen Sprösslinge sehen. Für den Buben begann eine noch härtere Zeit, böse Nachrede verfolgte ihn, jeder Streich im Dorf, jeder Diebstahl, jedes

Vergehen wurde ihm zur Last gelegt, die Dummheit und Niedertracht der Dorfbewohner schien kaum überbietbar (…) „und ihn erfüllte eine grenzenlose Verachtung der Dummheit, die das Unsinnigste von ihm glaubte, wenn es nur etwas Schlechtes war. Er fand einen Genuß darin, das blöde und ihm übel gesinnte Volk bei jeder Gelegenheit von neuem aufzubringen“ (Ebener-Eschenbach 1985, S. 31).

Die erst kurz vor der Mordtat zugewanderte Familie war in die soziale Mitwelt noch gar nicht eingebunden, da begann der Vater bereits durch Trinkerei und Arbeitsverweigerung, durch das Schlagen von Frau und Kindern, die künftige Außenseiterrolle des Pavel vorzubereiten. Totschlag und Hinrichtung sowie die Einkerkerung der Mutter warfen ihn endgültig ins Abseits. Mit dem Sohn eines Mörders und einer Zuchthäuslerin wollte niemand etwas zu tun haben. Die Schlossherrin stand ihm in distanzierter Abneigung gegenüber, der Pfarrer, Repräsentant jener Instanz, die beanspruchte, über Gut und Böse, Falsch und Richtig zu urteilen, war von der gleichen Voreingenommenheit und Scheelsucht getrieben wie die krassesten Dorftölpel. Um das vierzehnte Lebensjahr begann sich in Pavel eine heimliche, nie offen eingestandene Liebe zur schönen, aber leichtfertigen und durchtriebenen Tochter des ihm vorgesetzten Gemeindehirten, der Vinska, also seiner Ziehschwester zu regen, die ihm nur Schaden bringen sollte. Als der verlotterte und in Fetzen gekleidete Junge vom alten Lehrer, seinem einzigen Gönner, ein Paar neue Stiefel bekommt, „ordentliche Stiefel mit hohen Schäften“, stiehlt sie ihm diese nachts, sie stiftet ihn zu allen möglichen dummen und fragwürdigen Taten an, schließlich auch, dem alten Pfau der Schlossherrin die letzte große Schwanzfeder auszureißen. Als der wütende Pfau auf den Pavel losgeht und ihm mit dem Schnabel auf den Kopf hackt, erwürgt er ihn. Nun ist ihm die Schlossherrin endgültig feindlich gesinnt. Das Volk lamentierte, er werde wie sein Vater am Galgen enden, Steine flogen, Worte, schlimmer als Steine, trafen ihn. „Pavel blickte keck umher, und das Bewußtsein unauslöschlichen Hasses gegen seine Nebenmenschen labte und stählte sein Herz“ (Ebner-Eschenbach 1985, S. 49).

Die objektiven äußeren Bedingungen seiner Lebenslage könnten trister nicht sein. Schlimmer kann eine Kindheit, die sich von Anfang an auf der Schattseite abspielt, kaum zerrüttet werden. Seine Teilhabe an der sozialen Mitwelt geschieht nahezu ausschließlich über negativ bewertetes Handeln und negative Zuschreibungen durch andere Menschen, die Spielräume, in denen er agieren kann und muss, sind knapp und unbeständig, Vorurteil, Bosheit und Dummheit stehen um ihn wie eine Mauer, seine Ausgrenzung ist institutionalisiert. Da er auch als Rädelsführer bei Diebstahlszügen von Kindern namhaft wird, könnte eine zumindest vorübergehende Einbindung in eine Subkultur vermutet werden.

Nirgends, nicht einmal in der Familie, in die er gesteckt worden ist, kann er einen Funken Loyalität oder Unterstützung finden, es liegt hier der nicht eben häufige Fall vor, dass Teilhabe am sozialen Leben hoch selektiv und zur Gänze in negativer Konnotierung abläuft. Daran ändern auch sporadischer Schulbesuch und die Arbeit in der Fabrik nichts. Dazu gesellt sich, dass zu jener Zeit für Kinder soziale Einbindung ohnehin mit einem generell hohen Maß an Zwang verbunden gewesen sein dürfte, die Pädagogik des freien Kindseins war noch nicht erfunden worden.

Doch, wie sieht Pavels Reaktion aus, wie „verarbeitet" er diese Erfahrungen? Dass er verstockt, schweigsam und in sich zurückgezogen wurde, ist bereits erwähnt worden. Falschen Verdächtigungen gegenüber pflegt er zu schweigen, selbst dann, wenn eine Rechtfertigung Erfolg zeitigen könnte. „Ich bin still, wenn ich recht hab, weil's mich freut, wenn die Leut so dumm sind und ich mir dann gut denken kann: Ihr Esel!" (Ebner-Eschenbach 1985, S. 62). Diese Haltung verdichtet sich noch in ihn selbst schädigender Weise, er will, dass die anderen ihn als Abweichler wahrnehmen und er selbst bezeichnet sich laut als solchen. Als der ihm wohl gesonnene Lehrer ihn verzweifelt fragte: „Was soll aus dir werden?", streckte sich Pavel, „stemmte die Hände in die Seiten und sagte: 'Ein Dieb'" (Ebner-Eschenbach 1985, S. 30). Nach vielen Mühen gelingt es ihm, seine Schwester im Kloster zu besuchen, die nun Novizin werden soll, sie erzählt ihm, dass sie unter den vielen braven Kindern die Bravste sei und ruft dann im Ton der Überzeugung: „Du bist auch brav?" „Ich?" hat da der Pavel gemeint, „wie soll denn ich brav sein?" (Ebner-Eschenbach 1985, S. 59). Das verstört die Schwester und sie fragt ihn, ob er wohl nichts Unrechtes tue; das wird ihm unangenehm und er fragt im Gegenzug, weshalb er denn nichts Unrechtes tun solle, „es geht nicht anders." Es ist diese Stelle im Roman eine der deprimierendsten, da sie ein sehr helles Licht auf die innere Verfassung Pavels, auf seine Nöte und auf die aus diesen Nöten geborene Trotzigkeit wirft.

„Und welches Unrecht tust du zum Beispiel?"

„Zum Beispiel? … Ich nehme den Leuten Sachen weg …"

„Was für Sachen?"

„Wie du fragst? - Was soll ich denn nehmen? Was ich immer genommen habe. Obst oder Rüben oder Holz…"

Da schrie die Kleine in steigender Angst, aber doch noch hoffend: „Dann bist du ja ein Dieb!".

„Ich bin auch einer." (…) „Wie soll ich nicht schlecht sein? Die Eltern sind ja auch schlecht gewesen."

„Just deswegen!" (…) „begreifst du denn nicht? - Just deswegen bin ich die Bravste im ganzen Kloster und mußt *du* der Bravste sein im ganzen Dorf … damit der liebe Gott den Eltern verzeiht, damit ihre Seelen erlöst werden … Denk an die Seele des Vaters, wo die jetzt ist…" (Ebner-Eschenbach 1985, S. 60).

Die Schwester hatte ihre Lektion im Kloster bereits gelernt, Pavel jedoch wusste aus seiner Erfahrung der Minderwertigkeit noch nichts anderes zu ziehen, als demonstrativen Trotz. Ein Mensch, der sich in eine feindliche Welt gestellt sieht, denkt immer nur an sich, an seine Not, an das, was ihm fehlt. Und in seinem Trotz kann er sich bestätigt fühlen, denn er möchte, um dem Zwangszusammenhang von Stehlen, Betrügen und Betrogenwerden im Dorf entgehen zu können, in der Landwirtschaft des Klosters als Arbeiter aufgenommen werden. Doch er richtet die Bitte vergeblich an die mit der Baronin auf dem Schloss eng befreundete Oberin. Denn die hatte vor lauter Gottesliebe die Menschen vergessen. „Und wie sie vor sich hinblickte, unendlich fromm, unendlich teilnahmslos, so tat ihr ganzes Gefolge, und der schwer begreifende Pavel begriff endlich, daß all sein Flehen vergeblich war" (Ebner-Eschenbach 1985, S. 68).

Und doch zeigt sich Pavel in der Unterhaltung mit seiner Schwester offen für einen völlig anders gearteten Gedanken, den ihm Milada eingibt, als sie darüber sprechen, was er für die Mutter tue, die ja noch im Zuchthaus sitzt. Er solle ein Feld kaufen und darauf ein Haus bauen, damit die Mutter nach ihrer Entlassung eine Bleibe habe. Dem verärgerten Pavel, der ja kein Geld für ein solches Vorhaben hat, sich aber für die Idee erwärmen kann, gibt die kindliche Schwester ihr Erspartes. „Milada schwang triumphierend einen gestrickten Beutel, durch dessen weite Maschen es hell und silbern blinkte" (Ebner-Eschenbach 1985, S. 63). Vierunddreißig Gulden. Damit kauft man kein Feld und baut auch kein Haus, man kann aber etwas tun, was Pavel dann tat. Als er zurück im Dorf war, zeigte er in einem Streit um eine Kupfermünze im Wirtshaus seinen Schatz her, worauf das Volk den Lumpen, den Bettler umgehend des Diebstahls bezichtigte, handgreiflich wurde und er in neue Kalamitäten geriet. „Kaum entronnen, die Verfolger auf den Fersen, rief er noch zurück. 'Woher ich's hab? - Gestohlen hab ich's'" (Ebner-Eschenbach 1985, S. 76). Von der Meute verfolgt, rettete er sich zum alten Lehrer mit dem sprechenden Namen Habrecht, der ihn beschützte, die rabiaten

Verfolger vor der Haustüre beruhigte und ihm ein Versteck für seinen Beutel im Fußboden zeigte. Der Umgang mit diesem einsichtsvollen Menschen schien Pavels Überlegungen zu beflügeln. Im Kloster hatte er bleiben wollen, die hatten ihn abgewiesen, jetzt wollte er beim Lehrer anfangen. „Was“ (…), „was denn anfangen?“ „Das neue Leben“ (Ebner-Eschenbach 1985, S. 80).

Allen Ernstes, ein neues Leben, doch wie sollte es aussehen? Er wollte das zur Schule gehörige, von der Gemeinde aber vernachlässigte Feld bestellen, beim Lehrer wohnen, Kost und Logis, im Spätherbst und Winter in der Fabrik arbeiten, für einen Gulden Taglohn, sparen und ein Feld kaufen und ein Haus bauen. Der Lehrer wollte nicht recht daran glauben, zumal die Zustimmung der Gemeinde nötig sein würde. Wie sich herausstellte, waren die Gemeindeverantwortlichen, allen voran der sehr kranke Bürgermeister, unfähig oder unwillig, sich zu einer Zustimmung durchzuringen. Auf dunklen Wegen, an denen wieder einmal Vinska beteiligt war, gelangte ein Kräutertrank aus den Händen der Mutter Vinskas, einer „Kurpfuscherin“, zum Bürgermeister, der unmittelbar nach Überbringung durch Pavel starb. Nun wurde er auch noch des Mordes angeklagt, initiiert durch Peter, den Sohn des Bürgermeisters, der Pavel hasste, weil er die Vinska für sich wollte. Die Verdächtigungen nahmen fürchterlich zu, Pavel musste um sein Leben bangen, bis ihn der Gendarm herauszog und ins Bezirksgericht mitnahm. Die Obduktion des Bürgermeisters in der Stadt und der Prozess vor dem Richter belegten, dass der Mann eines natürlichen Todes gestorben und Pavel unschuldig war. Zwei Monate hatte er im Arrest verbracht und in dieser Zeit ein zierliches Modell seines geplanten Hauses gebastelt. Die zwei Monate hatten ihn verändert, er war ein sehr kräftiger, junger Mann geworden, der das folgende Jahr ständig, Tag für Tag arbeitete, in der Sägemühle, in der Zuckerfabrik, im Wald und das Geld sparte. Dann wurde er mündig gesprochen, kaufte mit Zustimmung der Gemeinde und kräftiger Befürwortung durch den Schmied Anton, der später sein Freund werden sollte, eine Sandgrube aus deren Grundvermögen zu einem hohen Preis. Das Gemeindekind hatte Eigentum erworben, doch die Mädchen und Buben lauerten ihm immer noch auf und schrien: „Giftmischer…! Bist doch ein Giftmischer“ (Ebner-Eschenbach 1985, S. 106). Im Frühjahr begann er, selbst die Ziegel für sein Haus zu schlagen, doch in der Nacht zerstörten Unbekannte immer wieder seine Arbeit. Der Peter heiratete die Vinska, die Mutter der Vinska starb, den Pavel rührte das alles nicht, er nahm es mit Gleichgültigkeit auf. Der Pfarrer ließ ihn zu sich rufen und sagte: „Dir ist Unrecht geschehen“ (Ebner-Eschenbach 1985, S. 11), doch als Pavel sich beklagte, dass die Kinder ihm Giftmischer nachschrien und die Erwachsenen in der Nacht die kleinen Fichtenstämme ausgerissen hätten, die er vor Wochen gepflanzt, und als er den Pfarrer bat, das abzustellen, wusste dieser Spezialist des rechten Glaubens keine bessere Antwort als die, dass der Pavel an seinem schlechten Ruf selbst schuld sei und dass er zu seiner Wohlfahrt hier auf Erden den Glauben der Menschen an ihn brauche. Den Tiefschlag aber versetzte der Pfarrer dem Pavel, indem er ihm eröffnete, dass der Lehrer weggehen werde. Der wurde nach einundzwanzig Jahren Lehrerdasein aus diesem Dorf versetzt, weit weg, und er reiste ab, ohne Abschied von Pavel zu nehmen, der schwer gekränkt war. Sein bester Freund hatte ihn ohne ein Wort verlassen.

Pavel baute sein Haus fertig, verbrachte einige Zeit beim Militär, wurde nun endgültig erwachsen, ein Bursche mit „Athletenstärke", rettete dem Peter, seinem ärgsten Feind, das Leben, indem er eine Zaunsäule niederriss, an der Peter von einer neu gekauften Erntemaschine zerquetscht zu werden drohte, die er in überheblichem Leichtsinn in Bewegung gebracht hatte, wurde von Vinska, die nichts vom Vorfall gesehen hatte, beschuldigt, dass er an den Verletzungen Peters schuld sei. Der Wirt, dem der Zaun gehörte, überredete die Gemeinde, dass Pavel den Zaun bezahlen müsse, und sagte dem Verdutzten auch, dass neben dem Gemeinderat diesem Urteil auch die Bauern zugestimmt hätten. Am nächsten Sonntag wolle er in die Wirtschaft gehen und die Bauern selbst fragen, war sein Bescheid.

Inzwischen hatte der Wirt gegen Pavel erfolgreich Stimmung gemacht und alle, mit Ausnahme von Anton, dem Schmied, waren der Meinung, der Bursche nehme sich zuviel heraus und man müsse „es" ihm wieder einmal zeigen. Am Sonntag kam Pavel ins überfüllte Wirtshaus, er nahm den Hut nicht ab, in seiner Begleitung Arnost, mit dem er sich während der Dienstzeit befreundet hatte. Er fragte den einzigen anwesenden Gemeinderat, einen alten Mann, und die Runde der Versammelten, vor allem Peter, ob er tatsächlich zahlen müsse, „ja, ja", wurde gewettert, „Hund" scholl es ihm von Peter entgegen. Da geschah das Unglaubliche. In aller Ruhe zog Pavel ein Kuvert aus der Brusttasche, entnahm ihm einen Zehnguldenschein und sagte zum Wirt, er solle saldieren und herausgeben. Das hatte niemand erwartet, Schadenfreude und Enttäuschung machten sich breit und dann rief Pavel: „Und jetzt sage ich dem Gemeinderat und den Bauern, daß sie alle zusammen eine Lumpenbagage sind" (Ebner-Eschenbach 1985, S. 148). Ein einziger Aufschrei war die Antwort auf diese unerhörte Beschimpfung, die der Geringste im Dorf den Reichen, den Machthabern an den Kopf geworfen hatte. Nachdem das Mobiliar des Gasthauses zerdroschen, Köpfe blutig geschlagen, Männer durch die Eingangstür hinausgeflogen waren, Pavel, Anton und Arnost gegen den Rest, Peter den Pavel mit einem Messer verletzt und dieser ihn in die Luft gehoben, dann aber davon abgesehen hatte, ihn am Boden zu zerschmettern, hatte das Gemeindekind eine andere Stellung im Dorf als jemals zuvor, und auch seine ärgsten Feinde ballten die Fäuste nur noch in der Hosentasche.

Symbolträchtig ist ein Geschehen, das sich auf dem Heimweg von der Wirtshausrauferei ereignete. Pavel nahm einen von mehreren Kötern halb tot gebissenen Hund mit nach Hause und pflegte ihn gesund. „Auch einer gegen eine ganze Menge" dachte Pavel. Er blieb ein schwer zugängliches, aber mutiges Tier und wurde ihm im letzten Kampf, den er mit rabiaten, lästerfreudigen Holzknechten zu führen hatte, eine starke Hilfe. Der Winter verging, Pavel pilgerte erneut ins Kloster, seine Schwester zu besuchen, die einen kränklichen Eindruck machte, die Oberin spielte wieder erfolgreich die Rolle der den Pavel auf Abstand haltenden, die Novizin begluckenden Nonne, und er machte sich enttäuscht und mit sich hadernd, dass er bestimmter und hartnäckiger hätte sein sollen, auf den Heimweg, auf dem er – seinen alten Lehrer wieder traf, der ihn besuchen wollte, und der nun kein Lehrer mehr war, und ihm zuletzt noch seine Uhr und sechs Bücher schenkte, mit dem Auftrag, das Lesen nicht zu verlernen. Der Lehrer verschwand mit dem Zug, Pavel ging zur Baronin, um sie zu bitten, für seine Schwester Fürsprache einzulegen, dass sie mehr geschont werde, sonst müsse sie sterben, was die Schlossherrin nicht tun zu können beschied, ihm aber ein an seine Sandgrube grenzendes Feld schenkte, was amtlich beglaubigt wurde. „Das unerhörte Glück, das ihm vom Himmel gefallen, trug allerdings nichts bei zur Verminderung seiner Unbeliebtheit. Niemand gönnte es ihm" (Ebner-Eschenbach 1985, S. 179), die Diebereien hörten nicht auf, Frauen und Kinder schnitten in der Nacht mit Sicheln den noch grünen Weizen ab und Pavel wurde kreuzunglücklich dabei. Die Schenkung schürte Neid, der Verwalter zieh die Baronin nicht gerechtfertigter Großmut und auch der „geistliche Herr" stimmte in diese Jeremiade ein, worauf die alte Damen ihn mit der Bemerkung zum Schweigen brachte, dass es eine angemessene und keine zu großmütige Gabe für einen braven, vom Schicksal bisher vernachlässigten Burschen sei. Ihr offenbarer Gesinnungswandel hatte wohl damit zu tun, dass Pavel der Bruder des Mädchens war, das sie zu ihrem Liebling erkoren hatte und in dem sie schon die künftige Oberin des Klosters sehen wollte.

Der Winter brach mit ungewöhnlicher Kälte ein, an Pavels Haus schlängelte sich der meistbegangene Weg in die Wälder vorbei, auf ihm kamen die Holzknechte daher. Der vorlauteste und missgönnigste, Hanusch, provozierte eines Tages wieder, indem er auf einen im Gärtlein schon fertig liegenden Dachstuhl wies. „Der is ja fertig, jetzt kannst anfangen, den Stall zu bauen … Bau ihn! Bau ihn! Tummel dich, die du einstellen willst, is schon auf'm Weg … die aus'm Zuchthaus" (Ebner-Eschenbach 1985, S. 191). Die Mutter in den Stall, das war zuviel, das scharfe Zimmermannsbeil flog durch die Luft, verletzte den Hanusch am Ohr und Pavel sprang über den Holzzaun, mitten unter die Holzknechte hinein. Am schnellsten wich Hanusch zurück, aber schon stellte ihn der Hund und sprang ihm an die Gurgel. Pavels „Zurück, Lamur!“ rette ihm das Leben. Unter Murren zogen die Holzknechte von dannen. Zusehends aber gewann in Pavel eine Vorstellung Raum: Sowohl die frühe Liebe zu Vinska als auch all das Leid zu vergessen und ein freier Mensch werden für immer – „einsam und frei.“

Wie es seiner Schwester gehe, fragte Pavel, wieder einmal im Kloster vorstellig werdend, diesmal zusammen mit der Baronin. „Sie ist genesen“, sagte die Oberin zu ihm. „Eingegangen zum ewigen Licht“ (Ebner-Eschenbach 1985, S. 199). Sein Schmerz spottete jeden Trostes. Zurück im Dorf, sah er den Gemeindehirten vor Vinskas Haus sitzen, Peter war inzwischen gestorben, und Vinska eröffnete ihm, dass seine Mutter angekommen sei, sich aber nicht habe einladen lassen und nun vor Pavels Haus auf diesen warte. Es ist möglich, dass bei diesem Zusammentreffen zwischen Vinska und Pavel dieser ahnte, dass jene in allen Tiefen erfüllt war von schwerer, aber nutzloser Reue ob all dem, was sie an ihm gefrevelt hatte, und was nie mehr gut zu machen war. Eine Schar von Neugierigen begleitete ihn zu seinem Haus, um das Wiedersehen zwischen Mutter und Sohn zu sehen. Der seiner Begrüßung folgenden Einladung, ins Haus zu treten, wollte sie nicht nachkommen. „Ich möchte dir nicht Schande bringen, Pavel“ (Ebner-Eschenbach 1985, S. 204). Er aber bestand darauf und führte sie hinein, berichtete vom Tod der Schwester und dass er das Haus für sie gebaut habe. Sie aber wollte nicht, meinte, dass er sie hier nicht brauchen könne, denn all die Jahre hindurch hätte er sich nie nach ihr umgeschaut, und deshalb sei sie auch nur gekommen, um zu sehen, wie es ihm gehe, werde aber wieder zurückkehren. Doch nicht ins Zuchthaus, nein, aber ins Spital, wo sie als Krankenwärterin arbeite. Da wird es dem Pavel wohl auch in den Sinn gekommen sein, dass die Mutter ihm einst einen Brief geschrieben hatte, den er nie beantwortete, sondern ihn zerriss, weil die Vinska ihm gesagt hatte, er dürfe keine Briefe von der Zuchthäuslerin annehmen, weil sonst die ganze Familie eine schlechte Nachrede bekommen würde. Das Treffen der beiden Menschen wurde von einem leisen Missklang angehaucht, denn Pavel fragte die Mutter, die ja immer geschwiegen hatte, auch im Prozess vor dem Richter, ob sie keinen Anteil am Verbrechen des Vaters gehabt habe – eine Frage, die ihr weh tat. Schließlich aber blieb sie bei ihm, beide hoffend, dass auch die Böswilligsten sich einmal ändern würden.

Auf den ersten Blick mag es so scheinen, als wäre der Weg des Pavel Holub aus dem völligen Ausgeschlossensein in eine Position des widerwillig Anerkanntwerdens im selben Dorf allein ihm und seiner individuellen Anstrengung zuzurechnen und dabei der Lehrer Habrecht oder andere handelnde Personen in eine minder bedeutende Stellung zu verweisen (vgl. z. B. Friedländer 1985). Aus der Sicht korrelierender Entbindung und Einbindung stellt sich die Situation jedoch anders dar. Die unausweichliche Wechselbeziehung zwischen sozialer Mitwelt und Individuum schlägt sich auf der Seite Pavels in der Weise nieder, dass er die ihm zugeschriebene Rolle des Außenseiters, Diebes und Totschlägerabkömmlings vollständig internalisiert, also die negativen Zuschreibungen verinnerlicht und sich so zu eigen macht, dass er sie noch übertreffen und sich selbst nach außen demonstrativ übertreibend als das darstellen will, was ihm zugeschrieben wird. Das hat auf Seiten seiner Mitwelt einen fatalen Verstärkungseffekt, der anfängliche und durch ein anderes Verhalten vielleicht noch korrigierbare Vorurteile (er gehörte als Kind gar nicht zur Dorfgemeinschaft, sondern war zugewandert, den Leuten also unbekannt) in steinharte Überzeugungen verwandelte. Habitualisiertes Handeln ist eingeübtes Handeln – alles menschliche Tun ist dem Gesetz der Gewöhnung unterworfen –, das auf typische Weise abläuft und sich in wechselseitiger Reaktion der Menschen wiederholt und verstärkt. Wenn dieser Vorgang mit einiger Erwartbarkeit immer wieder auftritt, ist von Institutionalisierung zu sprechen. Auch dieses Phänomen versteht sich aus Normativität und Geltung, wie bereits erwähnt. Eine Gemeinschaft fühlt sich durch Außenseiter immer herausgefordert, bedroht und unterwandert, und deshalb widmet sie ihnen ihr ganzes Interesse, ihren Argwohn, und verfolgt sie schließlich mit Hass. Vorurteilsbehaftetes, neidvolles und von böser Absicht getragenes Verhalten, wie es im Falle von Pavels Mitwelt der Fall, ist zu einer Institution geworden, hat sich verfestigt, soziale und psychische Abläufe greifen ungehemmt ineinander, die Verflechtung wäre nur durch stark eingreifende Lernprozesse zu verändern – wie sich dann an der Wirtshausrauferei und ihren Begleitumständen erweisen wird. Eine alte soziologische Einsicht deckt sich mit dieser Sicht völlig: Wenn eine Person sich einmal (im Kontext von Meinungen, Einstellungen und Überzeugungen) auf eine Position festgelegt hat, wird diese Festlegung selbst zu einem Hindernis gegen Veränderungen, auch wenn es unmittelbare Gegeneinflüsse gibt. Bei einer konsistenten Unterstützung durch Eltern, Bezugsgruppen oder die eigene soziale Klasse wird eine Änderung unwahrscheinlich (Berelson und Steiner 1972, S. 367). Die Person gerät ins Zwangskorsett ihrer eigenen Überzeugungen. Diese Zusammenhänge waren allerdings in objektive Bedingungen einer massiv benachteiligten Lebenslage eingelassen, unter denen ein anderes Handeln, als das beobachtete, schier unmöglich erscheint. Dass Pavel als Jugendlicher hin und wieder bezahlte Arbeit ergattern konnte, mag mit der Situation zusammenhängen, dass der beginnende Kapitalismus Arbeitskräfte brauchte und die Unternehmer in dieser Frühzeit wahrscheinlich noch wenig Rücksicht auf Qualifikationen, Lebensalter etc. nahmen. Es lässt sich leicht sehen, dass mit den geläufigen Abstraktionen von Übergang zum Kapitalismus, Deklassierung etc. weniger vor Augen träte als in der literarischen Schilderung.

Im Eingang zu diesem Kapitel wurde die Rolle der Kritik hervorgehoben. Dass ein lange vorherrschendes Bild, welches die Dichterin als die bestehende Ordnung bewahrend, die Rolle des Adels schonend beurteilte und, wie Peter Rosegger und Adalbert Stifter, unter die „Habsburgische Heimatliteratur" zählte (Magris 1966, S. 153 f., Hinweis bei Zeyringer und Gollner 2012), in erheblichem Maße korrigiert wurde, ist hier nachdrücklich zu betonen (vgl. Strigl et al. 2015; Strigl 2016). Wie wird die Kritik im Text hier aber soziologisch bedeutsam? Die feine Ironie, mit der die Oberin bedacht wird („unendlich fromm, unendlich teilnahmslos"), die Baronin, die für die armen Kinder im Dorf Jäckchen strickt (!), die abgrundtief zwiespältig gezeichnete Vinska, der durch die Baronin deutlich abgefertigte Pfarrer, sie alle und anderes zeugen auf Seiten der Autorin von einer kritischen Attitüde, die unschwer als Sozialkritik angesehen werden kann, auch wenn sie nicht auf Revolution aus ist. Aus der Sicht von Einbindung und Entbindung haben wir es hier mit einer Perspektive zu tun, die alltagsweltliche Selbstverständlichkeit (die Welt, wie sie uns „fraglos gegeben" ist, hat Alfred Schütz gesagt) infrage stellt, sodass ein Weg sichtbar wird, wie es möglich ist, eine reflexive Position außerhalb einzunehmen, die Ausgangspunkt einer wiederum anderen Interpretation werden kann. Dazu gilt es festzuhalten, dass in praktischer Perspektive, in der vollständigen Involviertheit in die Alltagswelt, die reflexive Kritik nicht möglich scheint, es bedarf einer theoretischen Perspektive, welche die Selbstverständlichkeit schon verlassen hat. Wenn eine soziologische Analyse von Literatur ausgeht, muss klar sein, dass ein zugrunde gelegter Text eine Reflexion über eine Alltagswelt darstellt, der durch die Darstellung die Selbstverständlichkeit entzogen wurde, und die soziologische Interpretation erst auf dieser vorangegangenen aufsetzt, wobei ihr freisteht, die Interpretationskontexte nach ihren eigenen Maßstäben zu wählen. Auch sollte, wie bereits erwähnt, die Verflechtung Pavels in seine soziale Mitwelt genauer betrachtet werden. Was die Institutionalisierung des gehässigen Vorurteils durchbrechbar erscheinen lässt, sind einzelne Menschen, die dazu beitragen, dass Pavel einen Weg finden kann, wenn auch nach einigen Umwegen und Hereinfällen, auf dem er das erreichen kann, was ihm vorschwebt: Durch Besitz und Geltung eine Korrektur der Verhältnisse und seiner selbst zu erreichen, ein „neues Leben". An erster Stelle steht wohl der gütige, humanistisch gesinnte, aber ein wenig tatenarm erscheinende Lehrer Habrecht. In einer Gemeinschaft allerdings, in der er geheim halten muss, es scheint vor allem vor dem Pfarrer, dass er den Lukrez liest und von diesem „de rerum natura", wen wundert's? Doch der Lehrer bleibt nicht die einzige ihm gewogen werdende Person. Der Schmied spricht öfter gegen die Vorurteile der anderen an und wird sein Freund, die Baronin ändert ihre Haltung, der Militärkamerad Arnost tritt ihm zur Seite, und nach dem

Tod der Ziehmutter kommt ihm sogar der Ziehvater Virgil freundlich und Hilfe anbietend (in der Nacht sein neues Feld gegen Räuberei zu bewachen) entgegen. Nicht zuletzt scheint auch die Schärfe und anhaltende Wucht der Verleumdungen und Angriffe zurückgegangen zu sein, denn der größte Widersacher, der Bürgermeistersohn Peter, ist gestorben, mit seinem Tod scheint auch Vinska ihren giftigen Stachel eingezogen zu haben, und, was nicht übersehen werden sollte: er ist in einer Bauerngemeinde mit den üblichen tätlichen Auseinandersetzungen einer der kräftigsten Männer geworden. Wohl ist die gelingende Einbindung, die Teilhabe am sozialen Leben in einer geänderten und positiven Weise auf seine Tatkraft und Zielstrebigkeit zurückzuführen, doch ohne Änderung der äußeren Umstände (Besitzer an Grund und Boden) und ohne die Unterstützung anderer Menschen wäre dies schwerlich gelungen.

6.2 „Der Hagestolz“ (Adalbert Stifter)

Manchen gilt diese Erzählung als die schönste Adalbert Stifters und die Figur des Viktor erscheint als ein „Idealexemplar“ (Gollner 2012, S. 327) an Schönheit und Sittlichkeit, wie es vom Autor gezeichnet wurde. Mir allerdings will die Figur des alten Oheims ebenso einprägsam, dafür aber psychologisch vielschichtiger erscheinen. Was könnte nun ein Hagestolz sein? Eine alte lexikalische Auskunft kommt dem Charakter nahe, den Adalbert Stifter gezeichnet hat:

> „Diecmann in Spec. Gloss. Lat. Theot. leitet es von Hag, Haus, und stallt, dem Mittelworte von stellen ab, und erklärt es durch Personen, die sich zu einer freywilligen Einsamkeit bequemen, sich in ihrem Hause gleichsam einstallen. Es wird diese Ableitung dadurch wahrscheinlich, daß Haistaldi oder Haistoldi bey dem du Fresne für Hausgesessene, Eingesessene, vorkommt; ein Hagestolz im Schwedischen auch auf ähnliche Art Einstöding, und im Ißländ. Einstädingur genannt wird, von ein, allein, und stä, stehen, gleichsam ein Einsamer“ („Oekonomische Encyclopaedie“ des D. Johann Georg Krünitz 1773–1858).[3]

Die Erzählung beginnt mit einem leuchtenden Sonnentag im Frühling, eine Gruppe junger Männer wandert einer Bergeshöhe zu „und unten in der Ebene blickten die Türme und Häuserlasten einer großen Stadt“ (Stifter 1951, S. 582). Es sind offenbar junge Leute, vom romantischen Liberalismus gepackt, für den

[3]Quelle: http://www.kruenitz1.uni-trier.de/.

Staat wird „die unendlichste Freiheit vorgeschlagen, die größte Gerechtigkeit und unbeschränkteste Duldsamkeit“ (Stifter 1951, S. 582), der Landesfeind, wer immer das sein mag, müsse zerschmettert werden, und während sie so vom Großen reden, geschähe, meinen sie, um sie her nur das Kleine, noch nicht wissend, dass auch im Kleinen das Große verborgen ist. Sie sind übermütig, einer verschwört sich, dass er nie heiraten werde, man hört weithin den Hahn krähen, hört Glockenschlag vom Kirchturm, noch sind keine Städter hier in ihren Sommerwohnungen, es herrscht ländliche Idylle. Am Ende der Wanderung, als sie abends auseinandergehen, erweist sich Viktor als jener, der nie heiraten wolle und ganz unglücklich sei. In guter Entgegensetzung lässt nun Adalbert Stifter an diesem nämlichen Tag der jugendfrohen Wanderung einen Greis im Sonnenschein auf der Bank vor seinem Haus sitzen, weit „hinter den glänzenden blauen Bergen“, auf einer Insel, mitten in einem See. „Der Greis saß an dem Hause und zitterte vor dem Sterben“ (Stifter 1951, S. 585). Er will von Menschen nicht gesehen werden, hatte nie Frau und Kinder, im Haus ist es schweigsam, es könnte sein, dass er schon an Selbstmord gedacht hat, doch er fürchtet sich davor, er ist zutiefst einsam. Mit Bedacht hat Adalbert Stifter das erste Kapitel der Erzählung „Gegenbild“ genannt.

Viktor aber soll aus dem kleinen reinlichen Haus mit den glänzenden Fenstern im waldigen Hügelland, in dem er mit seiner Ziehmutter Ludmilla und seiner Ziehschwester Hanna seit Kindertagen wohnt, wegziehen und eine beamtete Stelle in der entfernten Stadt antreten. Fort also aus dieser trauten Idylle, in der alle einander lieben, zuvorkommend und achtungsvoll miteinander umgehen, fort aus dieser behüteten Welt, für die „die Stadt“ bereits feindliches Terrain bedeutet, wo der Mensch gefährdet ist, vor allem sittlich. Doch ehe er diese Reise antreten wird, muss er seinen Oheim besuchen, der diesen Besuch im Wege des Vormunds fordert, und zwar zu Fuß. Viktors Eltern sind gestorben, als er noch klein war, er erinnert sich ihrer nicht, der Vater war ein guter und lieber Mensch, aber wirtschaftlich erfolglos, er hinterließ nur ein kleines, mit Schulden belastetes Grundstück, auf das der Vormund Anspruch zu erheben scheint. Die Abschiedszeremonien ziehen sich über fast zwei Tage, die Ziehmutter und Hanna haben ihm Leibwäsche („Linnen“) sowie Tagesgewand in Fülle zusammengerichtet, die Koffer bereits parat gestellt, die er nun packt, vom Hund, einem alten Spitz, aufmerksam beobachtet; die Ziehmutter hat für ihn Geld auf die Seite gelegt (am Vormund vorbei), das er aus übergroßer Bescheidenheit nicht annehmen will, Hanna hat ihm eine kleine Geldbörse und eine prächtige Brieftasche zum Abschied angefertigt; Viktor klagt seiner Ziehmutter, dass er allein auf der Welt sei und nie heiraten werde, diese tröstet ihn für die Zukunft und will sein Augenmerk auf die Tochter des Vormunds lenken, Rosina, die allerdings erst zwölf

Jahre alt ist, der Vormund kommt mit Familie zum letzten Abendessen, spricht Ermahnungen und Verhaltensregeln aus, bringt einen Brief an den Oheim sowie Empfehlungsbriefe für die Stadt mit, und endlich bekennen Viktor und Hanna, die Ziehgeschwister, die seit Jahren miteinander aufgewachsen sind, sich auch noch gegenseitig ihre Liebe. Am nächsten Morgen verlässt Viktor Haus und Familie und macht sich auf den Weg zum Oheim, dem Bruder seines lange verstorbenen Vaters.

Eine vollkommener integrierte soziale Welt, in der jedes seinen Platz und seine Aufgabe hat, in der Liebe, Zufriedenheit, Bescheidung, Naturverbundenheit und ein gläubiges Weltverständnis das Fundament des Ganzen ausmachen, lässt sich kaum vorstellen. „Das Glück des Ortes und der Personen ist gefügt aus Fleiß, Reinlichkeit, Ordnung und Rechtschaffenheit. In solchem Rahmen lieben alle alle" (Gollner 2012, S. 327). Es ist ein Modell der vollkommenen Einbindung, der nach keiner Seite auch nur die geringste Gefährdung anzuhaften scheint. Dass ein Lebensweg aus solchen Verhältnissen heraus, in denen für jeden, der schwach ist, oder weniger vorteilhafte Ausgangschancen hat als andere, treulich gesorgt wird, jemandem misslingen könnte, gehört zu dem, was in der Welt ziemlich unwahrscheinlich ist. Deshalb scheinen auch Viktors demonstrative Lebensunzufriedenheit, sein sich Einsamfühlen und seine Heiratsverweigerung aufgesetzt und wollen in dieses Bild überharmonischen Lebensvollzuges nicht recht passen, wenn es denn nicht als spätpubertäre romantische Gefühlswallung genommen werden soll. Dieser durch Schönheit, Unschuld und Herzensgüte ausgezeichnete junge Mensch soll nun auf seinen Onkel, gewissermaßen sein Zerrbild treffen.

Es war eine lange Wanderung, am dritten Tag holte ihn der alte Spitz ein, „furchtbar abgemagert", am achten Tag kam er in eine unwirtliche Gegend, traf einen Mann in der Gartenlaube eines Dorfwirtshauses, dem er im Gespräch sagte: „Ich will eigentlich in die Hul." „In die Hul? - Da werdet ihr schlechte Aufnahme finden" (Stifter 1951, S. 608). Sich seinen Weg weiter erfragend kam er dorthin und ließ sich von einem alten Mann über den See zur „Klause" auf der Insel rudern, die ehemals ein Kloster gewesen war; auch dieser Alte bedeutete ihm, dass er dort schlecht aufgenommen würde. Und es war so, der Empfang am geschlossenen Gartentor war unfreundlich und kalt, auf die Übergabe des Briefes sagte der Oheim: „Dein Vormund ist ein Narr und ein beschränkter Mensch" (Stifter 1951, S. 615); ob er auch wirklich zu Fuß gekommen sei, bezweifelte er zuerst (das bei Viktor, „der in seinem Leben keine rücksichtslosen Worte gehört hatte"), schließlich wollte er von Viktor, dass er den Hund mit einem Stein an einer Schnur im See ertränke, ehe er ihn einlassen werde. Da sich Viktor weigert, wird die Gartentür, vor der steht, nicht geöffnet, er richtet sich mit dem Hund in einem Gebüsch das Nachtlager, als Christoph, der Diener, ihn zum Abendessen ruft: der Onkel warte schon eine Viertelstunde. „Der Herr wird gewiß bereits zu essen begonnen haben; denn er hat seine festgesetzten Stunden und geht davon nicht ab“ (Stifter 1951, S. 619), aus Gesundheitsgründen, wie er sagt. Viktor geht mit dem Diener unter der Bedingung, dass dem Hunde nichts geschehe, mit in das Haus, das reichliche Essen wird von einem „alten Weibe“ serviert, doch das wohlwollende Herz, das er hierher hatte bringen wollen, sagt der Dichter, war ihm erstickt. Nach dem Abendessen brachte ihn der barsche und unfreundliche Hausherr auf sein Zimmer und sperrte das Gitter im Gang zu „und es war die Ruhe der Toten im Hause“ (Stifter 1951, S. 622); Viktor aber fiel jetzt ein, dass er an diesem Tag nur drei Menschen im Haus gesehen hatte „und daß diese lauter alte gewesen sind“. Der Oheim verbreitet trotz der Freundlichkeit Viktors eine ärgerliche Stimmung, spricht nur befehlend, versperrt laufend die Türen, auch tagsüber, sieht ungemein hager und verfallen aus, und das völlig ergraute Haar war noch „niemals, seit es wuchs, von einer liebenden Hand gestreichelt“ worden (Stifter 1951, S. 626). Nach sechs Tagen des Aufenthalts hielt es Viktor nicht länger aus, fragte den Oheim, weshalb er kommen habe müssen, ohne eine Antwort zu erhalten, und sagte ihm, dass er wieder gehen wolle, was ihm der Oheim untersagte. „So bin ich ja ein Gefangener?“ „Wenn du es so nennst und meine Anstalten es so fügen, so bist du einer“ (Stifter 1951, S. 634). Keine andere Figur hat Adalbert Stifter so hart gezeichnet, sodass der spätere Wandel wie ein Bergsturz auf Viktor niedergehen muss. Eine darauf folgende Selbstmorddrohung Viktors, er werde sich von den Felsen in den See stürzen, wurde belächelt, endlich aber stimmte er zu, noch zu bleiben. Zweifel wandelten ihn an, ob der Alte denn wirklich so hart sei, oder aber ein unglücklicher alter Mann. Rosalie, die Haushälterin und Köchin, war alt, die drei Hunde des Oheim waren alt, die Obstbäume waren alt, die steinernen Zwerge im Garten waren alt. „So lebten die zwei Menschen nebeneinander hin (…), die sich hätten näher sein sollen als alle anderen Menschen (…), Viktor das freie heitere Beginnen, mit sanften Blitzen des Auges, ein offener Platz für künftige Taten und Freuden - der andere das Verkommen, mit dem eingeschüchterten Blicke und mit einer herben Vergangenheit in jedem Zuge“ (Stifter 1951, S. 638). Der Oheim traute niemandem, er rasierte sich selbst, damit ihm niemand den Hals abschneide, die Hunde sperrte er ein, damit sie ihn nachts nicht fräßen. Im Adler’schen Sinn ist der Hagestolz ein Versager, weil ihm das Gemeinschaftsgefühl und die Anteilnahme an der Gemeinschaft fehlen (Adler 1979, S. 16). Doch langsam begannen sie, sich einander zu nähern, mag beim Jungen Mitleid der Grund gewesen sein und beim Alten ein zögerliches Abrücken von gewollter Härte, sie redeten miteinander, vor allem während der Mahlzeiten.

Die tatsächliche Wende aber stellte sich ein, als Viktor, die ihm noch verbleibende Zeit bis zum Antritt des Amtes war nahezu abgelaufen, vom Oheim mit der Bitte (!) konfrontiert wurde, doch freiwillig (!) noch ein paar Tage zu bleiben, um zu sehen, „ob wir gut miteinander lebten", und ihm zugleich ein Schreiben vom Amt mit der Bestätigung: „Urlaub auf unbestimmte Zeit" vorwies. Das vermochte er also, trotz seiner Abgeschiedenheit, und zugleich wurde die problemlose Verlängerung der Vakanz zum Ausgang für eine Häme: Wie wichtig müsse der junge Mensch für das Amt denn sein, wenn er schon Urlaub bekomme, ehe er die Stelle noch angetreten habe? Lernen solle er, die Welt erst kennen lernen und – heiraten, nicht sofort, aber solange er noch jung sei. Es ist ein Aufschrei: „O Viktor, kennst du das Leben? kennst du das Ding, das man Alter heißt?" (Stifter 1951, S. 647). Und dann folgt ein poetisches Räsonnement über das Alter:

> „Das Leben ist unermeßlich lange, solange man noch jung ist. Man meint immer, noch recht viel vor sich zu haben und erst einen kurzen Weg gegangen zu sein. Darum schiebt man auf, stellt dieses und jenes zur Seite, um es später vorzunehmen. Aber wenn man es vornehmen will, ist es zu spät, und man merkt, daß man alt ist. Darum ist das Leben ein unabsehbares Feld, wenn man es von vorne ansieht, und es ist kaum zwei Spannen lang, wenn man am Ende zurückschaut. (…) Alles zerfällt im Augenblicke, wenn man nicht ein Dasein erschaffen hat, das über dem Sarge noch fortdauert. Um wen bei seinem Alter Söhne, Enkel und Urenkel sitzen, der wird oft tausend Jahre alt" (Stifter 1951, S. 647).

Mit seinem Tode falle alles dahin, was er gewesen sei, deshalb müsse Viktor heiraten, das Weiterleben in den Nachkommen wird zum Fokus des ganzen Ergusses. Hier ließe sich wohl von einer „Übertragung" sprechen, wie sie in der Tiefenpsychologie üblich ist, insbesondere in der Psychoanalyse, womit der Vorgang bezeichnet wird, dass ein Mensch alte – oftmals verdrängte – Gefühle, Affekte, Erwartungen (insbesondere Rollenerwartungen), Wünsche und Befürchtungen unbewusst auf neue soziale Beziehungen überträgt und reaktiviert. Die Wünsche nach Ehe, Kindern und Familie scheint der Oheim auf Viktor zu übertragen.[4] Der Alte ist keine Komödienfigur, er ist ernsthaft und er leidet unter seiner Kinderlosigkeit, die ihn schon früh sein Auge auf Viktor werfen ließ, der einmal alles haben sollte. Doch auch bei ihm trifft zu, was oben im Fall von Pavels Gegnern gesagt wurde: Das Zwangskorsett der eigenen Überzeugungen

[4]Dass die Ängste und unerfüllten Wünsche aus der Kindheit stammen, wie Sigmund Freud dies angenommen hat, wird heute nicht mehr durchgängig vertreten.

verlegt der betroffenen Person nahezu jeden Ausweg aus einer – auch selbst so wahrgenommenen – Misere.

Dann eröffnete der Alte dem Viktor, dass er ein schuldenfreies Gut besitze, samt Geld und Wertpapieren, das alles wolle er ihm vermachen, nachdem er zwei oder drei Jahre die Welt bereist habe, in einem Amte wolle er ihn lieber nicht sehen: „Ich meine, du sollst ein Landwirt sein, wie es auch die alten Römer gewesen sind,[5] (…) Bist du weise, so ist es gut: bist du ein Tor, so kannst du im Alter dein Leben bereuen, wie ich das meinige bereut habe“ (Stifter 1951, S. 648). Nach einer verwickelten Hintergrundgeschichte, aus der endlich hervorgeht, wie die Beziehungen des Oheims misslungen und gescheitert sind und weshalb Viktors Vater fallierte, will er endlich dem Jungen die Papiere übergeben, dieser aber – lehnt ab. Das Letzte, was Viktor in den Augen des Alten sieht, ehe ihn dieser zur Gartentüre hinausstößt, sind – Tränen. Wieder zuhause sagt er zu seiner Ziehmutter, dass der Oheim „ein herrlicher, vortrefflicher Mann“ sei. Viktor kehrt nach vier Jahren von seiner Reise in „fremde Länder“ zurück, die Oheim'schen Papiere liegen nun beim Vormund, und nicht lange danach steht er mit Hanna „zur ewigen Verbindung an dem Altare“.

Der Oheim kam nicht zur Vermählung. „Er saß ganz einsam auf seiner Insel; denn wie er einmal selbst gesagt hatte, es war alles, alles zu spät, und was versäumt war, nicht nachzuholen“ (Stifter 1951, S. 660). Dass aber bei aller Härte und allem Gram der Oheim doch auch eine versöhnliche Seite hat, klingt ganz am Ende an. Das biblische Gleichnis vom Feigenbaum (Lukas 13,7) wird entschärft: „Der gütige, milde und große Gärtner wirft ihn nicht in das Feuer, sondern er sieht an jedem Frühlinge in das früchtelose Laub und läßt es jeden Frühling grünen, bis einmal auch die Blätter weniger sind und zuletzt nur die dürren Äste emporragen“ (Stifter 1985, S. 660).

Die Entbindung des Oheims aus sozialen Beziehungen während seines Lebenslaufs ist hochgradig durch Eigenaktivität bestimmt, die Entbindungssignale der Umwelt sind einfache Reaktionen auf sein Verhalten. Allerdings kann diese selbst gewählte Isolierung, in der fast keine soziale und sicher keine politische und kulturelle Teilhabe stattfinden, offenbar nur auf Dauer erfolgreich sein, weil der Oheim sich die wirtschaftlichen Grundlagen vorher schon geschaffen hat, die er dazu braucht – insofern ist die soziale Lage relevant. Er hat die ganze Insel samt Klause gekauft, er kann es sich leisten, Bedienstete zu

[5]Das Thema des römischen Bauern, der das Land bebaut und seine Kräfte sammelt, ist bei Adalbert Stifter bedeutsam; auch in der Erzählung „Brigitta“ taucht es wieder auf (Stifter 1951, S. 559).

beschäftigen, und er kann dem Viktor ein offenbar ansehnliches Erbe vermachen. Die kalte und würgende Atmosphäre in der Klause des Oheims, die frostige Stimmung, die er verbreitet, ließen sich mit wissenschaftlichen Begriffen klar beschreiben, es ließe sich auf soziologisches und psychologisches Repertoire zurückgreifen, und doch fügt die literarische Darstellung in der Erzählung etwas qualitativ Anderes hinzu, das sich in keiner Abstraktion finden ließe. Es gibt eben auch eine andere Realität, als die theoretisch vermessungsfähige (Hans Blumenberg). Ähnlich verhält es sich mit der Schilderung der häuslichen Lebensumstände um Ludmilla und Hanna, die sich selbstverständlich als romantisiertes Familienmodell fassen lassen und mit der „Harmoniesucht" (Helmut Gollner) des Autors[6] in Verbindung gebracht werden könnte, mit seinem Traum eines glücklichen Lebens, das seines nie war. Dass aber eben diese Schilderungen die Emotionen des Lesers ansprechen, hin bis zum Gefühl der Peinlichkeit bei manchen Verhaltensweisen Viktors, das ist der Art der Erzählung geschuldet und dem ihr eigenen Zugriff auf eine dadurch fingierte Wirklichkeit, und schwindet auch nicht durch die Erklärung, dass sich Anschauungen und Sitten gewandelt hätten und wir heute nüchterner in die Welt sähen (falls dies denn stimmt). Auch, dass Adalbert Stifter unkritisch eine harmonische Welt beschwor, anstatt sie zu kritisieren, möchte ich nicht so stehen lassen, kann doch das Ausmalen einer glücklichen und unbeschädigten Welt sich noch als das Unbehagen an einer beschädigten äußern. Es sollte einem soziologisch denkenden Menschen außerdem präsent sein, dass nicht nur viele Bilder und die sie bezeichnenden Ausdrücke sich in konventionellen Formen bewegen, sondern dass konventionelle Ausdrucksformen den darzustellenden Inhalt zum Teil selbst erzeugen. Das führt zu der bekannten Überlegung, dass künstlerische Hervorbringungen, z. B. Literatur, späteren Zeiten vermutlich nie in ihrer ursprünglichen und damals vielleicht eindeutigen Form erscheinen, sondern stets mit einer Zutat beladen, vielleicht sogar bereichert, die nachfolgende Interpretation hinzufügte. Wird wohl je jemand den „Don Quijote" von Miguel de Cervantes wieder so lesen können, wie beim ersten Mal, wenn er nach der erstmaligen Lektüre dann von Jorge L. Borges „Pierre Menard, Autor des Quijote" gelesen oder den Film-Vierteiler „Die Geschichte des Don Quijote von der Mancha" unter der Regie von Carlo Rim und mit Josef Meinrad in der Hauptrolle gesehen hat?

[6]Nach dem Zeugnis von Karl Kraus wurde Adalbert Stifter von dem altösterreichischen Schriftsteller, Musiker und Pädagogen Josef V. Widmann der „Seelenfrieden-Stifter" genannt (vgl. „Die Fackel" 418, 57).

Für beide hier behandelten Literaturstücke möchte ich folgenden Gedanken geltend machen: Sie erscheinen aufgrund ihrer traditionellen, aus dem 19. Jahrhundert und früher stammenden Elemente als ein Resultat der Vergangenheit, doch dank der Originalität und der damals aktualisierten Züge können sie auch als Hilfe für die Anreicherung eines schon bestehenden Vergangenheitsbildes gelesen werden, das die Wissenschaft so umstandslos nicht parat hat. In den Annahmen der verstehenden Soziologie gilt, dass die Alltagswelt den Menschen als „selbstverständliche" gegeben ist. Reflektierte Selbstverständlichkeit – in der Kunst die fingierte Darstellung, in der Wissenschaft die Theorie – ist keine mehr. Das Selbstverständliche auch nur benennen zu wollen, oder gar zu beschreiben, bedeutet nichts anderes, als ihm seinen Charakter zu nehmen (vgl. Blumenberg 2010). Wenn Soziologie Literatur zu ihrem Gegenstand macht, reflektiert sie das Ergebnis eines bereits abgelaufenen Prozesses der Vernichtung des Selbstverständlichen der Alltagswelt, und treibt so den endlosen Prozess der Auslegung der Welt nach ihren eigenen Maßstäben weiter. Dabei mag es ihr manchmal gelingen, trotz ihrer Selbstverpflichtung zur Abstraktion, das Lebendige des Selbstverständlichen zu spiegeln.

7 Vom Erzählen, vom Dabeisein und von Strukturen

7.1 Erzählen im Alltag

In den folgenden Überlegungen geht es nicht um literarisches Erzählen, sondern um Erzählen im Alltag, dem zugestanden wird, dass es „ein wesentliches Element für unser Verständnis der Wirklichkeit" bildet (Butor 1984, S. 53), und von dem Hayden White gesagt hat, dass es ein „panglobal fact of culture" sei (White 1981, S. 1). Michael Scheffel gibt in einer Übersicht zur narratologischen Forschung folgende Strukturmerkmale und pragmatischen Funktionen des Erzählens an:[1] Die Überführung von Geschehen in Geschichten, wodurch sich zeitliche Sachverhalte organisieren und in einen sinnvollen Zusammenhang bringen lassen, indem über Erinnern, Vergegenwärtigen und Imaginieren von Ereignisfolgen die Erklärung und damit kognitive Bewältigung von raum-zeitlichen Daten geschieht. Jede Erzählung stellt einen kommunikativen Akt dar, der im Wege über unterschiedliche Erzählformen und größere oder kleinere Geschichten soziale Beziehungen herstellt, vervielfältigt und differenziert. Allgemeiner gesprochen ermöglicht das Erzählen den Menschen die Stiftung und Erhaltung von Gemeinschaften, aber auch die Ausdifferenzierung der Identität von Individuen und Kollektiven. Diese Momente fügen sich passgenau in den Prozess des Einbindens und Entbindens, sie sind (unter anderen) Konstituenten der Sozialwelt. Um diese abstrakten Überlegungen etwas anschaulicher darzustellen, werde ich zwei Modellfälle von Erzählorten beschreiben, die ich einerseits aus eigener

[1] https://www.uni-bamberg.de/fileadmin/uni/fakultaeten/split_lehrstuehle/didaktik_deutsch/Daten/Material_Brendel-Perpina/Erzaehlen/MichaelScheffel-TheorieUndPraxisDesErzaehlens.PDF

A. Amann, *Leben – Teilhaben – Altwerden*,
https://doi.org/10.1007/978-3-658-27230-2_7

Erfahrung, andererseits eben aus Erzählungen kenne, und kurze Beispiele von Erzählungen dartun.[2]

Erzählen durchwebt unseren Alltag in großer Dichte, es stiftet kleine Gemeinschaften, beflügelt sie, hält sie am Leben, gibt den Beteiligten das Gefühl und Erlebnis, dabei zu sein, teilzuhaben am Geschehen, das als wichtig angesehen wird – ohne langes Nachdenken darüber, weshalb es aus welchen Gründen für wen wichtig sein könnte. Ich wage zu behaupten, dass es „Dorf"-Erzählungen gibt, selbst in Städten bzw. in ihren kleinräumigen Substrukturen, die sich aus hunderten von Geschichten zusammensetzen, die erzählt wurden und werden. Jede Erzählung dient dazu, sich des schon erzählten Bekannten zu vergewissern, es zu korrigieren und zu ergänzen. Alle, die daran beteiligt sind, finden sich in ihren Geschichten bestätigt, erfahren Neues, werden korrigiert, angeregt, Anderes zu erzählen. Erzählungen sind der Kitt der kleinen Gemeinschaften, er bindet zweifach: jede Erzählung in den Kontext des schon Erzählten und alle Beteiligten in die Gemeinschaft. Wer erzählt, bindet sich ein und wird eingebunden, wer sich nie beteiligt, entbindet sich, wird entbunden. Nicht aus der Gemeinschaft überhaupt, aber definitiv aus der Runde der Erzählenden. Es gibt die Experten und Expertinnen der Geschichten, aus den verschiedensten Gründen, sie genießen eine gewisse Anerkennung. Es gibt wohl auch ein „Könnensbewusstsein" (Scheler 1954, S. 248), das hier eine Rolle spielt. Nicht selten gehören zu ihnen die Älteren, die sich an Geschichten aus zurückliegenden Zeiten erinnern, welche den Jüngeren nur noch als erzählte zugänglich sind, den Älteren aber aus eigenem Erleben. Auch das stiftet Gemeinsamkeit, eine der ganz spezifischen Art, die sich auf Authentizität des berichteten Erlebten stützen kann. Wenn ich von diesem Erzählen berichte, so spielt sich hier keine romantische Trauer über die Verdrängung altväterischer Sitten und urtümlichen Lebens als Moralinstanz auf, vielmehr wird Gemeinschaft als Prozess verstanden, der ohne Gesellschaft nicht denkbar ist – die beiden angeblichen Gegensätze sind immer durch die irrige Vorstellung genährt worden, es hätte das eine ohne das andere wirklich gegeben, oder gar, dass sich Gesellschaft aus Gemeinschaft entwickelt habe.

7.1.1 Der Dorfstammtisch

„Die Männer sind unterwegs zu sich, wenn sie abends beieinander sind, trinken und reden und meinen", sagt Ingeborg Bachmann im ersten Satz zu ihrer Erzählung „Unter Mördern und Irren" (Bachmann 1996, S. 159). Vom Stammtisch zu

[2] Quelle: nachträglich aufgezeichnete Gesprächsprotokolle.

dieser Erzählung ist allerdings nur der Bezug herzustellen, der die Exklusivität der Runde meint, nicht aber jener zu den Irren und Mördern in der Geschichte. Das Dorf bestimmt den äußeren Rahmen, die Lebensverhältnisse sind nicht nur übersichtlich, sie sind auch allen mehr oder weniger genau bekannt. Die Männer sitzen in diesem Fall an vier Tagen in der Woche, zwischen 9.30 und 11.00, im Gasthaus, die einzigen Frauen, die überhaupt zu sehen sind, gehören zum Dienstpersonal, allenfalls kommt einmal eine Ehefrau, die ihren Mann abholt, der mit Krücken unterwegs ist. In diesem Fall aber setzt sie sich nicht nieder, sondern wartet, bis er bezahlt hat und sie gehen können. Reste patriarchaler Strukturen und Weltvorstellungen. Dabei gibt es unter den Besuchern einige, die immer kommen, außer schwerwiegende Gründe verhindern es, und andere, die sporadisch auftauchen. Schon die Tatsache, dass der Stammtisch an Werktagen vormittags stattfindet, lässt ahnen, dass er mehrheitlich von Pensionisten lebt. Die wichtigste Tätigkeit, der alle mehr oder weniger dauerhaft obliegen, ist das Erzählen. Es wird über Geschehenes, aktuell oder zurückliegend, über Ereignisse, Beziehungen und Verhältnisse gesprochen. Erzählend überführen sie Geschehenes in Geschichten, in denen die Begebenheiten nicht nur aufeinander, sondern auseinander folgen, indem eine Geschichte oder ein Teil aus ihr zum Ausgangspunkt für eine nächste wird. Die groben Themenabgrenzungen lassen sich am ehesten über Alltagsbereiche bestimmen. In diesen Männerrunden dominieren Arbeitsleben, Gemeindepolitik, Lebensgeschichten und Lebensumstände einzelner (häufig von kürzlich Verstorbenen) sowie Technik und Handwerk. Im Themenbereich Arbeit wird über die Straßensanierung gesprochen, einer kennt den Polier der verantwortlichen Firma und berichtet über dessen Erzählung von den schwierigen geologischen Verhältnissen, ein anderer, früher Baggerfahrer, beschreibt fachkundig eine neu eingesetzte Maschine, die den Asphalt abfräst und das Material sogleich für weitere Verwendung vorbereitet, noch ein anderer weiß von den kalkulierten Kosten im Gemeindebudget zu berichten, was wiederum zum Anlass für eine nächste Erzählung über die Gemeindefinanzen wird. Beinahe nahtlos führt der Erzählweg von den Finanzen zur Gemeindepolitik und dem Problem der Zweitwohnsitze, über das ein heftiger Streit entsteht, in dem einige Dorfangehörigen aufgezählt werden, die Baugründe verkauft haben, auf denen diese Häuser nun stehen. Einer weiß wieder sehr genau zu berichten, dass und wie ein Bauernsohn, der einen solchen Grund verkauft hat, das Geld dabei ist, unnütz durchzubringen. Es entstehen zwei Lager ob der richtigen Verwendung eines Dialektausdrucks, eine allgemein einmütig geteilte Meinung kommt nicht zustande, dafür entsteht eine neue Erzählung über das angeblich umfassende Wissen des alten Talchronisten, den unter den Anwesenden fast alle noch gekannt haben, und dem von der Gemeinde eine Gedenktafel gewidmet wurde. Die ersten beiden verlangen zu zahlen und gehen, kurz fällt noch eine Bemerkung über einen der beiden, sie bleibt aber ohne Erwiderung und Resonanz, das Gespräch erstirbt, die Runde löst sich auf. Es lässt sich mit Fug sagen: Der Austausch von Wissen und Meinungen, die Zustimmung und auch Ablehnung, die geäußert werden, der Nachweis der Orts- und Sachkenntnis im Erzählen befestigen die Bilder, die die Menschen von der Welt und voneinander sowie von sich selbst haben. Doch sind einige nicht ganz unerwartete Einsichten auch von Belang. Es fehlt nicht an Vorurteilen über Asylsuchende, Schwarzarbeitende und Intellektuelle, auch nicht an der ostentativen Verbreitung von Fehlinformation; es fehlt nicht an Sarkasmus und Ironie. Halbwahrheiten und Übertreibungen kommen vor (ein Schatten auf einem Lungenröntgenbild wird nach drei oder vier Weitererzählungen zu einem Karzinom im letzten Stadium), und für manche der Erzählungen kann gelten: Je länger das Leben währt, desto mehr werden Personen und Erlebnisse aus früheren Zeiten zu Anekdoten. Wenn von ihnen immer wieder erzählt wird, sintern sie zu Denkmälern aus.

7.1.2 Die pfarrliche Frauenrunde

Hier ist nicht das Dorf der Schauplatz, sondern eine Stadt, mit ihren kleinen, den einzelnen Frauen bekannten sozialen Mitwelten, aber auch ihren vielen anonymen Bereichen. Der soziale Raum, der gegenseitige Bekanntschaft und Kenntnis der Umgebung stiftet, ist die Pfarre. Die Frauen gehören zur Pfarre, sie fühlen sich zugehörig und für manche Angelegenheit verantwortlich – zum Beispiel für Hausbesuche bei älteren Menschen, für die sie Einkäufe erledigen, einmal im Monat einen Kaffee-und-Kuchen-Nachmittag organisieren und anders mehr, alles ehrenamtlich. Das Treffen der Frauenrunde findet alle zwei Wochen an einem Montagnachmittag, zwischen 16.00 und 18.00 statt, es hat einen leisen Verpflichtungscharakter. Wer wegbleibt, sollte das den anderen vorher bekannt geben. Die Runde besteht aus sechs Frauen, die Zahl bleibt mehr oder minder immer gleich. Die vorrangigen Themenkreise, in denen sich die Erzählungen bewegen, sind ihre Hilfstätigkeit und die darin einbezogenen Personen, Angelegenheiten der Pfarre und der Kirche, Familie und Kinder sowie Haushaltsangelegenheiten. Vier der Frauen sind zwischen vierzig und fünfzig, zwei sind Pensionistinnen, die jüngeren sind alle in Teilzeitarbeit beschäftigt. Vergangene Woche wurde u. a. eine alte Dame besucht, die schon seit fünfzehn Jahren Witwe ist, und die nun, nachdem auch die Tochter, die sie mit aller Gewalt und Raffinesse zu halten gesucht hatte, geheiratet hat und fortgezogen ist, ganz allein und fast ohne Ansprache lebt. Für die Tochter sei das nicht gut gewesen, es sei fast ein Wunder, dass ihr nunmehriger Mann so lange gewartet habe, weil die Heirat immer wieder hinausgeschoben wurde. Das stimme schon, aber die alte Frau sei in ein tiefes Loch gefallen, es sei förmlich zu sehen, wie sie sich aus dem Leben zurückziehe. Da sei es im Falle der Frau in der Löwenstraße doch ganz anders, die habe immer noch ihren nun schon bald fünfzigjährigen Sohn bei sich wohnen, der sich rührend um sie sorge. Ach ja, das ist der, dem schon drei, die er heiraten wollte, wieder davongelaufen sind, weil sie es mit seiner Mutter nicht aushielten. In dieser Woche soll ein alter Mann besucht werden, zu dem keine gerne geht, weil er zänkisch und aufbrausend ist. Es wäre ja gut, wenn immer dieselbe Helferin zu ihm ginge, das würde Vertrauen aufbauen, aber jede will die Besuchskontakte möglichst gering halten. Auch ein Gespräch zwischen dem Herrn Pfarrer und dem alten Mann hat nichts gebracht. Man müsse zur Kenntnis nehmen, dass manche, wenn sie alt werden, schwierig und verschroben würden. Im übrigen sei der Pfarrer, er ist erst seit einem Jahr hier, doch umgänglicher und weniger bestimmend als der alte, dem man ja kaum etwas habe recht machen können, und der einige der alten Traditionen unbedingt aufrecht erhielt, obwohl sich kaum mehr Pfarrmitglieder an ihnen beteiligten. Aber, man müsse aufpassen, der neue Pfarrer mache auf die jungen Frauen Eindruck, die M. Z. sei auffällig oft in der Kirche zu finden, jedenfalls im Vergleich zu früher. Über ihre Schwester wird eine der Teilnehmerinnen ausgefragt, was die denn nun eigentlich gehabt habe, man habe gehört, dass sie ins Spital musste; nach einigem Zögern wird mitgeteilt, dass sie einen Abortus hatte, was zu einer nächsten Erzählung führt, die von einem Paar handelt, das schon lange ein Kind möchte, aber bisher kinderlos geblieben sei. Der Einsatzplan für die freiwilligen Dienste wird dann besprochen, es wäre dringend nötig, den Kreis zu erweitern, es sei aber schwierig, Interessierte zu finden. Zum Schluss wird noch ausgemacht, wer zum nächsten Treffen den Kuchen mitbringt. Erzählen unter Frauen unterscheidet sich von jenem unter Männern. Ich wage die Vermutung, dass in diesen Erzählungen unter Frauen die perlukotiven Sprechakte weniger häufig sind und die persönlichen Erlebnisse, auch Betroffenheiten, stärker in den Vordergrund treten.

Vom Dorfstammtisch und von der pfarrlichen Frauenrunde weg lässt sich generalisieren: In allen „Dörfern“[3] werden Geschichten erzählt, Geschichten,

[3]Ich habe in allen Großstädten von Wien über New York und Rom bis London und Paris Menschen getroffen, die ihre kleinen Gemeinschaften pflegten, die Menschen und deren Erzählungen in ihrem kleinen Kreis (inmitten aller Anonymität) sehr genau kannten, und sich damit kaum unterschieden von jenen, von denen gesagt wird, sie lebten auf dem Land oder in der Provinz.

die zwar aus dem Munde jedes einzelnen Menschen etwas anders klingen – da ändern sich die Akzente, die Rollen der Erzählenden, von einem wird ausgelassen, was eine andere hervorkehrt –, die aber alle zusammen dazu dienen, das Gewebe der ganzen Gemeinschaft immer weiterzuknüpfen, zu ergänzen, zu korrigieren. Dieses Geschichten-Erzählen sichert die Einbettung des Tagesgeschehens ebenso wie die herausragenden Markierungen längst vergangener Begebenheiten. Allerdings müssen wir zur Kenntnis nehmen, dass es hier so gut wie nie um aufklärende Diskurse geht, und dass das Sich-des-eigenen-Platzes-Versichern erheblich über Weitergabe von Vorurteilen und Stereotypen geschieht. Das Geschehensgewebe einer Gemeinschaft ist nicht geschlossen, sperrt prinzipiell nicht aus; da es aber der Ort von Selbstvergewisserung und Selbstverständnis der Beteiligten ist, setzt es denen, die von außen kommen, schichtenweise Barrieren und Grenzen entgegen, je mehr sie nach innen vorzudringen versuchen (weshalb man im Dorf Fremde an Stammtischen – wo es diese noch gibt – sehr selten finden wird). Das ist viel mehr als der „Mangel an Information", wie es die TheoretikerInnen der Kommunikation behaupten; es ist die Dichte und Zähigkeit habituellen Denkens und Fühlens, deren Aufweichung als Verfremdung erfahren wird. „Wer ist hier daheim, die Touristen oder ich?", soll eine Bäuerin den Bürgermeister gefragt haben, als ihr vorgeworfen worden war, sie habe mit dem Mistfuhrwerk die Langlaufloipe beschädigt.

7.2 Kleine Philosophie vom Alter, vom Alltag und von Wirkzusammenhängen

Im öffentlichen, vor allem politischen Diskurs ist das Älterwerden und das höhere Alter zu einem Schattenthema geworden – außer wenn es um Pensionen/Renten und Pflege geht. In den meisten europäischen Staaten schwappt die Welle nationalistischer Selbsttäuschungen alle wichtigen Themen hinweg, an denen die Zukunft hängt, auch das Alter. Die Politik und die Wissenschaft haben die Utopie erschlagen. Vor allem die „positivistischen" Sozialwissenschaften haben ihr den Garaus gemacht. Heute gilt es nicht nur als unwissenschaftlich, sondern geradezu als wahnwitzig, von Utopie zu reden. Dieser Niedergang ist belanglos für die Einschätzung der Rolle von Utopien, als sie wirksam waren – im 17., 18. und 19. Jahrhundert. Er ist nicht belanglos für die Frage, welche die Konsequenzen sein werden. Das völlige Verschwinden dieser Art zu denken, die in der Vergangenheit Fortschritte ausgelöst hatte, Fortschritte in Richtung einer besseren Gesellschaft, mag immerhin bedeuten, dass sozialer Fortschritt dieser Art auch zurückgehen wird – als Ideal und als Praxis. Stets hat das utopische Denken dreierlei vermocht: Es gab Stärke, das Unabänderliche zu akzeptieren; es gab Mut zu ändern, was geändert werden sollte; es gab Weisheit, zwischen beidem zu unterscheiden. Dadurch war dieses Denken ein Kundschafter für das Bessere, eine Brücke zwischen Gegenwart und Zukunft, Triebkraft und Auslöser des sozialen Fortschritts. Fantasie, die heute gefragt ist, müsste das benennen, was gegenwärtig schlecht ist, und zwar sehr genau. Sie müsste Worte finden, die der Sache entsprechen und sich der Flut der Worthülsen entgegen stemmen. „Harmonisierung von Pensionssystemen", „Abgleichung von Leistungen", „Abfederung von Härten", oder ähnliche Floskeln benennen nicht, sie verschleiern: Dass den einen weggenommen und den anderen nicht entscheidend dazu gegeben, dass das, was jemand bekommen soll, weniger sein wird als vorher. Außerdem stammen sie aus der Buchhalter- und Mechanikersprache und sind dem Leben nicht angemessen. Fantasie, die sich an eine Utopie heranwagt, hat nicht die Aufgabe, eine bessere Gesellschaft der Zukunft im Detail auszumalen. Sie hat auch nicht die Aufgabe, praktisch den Weg zu zeigen, wie schrittweise dorthin zu kommen ist. Sie hätte dafür die gegenwärtigen Verhältnisse kritisch zu betrachten, die Kritik zu begründen, und die Intention deutlich zu benennen, die verfolgt wird. Auf die Absicht kommt es an. Deshalb wurde auch einmal von „Wunschraum" gesprochen (ein Ausdruck des Historikers Alfred Doren). Er liegt dort, wo ein einziges Wünschen vertretbar ist. Eines, das sich auf eine gesellschaftliche Verfasstheit richtet, welche die Menschen nicht unterdrückt und verdummt, nicht ausbeutet und zur Knetmasse von Herrschaftsinteressen macht. Also, eine Organisationsform, in der das individuelle Leben im Vordergrund steht. Dafür ist ständiges Fragen nötig. Es muss radikal, ja revolutionär sein. Fragen müssen die Wirkung eines Stachels haben und die Selbstzufriedenheit und das immer Gewohnte durchstechen. Utopisches Denken tut dann seinen Dienst, wenn alle das Gefühl bekommen, dass Krusten und Wälle durchbrochen werden. Es ist ein Satiriker und scharfer Kritiker, der nicht mundtot gemacht werden kann. Es prangert Fehler an und macht alle unerbittlich auf ihre Verantwortung aufmerksam. Utopisches Denken ist Mutter und Vater des Besseren (Amann 2004).

Dennis Gabor, der berühmte Physiker, hat sich, in Anlehnung an den französischen Philosophen, Julien Benda, zur Zeit des Kalten Krieges Gedanken über das Schweigen derer gemacht, die es besser hätten wissen können. Er nannte das den „Verrat der Intellektuellen". Dieser äußere sich vor allem in ihrem Unvermögen, plausible und anregende Vorschläge zur Lösung der sich häufenden Krisen in fast allen Lebensbereichen zu machen.

„Wir müssen „die Zukunft erfinden", meinte er. Diesem Gedanken würden sich wohl auch heute noch viele verweigern. Trotzdem ist er richtig. Ganz unterschiedliche Denker wie der holländische Prognostiker Fred Polak, der Philosoph Ernst Bloch, oder der amerikanische Publizist Alvin Toffler, mit seiner Idee der „antizipatorischen Demokratie“, haben gezeigt, worum es geht. Immer haben die Entwürfe von Zukunftsbildern in hohem Maße Inspirationen für die westliche Zivilisation geliefert. Versiegt diese notwendige Fähigkeit des vorausschauenden Entwerfens, so wird der Weg zum Niedergang geebnet. Neue Zukunft muss zuerst in den Köpfen und Herzen der Menschen entstehen. Dann hilft die Kraft dieser Vorstellungen, auf die Welt Anziehungskraft auszuüben und sie zu verändern“ (Amann 2004).

Wir haben offenbar völlig verlernt, was für Baruch Spinoza und Albert Einstein eine Selbstverständlichkeit war: Unsere Intuition zu bilden, die auf Einfühlung in die gemachte Erfahrung begründet ist und die höchste Äußerung menschlichen Geistes darstellt. Das wäre ein anschauendes Wissen, in dem sich sinnliche Vorstellung und begriffsbestimmte Vernunft vereinigen. Wir haben doch, direkt und indirekt, Erfahrung von der Konzentration ungeheurer finanzieller und militärischer Macht, von der Indoktrination durch die Werbung, von der Überwachung der Menschen und der mit ihr einhergehenden schrittweisen Unterhöhlung ihrer bürgerlichen und sozialen Rechte. Wir haben doch Erfahrung von der Einschüchterung des Denkens durch das nie aufhörende Sensationsstakkato der Medien, von der ständigen Beeinflussung durch Schule, Radio, TV und Presse. Wir haben doch Erfahrung von der Knebelung unseres Vorstellungsvermögens durch die ständige Phrasenlawine, die unsere eigenen Angelegenheiten betrifft. Weshalb blitzt es da bei so wenigen auf, weshalb kehrt der Sinn für andere Realitäten so schwer ein? Fantasievolles Denken, das sich um Utopisches nicht herumdrückt, oder dieses gar diffamiert, muss bei solchen Fragen anfangen (Amann 2004). Diese Vorstellungen lassen sich mit Überlegungen zur Alltagswelt, Integration und Alter gut verbinden.

Alle Akte des Individuums, die zu Einbindung oder Entbindung führen, sind Ergebnis gesellschaftlich bedingter Individualentscheidungen oder Selbstwahlen. Auch wenn die Muster lange andauernder sozialer Integrationsprozesse die starre Textur alten Holzes zu haben scheinen, unterliegen ihnen immer die lebendigen Mikroveränderungen im täglichen Zusammenleben. Die soziologische Alltagsforschung zur sozialen Integration scheint mir nun in der jüngeren Zeit eine methodologische Schlagseite zu erfahren, die sich in einer immer strengeren Formalisierung der Bearbeitung von qualitativem Material äußert, das in interaktiven Erhebungsverfahren gewonnen wurde. Der hermeneutische Prozess wird in eine Art Korsett gezwängt, auch wenn dieses höchst unterschiedliche Architekturen aufweist. Eine Folge davon zeigt sich in der Tatsache, dass die gesellschaftliche Bedingtheit auch noch so individuell erscheinender Entscheidungspraktiken des Alltags ihrer Bedeutung verlustig geht. Alltag ist nicht nur das Individuelle, sondern zugleich auch das Überindividuelle. Es scheint mir dies nur eine

Facette jener herbeiphantasierten Identitätskrise der Soziologie zu sein, von der vor zwanzig Jahren schon die Rede war. In dieser Sache bekenne ich mich als Traditionalist und glaube sehr wohl, dass es so etwas wie eine überlebensfähige Soziologie geben wird, die sich desto besser bewähren wird, je genauer sie ihre Grenzen kennt, und weder im quantifizierenden Datentornado, noch im strukturvergessenen Interpretieren von Mikromomenten sozialen Geschehens ihr Heil sucht. Wenn eine solche Soziologie etwas zu vermitteln imstande ist, so eine Art Wahrnehmungskompetenz für soziale Prozesse. Denn von der Neugierde am sozialen Geschehen werden sich Menschen aller Digitalisierung zum Trotz so bald nicht verabschieden.[4]

Wer über Alltag schreibt, wie ich es hier tue, oder wer über ihn aus reflektierender Distanz spricht, hat sich davor zu hüten, dessen sogenannte Banalität im Hochmut eines gelehrten Sophismus zu ersticken. Am Alltag haften zwei Qualitäten, die bedeutsam sind: Seine Einförmigkeit und Zwanghaftigkeit, die ihn uns verdrießlich machen, aber auch die Tatsache, dass nur aus ihm uns die Kräfte zuwachsen, ihn geistig zu bewältigen. „Ich verwünsche das Tägliche, weil es immer absurd ist", hat Johann W. v. Goethe festgehalten, doch dagegen ist auch einzuwenden, dass alles, was wir geistiges Leben nennen, und das oft völlig vom Alltag abgehoben daherkommt, von nirgends anders als aus diesem Alltag stammen kann, in dem uns die Mühe auferlegt ist, uns im Dasein zu halten, dem Leben verbunden zu bleiben, und unsere Lebensformen konstruktiv zu entwickeln. Was anderes sollte denn die Menschen nach dem Guten, Edlen und Schönen zu suchen angetrieben haben, als die Erfahrung des Gegenteils im Alltag? In Abschn. 1.1.3 wurde in Verbindung mit Helmuth Plessners Konzeption der Begriff der Grenze besonders hervorgehoben. Hier lässt sich seine phänomenologische Vorstellung von Grenze in eine empirisch-faktische übertragen. Um als Menschen existieren zu können, brauchen wir Grenzen, ohne sie wären wir ins Nichts ausgegossen, wir wären formlos und haltlos. Das gilt im materiellen und immateriellen Sinn, unsere Grenzen sind physischer und psychisch-geistiger Art, sie verändern sich im Lebensverlauf, und sie lassen sich andeutungsweise mit dem Begriff der Knappheit umschreiben (vgl. Abschn. 2.2). Unsere Kräfte sind begrenzt, unser Einfluss auf andere ist begrenzt, unser Erkenntnisvermögen ist begrenzt. Doch auch der Raum ist begrenzt, materielle Ressourcen und Energie sind begrenzt. Philosophisch könnte das in

[4]Ähnliches hat nach meiner Erinnerung einmal Wendelin Schmidt-Dengler in einem Vortrag über die Literaturwissenschaft gesagt.

der Vorstellung gefasst werden, dass sich die realisierten Möglichkeiten eines Menschen an dem zeigen, was ihn begrenzt, an dem, was als die Balance zwischen kräftigem Ausgreifen und harter Beschränkung sichtbar wird. Die Vorstellung einer Balance will mir allerdings angesichts der laufenden Erdzerstörung wichtiger scheinen als je zuvor, sie könnte, weit über das geläufige Gleichgewichtsdenken hinaus, das mitunter hoffnungslos veraltet erscheint, einen Kernansatz für weitere Forschung abgeben.

Eine Stadt, meinte Albert Camus, lerne man am besten dadurch kennen, dass man herauszufinden suche, wie man in ihr arbeitet, wie man in ihr liebt und wie man in ihr stirbt (Camus 1950, S. 7). Das lässt sich unter alltagstheoretischer Perspektive auf jeden Ort übertragen, an dem Menschen zusammenleben, an dem sie sich ihr Leben eingerichtet haben. Und doch fehlt diesem Gedanken etwas, wenn wir ihn auf uns selbst und das Kennenlernen eines Ortes, einer Gemeinschaft lenken: Ein genügend langes Bleiben, das uns die Möglichkeit gibt, uns zu verändern. Der lateinische Spruch „tempora mutantur, nos et mutamur in illis“[5] trifft diesen Kern, denn ein Ändern der Verhältnisse ist von Veränderungen unser selbst begleitet (und vice versa), im Einbinden und Entbinden schlägt sich dieser doppelsinnige Vorgang nieder. Menschen ihre Geschichten abzulauschen, wie das in alltagssoziologischen Erhebungen geschieht, Ausschnitte des Erzählgewebes niederzuschreiben, ist ein Akt der Annäherung an die Erfahrung anderer. Nun ist die Annäherung an die Erfahrung anderer verschieden von jener an eine Sache; einen alten Schrank, ein Haus, eine Kirche. Die Erfahrungen der einzelnen sind unteilbar (weshalb Mit-Teilen auch der Form der Geschichten sich bedient) und auf sich selbst zurück verwiesen im Sinn von Rückerinnern und Vorausdeuten. Der Akt der Annäherung an die Erfahrung anderer bedarf des eingehenden Forschens, das Nähe erzeugt, und der Synthese des Vielen, das Distanz hervorbringt, es bedarf des rechten Augenblicks und der langen Dauer. Das stak wohl auch in der Empfehlung Bronislaw Malinowskis an junge Ethnologen, sie müssten ihre Zelte bei den Menschen aufschlagen, die sie studieren wollten.

In einer anderen Begrifflichkeit verweist der Gedanke auf die schon erwähnte Sozialwelt und das für dieses essenzielle Faktum, dass Teilhabe im Alter sich immer über eine Vielzahl von Bedingungen ausgestaltet. Ehe ich mich diesem Thema zuwende, sollte noch die Frage geklärt werden, was an dieser kleinen Philosophie der Integration im Alttag das Philosophische sei.[6] Unter Philosophie

[5]Im 16. Jahrhundert entstanden nach dem Vers „tempora labuntur tacitisque senescimus annis…“ aus den Fasti des Ovid.

[6]Da ich nicht den Anspruch erheben kann, als Fachphilosoph zu gelten, bleibt einzig die Art von Antwort, die ein Dilettant für passend hält.

möchte ich weniger ein anfängliches Staunen, das θαυμάζειν, verstehen, wie es ihr als Charakteristikum seit Platon beigelegt wird, und das gerne das Moment der Verwunderung betont, sondern ein Denken, das auf einem radikalen Immer-weiter-Fragen insistiert. Es existieren Tausende an statistischen Korrelationen zwischen altersrelevanten Faktoren, die ständig wieder erweitert und in ihrer Komplexität erhöht werden müssen, um sich sinnvollen Einsichten zu nähern. Mit philosophischem Impetus hat dieses Denken gemeinsam, dass es sowohl die Ergebnisse wie auch die Methoden, mit denen sie gewonnen wurden, immer wieder systematisch infrage stellen. Eine einfache Häufigkeitsverteilung über Einstellungen oder Verhaltensweisen (z. B. 41 % der erwachsenen Bevölkerung heißen die gegenwärtige Regierung gut) sind Vereinfachungen von Zusammenhängen, die an Schamlosigkeit grenzen. Es geht, wie ich im Vorwort betone, über einfaches Meinen hinaus, und will sich seiner Haltbarkeit versichern (was wiederum nicht so weit von Platon entfernt ist, wenn seine Unterscheidung zwischen δόξα: bloße Meinung und ἀλήθεια: Wahrheit berücksichtigt wird). Was jedoch in gegenwärtigem Verständnis wissenschaftlichen Denkens als eindeutig kennzeichnend zu gelten hat, ist das Moment empirisch nachweisbarer Haltbarkeit von Vermutungen oder Hypothesen bis zu deren Widerlegung. Alle wissenschaftliche Kenntnis ist fallibel. Unter dieser Vorgabe stellen sich die Situation des Menschen und die Bedingungen seiner Integration im Älterwerden in der Sozialwelt als multifaktoriell dar, denn keine einzige Ursache, für oder gegen das Gelingen von Integration, kann als allein verantwortlich gelten. Wie so oft gilt auch hier, dass erst eine möglichst umfassende Betrachtung annähernd vertretbare Einsichten vermitteln wird.

7.2.1 Denken in Zusammenhängen

Der hier vorgelegten Konzeption entsprechend ist Teilhabe Grundelement der Integration. Notwendig muss auch die Perspektive von Teilhaberechten und -pflichten, samt den Bedingungen ihrer Verwirklichung auf gesellschaftlicher Ebene durch Bereitstellung und Gestaltung von Möglichkeiten bedacht werden. Hier kommt in der Planung und Gestaltung vieler Initiativen entscheidend zu kurz, dass Teilhabeprozesse sich in einem Stufencharakter entwickeln und Zeit brauchen. Es beginnt mit der richtigen Information an die richtige Adresse, geht weiter über Mitwirken und Mitentscheiden, und kann schließlich in Selbstverwalten gipfeln. Diesen Gesichtspunkt habe ich mit Bedacht ausgewählt, weil an ihm sich ein Problem demonstrieren lässt, das unser Thema direkt berührt: Die schwierige und deshalb auch immer wieder vernachlässigte Frage, wie unsere

Erkenntnisse beschaffen sein müssen, damit unsere Praxis die Verhältnisse angemessen gestalten kann. Es ist dies die Grundfrage aller Politik und der Wissenschaft fällt die Aufgabe zu, etwas darüber zu sagen, was wir wissen können und wie dieses Wissen aussehen sollte.

Einzelergebnisse der Forschung, die sich nur auf ausgewählte und spezielle Hinweise beziehen, wie z. B., dass 28 % der alleinlebenden Pensionistinnen an der Armutsgrenze oder in Armut leben, ist ein Faktum, sagt aber über seinen Kontext noch nichts aus. Leider wird allzu oft in der medialen Diskussion nur mit solchen Schlaglichtern gearbeitet. Tatsächlich müssten sehr viel komplexere Zusammenhänge bekannt gemacht werden. Wenn wir wissen, dass der größere Teil dieser Frauen eine niedrige formale Bildung und mehrmals unterbrochene oder abgebrochene Erwerbskarrieren hat, wissen wir schon etwas mehr. Wenn wir nachweisen könnten, dass sie auch in Branchen mit relativ niedrigem Einkommen gearbeitet haben, viele von ihnen gesundheitlich beeinträchtigt sind, ihre früheren sozialen Netze z. B. nach dem Tod des Mannes und der Heirat der Kinder geschrumpft sind, dass ihre sozialen Ressourcen vielleicht schwächer sind als jene anderer Gruppen, wüssten wir schon viel mehr. Vor allem in Hinsicht auf die Frage, ob und was sie an ihrer Situation selbst ändern könnten. Gäbe es, neben einer Vielzahl anderer solcher Befunde, dann auch noch empirisch belegbare Erkenntnisse darüber, welche Interessenkonstellationen und Gestaltungsmechanismen dazu führen, dass Frauen systematisch benachteiligt werden, könnten wir also konkret die Gruppen und ihre Interessen benennen, die diese Verhältnisse immer wieder herbeiführen, so kämen wir Schritt für Schritt in die Lage, von angemessener Erkenntnis zu sprechen. Angemessen hat mit umfassenderem, im Idealfall mit ganzheitlichem Wissen zu tun. Dass solches Wissen eine Idealvorstellung bedeutet, mit der wir immer nur näherungsweise arbeiten können, ist klar. Aber der entscheidende Punkt ist, dass wir immer wieder versuchen müssen, bei jeder Gestaltungsaufgabe möglichst viele Aspekte zu berücksichtigen.

Ich habe eingangs neben dem Begriff der Erkenntnis auch den der Praxis verwendet. Nun unterliegt diese Praxis sowohl in den bürokratischen Organisationen wie auch in der politischen Gestaltungsarbeit dem Prinzip der hochgradigen Arbeitsteilung und damit einer oft zersplitterten Aufteilung in Zuständigkeiten, Kompetenzen und Verantwortlichkeiten. Es wäre hier an die Stellungnahmen verschiedenster Ämter, Körperschaften, Parteiorganisationen und Fachgruppen zu den allerersten Empfehlungen für den später in Österreich realisierten (2012) Bundesplan für SeniorInnen zu denken; an ihnen fällt heute noch auf, von wie unterschiedlichen Interessen, divergierenden Werthaltungen und, vor allem, wie unterschiedlichem, manchmal sogar widersprüchlichem

Wissen diese getragen waren, wobei parteipolitische Perspektiven nicht selten Sachverstand dominierten. Aus einer alltagspraktischen Sicht könnte nun gesagt werden: So ist es eben, das ist gewissermaßen unser Schicksal in einem demokratischen Gemeinwesen. Doch diese Antwort halte ich für falsch, und zwar auf eine doppelte Weise: Zersplittertes und widersprüchliches Wissen ist im Angesicht eines möglichen umfassenderen Wissens nicht vertretbar und Beschränkung auf partielle Zuständigkeiten ist zwar formal begründbar, aber im Sinne eines angestrebten Gemeinwohls – z. B. Teilhabe und Lebensqualität für möglichst viele – wenig fruchtbar, mitunter sogar kontraproduktiv. Daraus speist sich mein Postulat der vernetzten Erkenntnisse. Ich werde anhand zweier Beispiele versuchen darzulegen, wie im Kontext von Teilhabereflexion solche vernetzten Erkenntnisse aussehen könnten.

Bildung

Alle folgenden Zusammenhänge sind im Sinne gesicherter Korrelationen zu verstehen. Es gibt eine positive Wirkung von kontinuierlicher mentaler Stimulation auf den Erhalt guter Gesundheit. Mentales Training beeinflusst die intellektuellen Fähigkeiten positiv, indem etwa Gedächtnisverluste verringert bzw. rückgängig gemacht werden können. Lernen führt jedenfalls zu einer Veränderung der Gehirnstruktur. Höhere Bildung senkt das Demenz- und auch das Mortalitätsrisiko. Darüber hinaus führt Weiterbildungsteilnahme zu sozialer Integration bzw. verstärkt ein positives gesellschaftliches Altersbild, steigert das physische und psychische Wohlbefinden, erhöht die Antizipation und Verarbeitung kritischer Lebensereignisse und wirkt sich positiv auf bürgerschaftliches Engagement bzw. Freiwilligenarbeit aus. Bildung im Alter trägt zur gesellschaftlichen Teilhabe bei. Es besteht sowohl ein Zusammenhang zwischen Bildungsteilnahme und sozialem Engagement als auch zwischen Lernen und politischer Beteiligung. Ältere Menschen, die sich weiterbilden, engagieren sich eher ehrenamtlich, sie haben mehr Vertrauen in politische Institutionen, beteiligen sich eher an Unterschriftenaktionen und politischen Diskussionen, ein wichtiger Aspekt gelebter Demokratie. Bildung und gesunde Lebensweise halten fit. Wie gesund Männer und Frauen leben, hängt überall stark von Einkommen und Ausbildung ab. Menschen mit einem niedrigen Bildungsabschluss bewegen sich wesentlich seltener und leiden häufiger unter Gewichtsproblemen als Gleichaltrige mit einem höheren Schulabschluss. Bildung wäre demnach auch Teil präventiver Gesundheitspolitik.

Wenn wir nun im Sinne guter Lebensqualität vorhaben, die Voraussetzungen solcher positiver Zusammenhänge für möglichst viele Menschen zu schaffen, so ist klar, dass ganz verschiedene Organisations- und Politikbereiche sich zusammenfinden müssen. Ich erinnere hier nochmals an das erwähnte Problem hochkomplexer Arbeitsteilung. Es sind die Bildungs- und Gesundheitspolitik, die Familien- und Beschäftigungspolitik, die Erwachsenenbildung, die betriebliche Gesundheitsförderung, aber auch die Organisationen der ehrenamtlichen Tätigkeit aufgerufen, in diesem Kontext zusammenzuarbeiten. Dabei sind verschiedene Strategien nötig: Die Aktivitäten müssen generationenüberschauend, ressortübergreifend und organisationsüberlappend entwickelt werden. Daran, so will mir scheinen, fehlt es in erheblichem Maße. Die Konsequenzen sind nicht unerheblich, denn wir wissen z. B.: Maßnahmen, die im Interesse nur bestimmter Gruppen gesetzt werden, können sich für andere negativ auswirken, Benachteiligungen, die im früheren Leben eintreten, verschärfen sich im Alter, und Langfristfolgen von Maßnahmen müssen immer vorausbedacht werden, was allerdings nicht regelmäßig geschieht. Ich weiß, dass das nicht einfach ist; die menschliche Fähigkeit zu denken und zu urteilen ist begrenzt und perspektivisch – es gibt aber eben Gründe genug, um das trotzdem und immer wieder zu versuchen, was mit einem treffenden Wort als „querdenken" bezeichnet wird.

Was steht bei solchen komplexeren empirischen Zusammenhängen an Fragen im Hintergrund, wie sind sie mit weit allgemeineren Überlegungen zu verbinden? Was wollen wir unter Bildung im Alter verstehen, dreht sich das Interesse um Bildung im Alter, für das Alter oder für das Erlernen des Älterwerdens? In der Bildungspraxis mit Älteren sind diese Unterscheidungen nicht immer von Bedeutung. Dort wird Bildung in einem Zusammenhang, vermittelt der sich stark an der Gewissheit praktischer Erfahrung im Sinne einer aktiven Anpassung an die sich ändernden Lebensumstände und die Bewältigung der neu auftretenden Probleme in der Sozialwelt orientiert. Nicht zu vergessen ist auch die Dimension, die Bildung und den Erwerb neuen Wissens zur Vertiefung des Selbstverständnisses und zur erweiterten Entdeckung der Welt begreift. Anders als beim Lernbegriff steht hier mit dem Bildungsbegriff die Vorstellung einer reflexiven Weltaneignung und Sinnstiftung in Verbindung. Zu den schon lange in der Sozialgerontologie bekannten Vermutungen zählt daher auch, dass auf die Bildung als kognitive und emotionale Unterstützung bei der Verarbeitung und antizipativen Veränderung von geistigen, körperlichen, emotionalen und sozialen Fähigkeiten und Ereignissen gerechnet werden kann. Cornelia Kricheldorff (2010) hat als Bestimmungsgründe für die Bildung im Alter genannt: die Entfaltung von Identität und die Auseinandersetzung mit altersspezifischen Entwicklungsaufgaben in einer konkret-historischen Kultur und Gesellschaft. Sie tritt, wie viele andere, denen ein ökonomisch funktionalisierter Bildungsbegriff längst widerstrebt, für die Verwendung eines ganzheitlichen Bildungsbegriffs ein, der für den Lebensverlauf in der gesamten Altersphase Gültigkeit hat. Die wichtigsten Orientierungen sind dabei: Kompetenzen zur Alltagsbewältigung, Handlungs- und Sozialkompetenzen, aber auch kreative Kompetenzen. Als Anliegen können gelten: Selbstreflexivität, (Selbst-)Erleben und (Selbst-)Ausdruck. Die Reflexion lebensgeschichtlicher Erfahrungen, als wichtige Orientierungshilfe für die bewusste Gestaltung des weiteren Lebens, schließt auch die Entscheidung mit ein, welche Lern- und Lebensziele im Alter verwirklicht werden sollen.

Verstehen wir Bildung im Alter als kognitive Aktivität, die eine starke Erfahrungs- und Reflexionskomponente aufweist und als soziale Aktivität, die auf active citizenship zielt, dann stellen wir die Intentionalität von Bildung in den Vordergrund. Mit Intentionalität ist nicht nur Zweckgerichtetheit gemeint, sondern auch sinnvolles Tun. Für die positive Wirkung sinngetragener Handlungen finden sich zahlreiche empirische Forschungsbelege, die weit in die frühe gerontologische Aktivitätsforschung zurückreichen. Allerdings bleibt offen, ob in Bildungsprozessen das Lernen von bedeutungsvollen Inhalten dem von sinnfreien Inhalten tatsächlich überlegen ist. Schafft nicht gerade ein ungerichtetes Lernen Offenheit und Möglichkeiten für kreatives Handeln? Brauchen nicht gerade Gesellschaften des „langen Lebens" Lerninteressen, die auf längeren und unsicheren Prozessen aufbauen (vgl. Kolland 2016)?

Teilhabe

Soziale Teilhabe und soziale Unterstützung sind eng mit Gesundheit und Wohlbefinden über den ganzen Lebenslauf hinweg verbunden und zeigen ihrerseits wieder deutlich den Zusammenhang mit Bildung. Die Teilnahme an Freizeitaktivitäten, an sozialen, kulturellen und religiösen Aktivitäten in der Gemeinde und in der Familie ermöglichen es den alternden Menschen, ihre Kompetenz zu zeigen und einzusetzen, Respekt und Wertschätzung zu genießen und gegebenenfalls Unterstützungs- und Betreuungsbeziehungen aufrechtzuerhalten bzw. aufzubauen. Es ist außerordentlich wichtig für die älteren Menschen, in dieser Weise Selbstwirksamkeit zu erleben. Die allgemeine Lebenszufriedenheit ist bei jenen signifikant höher, die sozial engagiert sind und Tätigkeiten ausüben, welche als für andere nützlich definiert sind. Ein statistisch signifikanter Zusammenhang erweist sich erwartungsgemäß mit dem Bildungsstatus: Je höher die abgeschlossene Bildungsstufe, desto höher die Lebenszufriedenheit und desto seltener das Empfinden, nicht mehr dazuzugehören, desto häufiger ist die Beteiligung an ehrenamtlicher Tätigkeit. Eine wesentliche Rolle wird daher das immer bessere Bildungsniveau der nachwachsenden Generationen älterer Menschen spielen. Vor allem bei den Frauen, die ja den Großteil der jeweiligen Altengeneration stellen (zwei Drittel der über 70-Jährigen sind Frauen), ist diesbezüglich ein rapider Aufholprozess zu beobachten. Bildung ist bestimmend für eine Reihe anderer Verhaltensweisen und Einstellungen. Insbesondere ist höhere

Bildung mit einem differenzierteren Erlebnisvermögen, vielfältigeren Interessen, umfangreicheren Sozialkontakten auch außerhalb der Familie, einem höheren Aktivitätsniveau und – besonders wichtig – besserer Gesundheit, insbesondere psychosomatischer, verbunden. Ältere mit höherer Schulbildung sind anregbarer, selbstsicherer; sie sind in viel höherem Maße bestrebt, ihren bisherigen Interessenkreis aufrechtzuerhalten und planen stärker für die Zukunft, in die sie sich auch nicht fatalistisch fügen, sondern die sie selbst gestalten wollen. Vor allem die nicht-familialen Aktivitäten sind bei ihnen stärker ausgeprägt. Daraus folgt auch eine höhere Durchsetzungsfähigkeit, Konfliktfähigkeit und -bereitschaft im Falle einer Kollision von Interessen.

Ich halte nun einen Leitgedanken fest: Bildung, Teilhabe und Mobilität haben für die Lebensqualität im Alter eine Breitbandwirkung, sie erfassen entweder als kausale oder als intervenierende Größen eine Reihe von Dimensionen und zeigen eine Dynamik kumulativer Einflüsse über den Lebensverlauf hinweg. Nochmals sei der der Gedanke der Strategien aufgegriffen: Sie sollen generationenüberschauend, ressortübergreifend und organisationsüberlappend sein. Nehmen wir als Beispiel die soziale Teilhabe, es könnten aber auch andere sein. Hier fällt auf, dass z. B. in der Sozialraumplanung technische und physische Planung im Vordergrund stehen, dass es zwar eine gewisse Gewichtung im Interesse der Jugendarbeit gibt, aber kaum für die Altenarbeit; Mobilität wird schwergewichtig als Verkehrsmaterie verstanden, aber kaum als Problem einer sozialen Infrastruktur; die Zusammenarbeit der Bildungseinrichtungen lässt einen Mangel an Abbau von Zugangsbarrieren in der Erwachsenenbildung erkennen; Gesundheitsförderung fasst zum Glück langsam Fuß in der betrieblichen Gesundheitsförderung, es fehlt aber ein konzertierter Plan der Gesundheitsvorsorge in der Vorstufe des Alters (ca. ab 55); in der Entwicklung von Neuansiedlungen, besonders im Bereich der Industrie- und Gewerbeansiedlung, spielen soziale Infrastrukturüberlegungen eine geringe Rolle; in den Angeboten zur Freiwilligenarbeit durch Ältere wird zuwenig beachtet, dass diese am ehesten dann aktiviert werden kann, wenn die Menschen ihre Zeit nach eigenen Vorstellungen einteilen können, die Tätigkeit sinnerfüllt ist, und das Engagement direkt an den Fähigkeiten ansetzen kann, die sie im Leben erworben haben. Ein weites Feld, in dem praktische Arbeit und politische Maßnahmen nur Teile möglichen Wissens erfassen, vernetzte Erkenntnisse also nicht genützt werden. Ich schließe diese Überlegungen mit einem Hinweis, der für die gesamte Gestaltung wichtig ist.

Es gibt ein wissenschaftstheoretisches Prinzip, das lautet: Je komplexer der Inhalt eines Problems, desto komplexer sind die logischen Verhältnisse. Es rentiert sich, diese Komplexität immer im Auge zu haben. Auf eine andere Art hat das Otto Neurath sinngemäß schon vor fast 90 Jahren gesagt: Wir brauchen nicht nur Theorien, die die Dinge beschreiben, sondern auch Theorien, die unser Wissen beschreiben.

Auch hier lassen sich wieder Überlegungen im Hintergrund heranziehen, in die das eben Dargelegte eingebettet werden kann. In der Bewertung des Alters zeigt sich die Widersprüchlichkeit der Gesellschaft selbst. Wer weiter macht, wie in seinen besten Jahren, erfährt den Vorwurf, nicht fähig zu Reife und Loslassen zu sein. Wer sich im Alter mäßigt, kommt in den Ruf, senil zu werden. Hier hat uns die klassische Psychoanalyse keinen guten Dienst erwiesen. Beharrlich hielt sie an der Vorstellung fest, dass der Mensch in früher Jugend grundgelegt werde. Was hinterher käme, bis ins Alter, seien Modifikationen auf immer enger werdenden Bahnen. Sie hat dabei völlig übersehen, was heute langsam als selbstverständlich zu gelten beginnt: die Plastizität und Veränderbarkeit des Menschen im Alter. Ganz praktisch gesehen mag hier einmal die Frage auftauchen: Was tun? Eine vorläufige Antwort sei versucht, Rezepte lassen sich wohl nicht verschreiben, aber hilfreiche Orientierungen sind möglich. Sie sind ableitbar aus Erfahrungen, aus soziologischer und psychologischer Altersforschung, aus der Philosophie und der Literatur. Zwei Stichworte sind zu nennen: Kompetenz und Selbst-Aufmerksamkeit.

Kompetenzen sind jene Fähigkeiten, die zu einer an wechselnde Bedingungen anpassbaren Lebensweise führen. Sicherlich gehört folgendes dazu: Soziale Beziehungen, in denen soziale Anerkennung erfahren wird, Vermeiden von Rückzug und unbalanciertem Austausch. Wer immer nur gibt und gibt und gibt, wird unvermeidlich unzufrieden. Sich mit neuen Aufgaben erfolgreich auseinandersetzen zu können, aus Konflikten lernen zu können, auf seinen Partner oder seine Partnerin eingehen zu können, auch in schwierigen Situationen, ist Ausdruck von Kompetenz. Frauen und Männer, denen es in ihrer Partnerschaft gelingt, nach dem Ausscheiden aus dem Erwerbsleben neue Ziele und ein harmonisches Miteinander in einer neuen Situation zu entwickeln, zeigen damit ein sehr hohes geistiges und seelisches Vermögen. Kompetent fühlen sich jene Alten, die anerkannt sind, weil sie wichtige und sinnvolle Rollen ausfüllen, die ihre Umgebung kontrollieren können, über eine geeignete Selbstdarstellung verfügen und aufgeschlossen sind. Inkompetent fühlt sich, wer in der Kommunikation laufend mit Fehlerwartungen konfrontiert ist, zu Selbstenthüllungen und der Wiederholung des Immer-Gleichen neigt und damit anderen auf die Nerven geht. Vielen von uns sind die Männer in Erinnerung, die unentwegt vom Krieg gesprochen haben, der doch schon weit zurück lag. Sie langweilten durch die sattsam bekannten Geschichten, man wollte sie nicht mehr hören. Dass sie häufig nicht anders konnten, dass es wenig probate Bewältigungsversuche für verheerende Erlebnisse waren, wurde schon seltener gesehen. In der häufig besprochenen

„Vergangenheitsbewältigung", die von so vielen nachdrücklich abgelehnt wird, ist diese Seite überhaupt zu kurz gekommen. Nachdenken über das eigene Älterwerden erfordert die Entwicklung klarer Vorstellungen über das eigene Selbst, und die werden über soziale Beziehungen und das eigene Verhalten gestaltet. Ohne das Herausfinden der tieferen Gründe unseres Verhaltens gelingt es nie.

Selbst-Aufmerksamkeit bedeutet, ein Augenmerk auf den eigenen Lebenslauf zu haben und beiläufige, nicht zielgerichtete Entwicklungen zu vermeiden – „Lebensführung" ist ein gutes Wort dafür. „Es ist einfach so gekommen", kann häufig gehört werden, besonders in schlechten Lagen, und „ich hätte alles anders machen müssen" ist die verspätete Einsicht. Besonders angesichts eines langen Lebens wird ein „Dahinleben" unsinnig. Das hat nichts mit dauernder Selbstkontrolle zu tun, oder mit unkreativer, langweiliger Regelbefolgung. Die richtige Einschätzung eigener Fähigkeiten und Eigenschaften hat dabei einen entscheidenden Einfluss. Nachdenken über die eigenen Ziele und Wünsche, die eigenen Möglichkeiten und Grenzen ist hier wichtig. Erfolgreiches Altern steht in engem Zusammenhang mit gedanklich vorweggenommenen Plänen und Aktivitäten. Diese Antizipation ist eine wichtige Voraussetzung. Hier könnte der Weg zu einer Diskussion über die Alterspersönlichkeit gefunden werden. Das Alter, und vor allem das hohe Alter, ist auch eine Phase der Verluste und Gewinne, der Umbrüche und Neubeginne. Die Bereitschaft, diesen Veränderungen produktiv zu folgen, ist davon abhängig, wie sehr die jeweilige Person das Gefühl der Eigenkompetenz und der Selbstwirksamkeit hat, wie viel Aufmerksamkeit dem eigenen Selbst gewidmet wird, wie die Selbsteinschätzung im Vergleich zu Bezugsgruppen ausfällt. Für viele ist der Tod oder eine schwere Krankheit eines geliebten Menschen eine Katastrophe, die kaum zu bewältigen ist. Den meisten von uns ist die Fähigkeit, solche Schicksalsschläge aus tiefer, religiöser Gläubigkeit zu akzeptieren, verloren gegangen. Umso mehr sind wir gefordert, uns damit aus Einsichten in unser eigenes Leben und dessen Veränderbarkeit auseinander zu setzen (Amann 2004).

Es gibt da die wunderschöne Geschichte der deutschen Schriftstellerin Barbara König, „Warten auf Weisheit". Eine Frau, gut aussehend und aktiv im Leben, hat kurz, bevor sie sechzig wird, zwei einschneidende Erlebnisse. Ein blondlockiger Jüngling am Bahnschalter fragt sie nach dem „Seniorenpass", als sie eine Fahrkarte lösen will. Sie erlebt einen Schock und kommt ins Grübeln darüber, ob und wann das Alter anfange. Aus dem eigenen Leben bieten sich die Relativierungen von selber an. „Mit Achtzehn liebte ich einen Greis von Sechsunddreißig, an meinem Neunundfünfzigsten tanzte ich mit einem Jüngling von Fünfundvierzig. An meinem Achtzigsten könnte ich, theoretisch, mit einem

Gleichaltrigen von Siebzig flirten." Der zweite Überfall aufs Selbstverständnis des eigenen Alters kommt am nächsten Morgen im Hotel, als sie die Koffer packt. Sie findet die Anstecknadel mit den zwei Saphiren nicht. Das Misstrauen schießt nach allen Seiten aus ihr heraus, gemischt aus vermutbarer Altersvergesslichkeit und Anklagebereitschaft. Sie ist bereit, jedem beliebigen Menschen ihrer Umgebung die Maske vom Gesicht zu reißen. Dann findet sich die Nadel am Kostüm, das sie am vorigen Abend trug. Aber: eine Spur von Misstrauen ist geblieben (Amann 2004).

Von der Gesellschaft sind, bis auf Weiteres, für solche Erlebnisse keine Hilfen zu erwarten. Sie ist selbst widersprüchlich in ihren Urteilen. Es mischen sich, tief im Untergrund, alte moralische Vorstellungen der Verpflichtung und Verantwortung mit dem Nutzenprinzip und der Forderung nach der Verwertbarkeit des menschlichen Lebens zu materiellen Zwecken. Die kapitalistische Produktion kann nur auf der Verwertung menschlicher Arbeitskraft existieren. Der „Sinn" eines menschlichen Lebens endet dort, wo diese Verwertbarkeit endet. Rigoros weiter gedacht heißt das, dass für die wirtschaftliche Produktion die Alten, die nicht mehr eingesetzt werden (können), tatsächlich unnütz und hinderlich sind. Unwert ist, woraus kein Kapital geschlagen werden kann. Zu ihrem Glück können manche noch kräftig konsumieren. So gilt in den Augen der rigorosen Vertreter dieser Ideologie auch die staatliche Alterssicherung für antiquiert. Alter beginnt konsequent mit der Unmöglichkeit des Verkaufs der Arbeitskraft. Der Ansatz zu einer Überwindung muss also woanders gesucht werden. Er liegt in einer widerstrebenden Bewegung der Individuen gegen ihre Nutzloserklärung selbst. Die Sinnvernichter des Alters müssen durch möglichst bittere Erfahrung gelehrt werden, dass sie ihre Existenz einzig durch die haben, die sie missachten. Das aber ist ein Projekt, das nicht bei den heute Sechzigjährigen beginnt. Der Sinnvernichtung ihres Alters sind jene bereits potenziell unterworfen, die heute zwanzig sind, und selbst jene schon, die noch gar nicht geboren wurden. Der lange Atem der Alterssinnvernichter greift über die Generationen hinweg. Die nicht durchschaute Perfidie der Forderung nach einer privaten Altersvorsorge heißt schließlich, selbst für eine Situation vorsorgen zu sollen, die über einen gesellschaftlich verhängt werden wird. Zu Otto v. Bismarcks Zeiten fielen Altersgrenze und Invalidität noch zusammen. Um einen Ausweg daraus zu finden, wurde die staatliche Altersvorsorge erfunden. Heute fallen Altersgrenze und Unmöglichkeit des Verkaufs der Arbeitskraft wiederum (immer noch) zusammen, aber die Lösung besteht in der Überwälzung der Sorge auf die einzelnen. Das Ruder, an dem gesteuert werden muss, ist die Aufklärung darüber, dass Gesellschaft mehr ist als wirtschaftliche Produktion. Es gibt einen unauflösbaren

Zusammenhang zwischen Ökonomie, Kultur und Gesellschaft, in den das Alter eingebettet ist. Diesen Zusammenhang nicht zu sehen, das Alter einfach davon abzutrennen heißt, die gesellschaftliche Existenzgrundlage aus dem Auge zu verlieren (vgl. Amann 2004).

7.2.2 Regime und Perspektiven im Leben

In Abschn. 3.2.1 habe ich bereits auf die Bedeutung der Lebenslaufperspektive hingewiesen, denn eine Betrachtung der Teilhabe im Älterwerden kann von dieser Konzeption nur gewinnen. Wir können mit einiger Berechtigung davon ausgehen, dass eine wissenschaftliche Betrachtung des Lebenslaufs sich in der Soziologie erst seit den 1970er Jahren zu entwickeln begonnen hat. Seit dieser Zeit werden sowohl die Rekonstruktion individueller Biografien, als auch jene kollektiver Lebens(ver)läufe zur sozialstrukturellen Gesellschaftsanalyse eingesetzt. Sozialstaat und Sozialpolitik haben sowohl zur Gestaltung der Lebensverläufe, als auch zum gesellschaftlichen Wandel insgesamt stark beigetragen, insbesondere wurde seit den 1990er Jahren in vielen Studien das Pensions- bzw. Rentensystem als Strukturgenerator betrachtet. (z. B. Leibfried et al. 1995, S. 23). Damit hatte sich zum schon früher gut erforschten Strukturgenerator, der Bildung bzw. dem Bildungsgang, ein zweiter etabliert, mit dem strukturierte Statusübergänge (in den Beruf, in den Ruhestand) beschrieben wurden. Dieser Formierungsgedanke, der dem Lebensverlauf zugleich den Charakter des fortdauernden Wandels angedeihen lässt, nährt sich aus zwei Momenten, deren eines ich bereits mit externen, das andere mit internen Ressourcen bezeichnet habe, und die zugleich mit den Zeitdimensionen der Lebenslagen koinzidieren. Martin Kohli hat (1978) zwischen „Biographie“ als eher subjektiv gefasster Lebensgeschichte und „Lebenslauf“ als objektiver Ereignisgeschichte unterschieden. Zur Kritik bzw. Schwerpunktverschiebung und Umformung der Begrifflichkeit später sind Karl U. Mayer (1990) und Helga Krüger (2010) zu erwähnen, zu einem gerafften Überblick über die Forschungstradition zum Lebenslauf auch Wolfgang Clemens (2010).

Welche Einsichten lassen sich aus diesen Konzeptionen ziehen? Nun will ich dem letzten Begriff des Kapiteltitels zum Schluss Rechnung tragen und am Beispiel des Lebenslaufs verschiedene Strukturen genauer betrachten, die mit dem Thema Teilhabe eng verbunden sind. Die Betrachtung sollte weitläufig angelegt werden, wie die folgenden Beispiele zeigen. Lebensverläufe werden allgemein durch die Demografie beeinflusst, indem sie die Lebenserwartung verändert und die Mengenverhältnisse zwischen den Altersgruppen gestaltet; weiter wirken bereichspolitische Entscheidungen und Gesetzgebung auf sie ein, wenn z. B. Änderungen im Bildungssystem (Schul- und Studiendauer, internationaler Austausch etc.) Platz greifen; vor allem sind weiter sozialpolitische und sozialrechtliche Programme und Bestimmungen zu nennen, die beispielsweise über Arbeitszeitregelungen, Pensions-/Rentenaltersgrenzen wirksam werden; maßgebliche Veränderungen in der Arbeitswelt spielen eine Rolle, indem sich unterschiedliche Beschäftigungsformen, Entlohnungsniveaus oder Arbeitslosigkeit geltend machen; schließlich wären noch Änderungen zu nennen, die dem allgemeinen sozialen Wandel geschuldet sind, wie Hinausschieben des Heiratsalters, Änderung des Erstgebäralters und der durchschnittlichen Kinderzahl, Wanderungen etc. (vgl. auch Naegele 2010). Um eine heuristische Ordnung in diese Wirkungsformen zu bringen, halte ich mich, mit einigen Änderungen, an eine Einteilung, die Gerhard Naegele vorgeschlagen hat (Naegele 2010), weil sie sich meiner eigenen Konzeption von Sozialpolitik und Wandel der Lebenslagen im Lebensverlauf gut annähern lässt (Amann 1983).

Aus sozialpolitischer Sicht sollte sich die Aufmerksamkeit auf Risiken richten, die im Zuge struktureller Veränderungen wirksam sind oder neu auftreten, der Sozialpolitik kommt somit eine präventive und eine kompensatorische Gestaltungsaufgabe zu (Gesellschaftsgestaltungsfunktion im Wege über Eingriffe in Lebenslagen). Solche Risiken treten sowohl lebensphasen- als auch lebens(ver)laufsgebunden auf. Um diese Risiken thematisch zu bündeln, hat sich seit längerer Zeit eine Zweiteilung in 1) Standard-ArbeitnehmerInnenrisiken und 2) allgemeine Standard-Lebensrisiken etabliert. Im ersten Fall wäre z. B. an Probleme Jugendlicher beim Eintritt ins Erwerbsleben oder an Beschäftigungsprobleme älterer Arbeitskräfte zu denken. Im zweiten Fall kämen AlleinerzieherInnenrisiko oder Pflegebedürftigkeitsrisiko im höheren Alter in Betracht. Davon verschieden wären Sonderrisiken, wie sie bei Gesetzesänderungen auftreten, wie z. B. in Österreich mit der neuen Mindestsicherungsregelung seit 2018. Diese Einteilung ist sachlogisch nicht unbedingt zwingend, kann aber aufgrund ihrer Verbreitung beibehalten werden.

Ersichtlich ist bei dieser Betrachtung, dass alle Effekte direkt oder indirekt die Teilhabe von Menschen am Leben erheblich beeinflussen bzw. sogar determinieren. Es lassen sich zur Demonstration wiederum empirisch gesicherte Korrelationen darlegen.[7] Benachteiligungen bei der Berufswahl beeinträchtigen spätere berufliche Entwicklungsperspektiven; vorangegangene Arbeitslosigkeit

[7]Für die einzelnen Quellenangaben vgl. Gerhard Naegele (2010).

reduziert künftige Erwerbseinkommenschancen mit wachsender Bedeutung in den letzten Jahrzehnten; Geringverdienende haben ein erhöhtes Risiko, frühzeitig erwerbsgemindert zu werden; prekäre Beschäftigungsverhältnisse und Langzeitarbeitslosigkeit erhöhen das Risiko dauerhafter ökonomischer Unterversorgung und von Armut im Alter; die Sorgearbeit von Frauen für Kinder beeinträchtigt ihre späteren beruflichen Karrierechancen (und mittelbar damit auch ihr Pensions-/Renteneinkommen; Alleinerziehende (vor allem Mütter) haben geringere Erwerbseinkommenschancen und in der Folge ungünstigere Pensions-/Rentenerwartungen; insgesamt reduziert Teilzeitarbeit (zumeist bei Frauen) spätere Karriere- und Erwerbseinkommenschancen sowie die eigenen Alterssicherungsansprüche; Gesundheit und Krankheit im Alter lassen sich meist zu einem guten Teil als Folge einer kumulativen positiven oder negativen Entwicklung von Lebensumständen verstehen.

Da einige altersbezogene empirische Zusammenhänge, die unter die Rubrik Standardlebenslauf gezählt werden können, allerdings unter meist negativen Vorzeichen, weiter oben bereits ausführlich behandelt worden sind, mag es hier genügen, noch einige allgemeine Überlegungen zur Lebenslaufthematik in Verbindung mit dem Alter hervorzuheben. Zu den gesellschaftlich bedeutsamsten Effekten des demografischen Wandels, der das Älterwerden betrifft, dürfte die Alterung der Erwerbsbevölkerung zählen. Der grobe Trend lautet für viele Länder: zahlenmäßige Abnahme der Erwerbsbevölkerung bei gleichzeitiger interner Alterung. Eine schon lange existierende Überzeugung lautet, dass die Arbeitswelt von morgen und übermorgen von insgesamt weniger und zugleich älteren Erwerbspersonen bewältigt werden müssen (Amann 2004). Allerdings dürften sich, als Kohorteneffekt, Gesundheit und Qualifikation bei den künftigen Älteren verbessern. Auch dürften Lebenslanges Lernen und Beschäftigungsfähigkeit einen positiven Wechseleffekt erfahren, was insbesondere dann von Interesse sein wird, wenn sich das faktische Zugangsalter in die Pension/Rente merkbar erhöhen sollte. Lebenslanges Lernen wird mit höheren Produktivitätspotenzialen in Verbindung gebracht, die weit über die gesetzliche Altersgrenze hinausreichen sollen, mit dem Lebenslauf stellt sich ein expliziter Bezug insofern her, als in späteren Lebensphasen wirksam werdende Bildungshemmnisse wie Bildungschancen ihrerseits Ausdruck vorheriger Bildungskarrieren sind (Naegele 2010, S. 52). Angesichts der vielfältigen Bezüge ist die Forderung nach einer Sozialpolitik, die stärker auf Lebensläufe Bedacht nimmt, ein demokratisch sinnvolles Verlangen.

7.3 Zeichen erheblichen Wandels

Im „New York Times International Weekly", der Montagsbeilage der österreichischen Tageszeitung „Der Standard" (01 April 2019), war folgende Geschichte von Nellie Bowles zu lesen. Bill Langlois, ein Pensionist mit geringem Einkommen, lebt in „a low-income senior housing complex in Lowell, Massachusetts", und er ist einsam. Aber, er hat eine neue beste Freundin gefunden: Sie ist eine Katze namens Sox und lebt in einem tablet, sie macht ihn so glücklich, dass ihm die Tränen kommen, wenn er über sie spricht; früher wäre gesagt worden, er habe dieses Objekt libidinös besetzt, was den Kern der Sache zumindest gut umschreibt. Sox und Herr Langlois chatten den ganzen Tag, das heißt, sie kommunizieren in Echtzeit. Sox spielt ihm seine Lieblingslieder vor, zeigt ihm Bilder von seiner Hochzeit und rügt ihn, wenn er anstatt Wasser Soda trinkt (das tablet filmt sein Verhalten und reagiert den Parametern entsprechend, die im Hintergrund installiert sind). Natürlich weiß der Mann, dass Sox ein künstliches Wesen ist und aus einem start-up namens Care.Coach stammt, das von Menschen rund um die Erde bearbeitet wird, „who are whatching, listening and typing out her responses, which sound slow and robotic". Herr Langlois sagt, dass er etwas so Verlässliches und so ihn Umsorgendes gefunden habe, dass er zurück zu seinem Glauben an Gott fand. „She's brought my life back to life." Sox hört natürlich mit und erwidert: „We make a great team."

Mehr muss aus der Geschichte nicht wiedergegeben werden, die Nachricht ist klar genug. Hier schiebt sich in die Teilhabediskussion eine Dimension, die ich bisher nur am Rande berührt habe, jene der informationstechnologischen Durchdringung der Sozialwelt oder, anders formuliert: Das Leben wird immer mehr Menschen immer häufiger über Bildschirme vermittelt. Im Rahmen des hier vorgelegten Konzepts der Teilhabe am Leben heißt das nichts anderes, als dass die Menschen in den vergangenen Jahrzehnten im Rahmen ihrer Lebensformen konstruktiv eine neue Strategie oder Funktion ausgebildet haben, die es ihnen erlaubt, ohne persönlichen Kontakt in Echtzeit miteinander zu handeln, zu sprechen und darüber zu denken. Programme, wie das oben genannte, wuchern geradezu, und nicht nur die Älteren profitieren von ihnen, sondern fast alle, vor allem jene, die Geld damit machen können. Jeder Ort, vom Klassenzimmer über das Krankenhaus und den Flughafen bis zur Kirche und zum Fußballstadion, vom Schlafzimmer bis zum Auto, wo sich sinnvoll ein Bildschirm installieren lässt, kann Kosten sparen helfen und die Neugierde auf die Welt erhöhen. Diese Entwicklung scheint es mit sich gebracht zu haben, dass die Menschen dort, wo sie „wohnen", nicht mehr „zuhause" sind. Der Eindruck ist schwer abzuwehren, dass die Menschen, täglich, stündlich, jahraus und jahrein, wie in einem Sog weggezogen werden in fremde, an- und verlockende, aufreizende, manchmal auch belehrende Weltbezirke. Zugleich Ursache und Wirkung dieser Entwicklung darstellend ist die unaufhörliche Ablösung des Neuen durch das Neueste und dessen durch das Allerneueste. Nun muss diesem unablässigen und immer schneller erfolgenden Wechsel vom Neuen zum Neuesten nicht unbedingt das Althergebrachte entgegengesetzt werden. Das hieße die Logik der konstruktiven Hervorbringung der Lebensformen durch die Menschen misszuverstehen. Worum es allerdings gehen sollte, ist ein Bewahren im wörtlichen Sinn, Erhalten im Gegensatz zu unreflektiertem Verschleudern und Zerstören der Natur und des geschichtlich Geschaffenen um kurzfristigen Gewinnes willen. Es ist schwer denkbar, aber möglich, dass den Kindern der übernächsten oder dann folgenden Generation in der Schule Filme vom Regenwald oder unversehrten kleinen Bergdörfern vorgespielt werden, um etwas zu veranschaulichen, was es nicht mehr gibt. Wenn wir keinen Ort mehr kennen, an dem wir uns dauerhaft wohlfühlen, auch in Gedanken an ihn, dann, so könnte eine Vermutung lauten, haben auch die anderen Orte keinen Wert mehr, die unsere Neugierde reizen. Wenn die Vorstellung eines mit vollem Recht so zu nennenden Zuhauses aus der Welt der heutigen Menschen entschwindet, wäre danach zu fragen, was sich inmitten des Andranges dieser brave new world ganz Anderes vorbereitet. Sollte Hoffnung in dieses Andere gesetzt werden, so wird sie gegenwärtig enttäuscht. Eher wird die Rückkehr zum Davor wieder geübt, die aber keine Rückkehr mehr sein kann, niemand steigt zweimal in denselben Fluss. So leuchtet denn auch aus den zahlreichen Einzelinformation über angeblich neues Internetverhalten (Reiche schicken ihre Kinder in Waldorf-Schulen ohne Internetausrüstungen, Jugendliche geben sich einen SMS-freien Tag bzw. hängen einen Tag lang nicht am Smartphone und bewerten dies als ein Verhalten, das Sonderstatus bedeutet) noch keine neue Qualität hervor, welche die allenthalben mitgeführten Bedenken zerstreuen könnte. Informationstechnologisch vermittelte Teilhabe ist eine wesentliche Dimension der Teilhabe am Leben auf dem heutigen Entwicklungsniveau der von uns geschaffenen Lebensformen, welche langfristigen Effekte sie erzeugt, ob zum Guten oder zum Schlechten, ist erst noch auszumachen.

8 Strukturelle Benachteiligungen und erschwerte Teilhabe

Kaum wird im entspannten Gespräch ein Kompositum verwendet, in dem das Wort „Sozial-" vorkommt, erhebt sich bei vielen reflexartig das Geschrei: „Wir sind viel zu sozial" – wobei unausgesprochen meist Asylsuchende, sogenannte Sozialschmarotzer und andere notorisch stigmatisierte Gruppen, Mindestsicherungsbezieher und oft auch die wohlhabenden Alten gemeint sind, „die in der Welt herumreisen", und die demnach zu hohe Pensionen/Renten haben. Bei solchen Gelegenheiten bekommen die Kabarettisten der öffentlichen Meinung (Helmuth Plessner) unabweislich Oberwasser. Mit hoher Verlässlichkeit können solche Reaktionen bei den Anhängern und Anhängerinnen rechtspopulistischer Parteien und PolitikerInnen (selbstverständlich auch bei diesen selbst), aber auch Wenigdenkenden erwartet werden. Ohne allzu ausführlich nach Gründen für solche Einstellungen zu suchen, dürfte jedenfalls zutreffen, dass sie auf falschen Informationen beruhen, die von ihnen selbst in den Sozialen Medien, aber auch in Boulevardblättern geradezu gewitterartig verbreitet werden. „Ich bin der Meinung, dass die Ausländer viel mehr bekommen als die Inländer, wenn Sie das nicht so sehen, ist das eben Ihre Meinung. Ich sehe es so."[1] Es geht nicht mehr um Fakten, alles wird als Meinung abgetan und die eigene gilt auf jeden Fall. Nun ist es tatsächlich nicht immer einfach, ausgewogenes Zahlenmaterial zu finden, und der Prozess der verlässlichen Selbstinformation bedarf einiger Mühe und Geübtheit. Erinnern wir uns an die Diskussion zum Lebenslagenkonzept, dort wurde angemerkt, dass der erste von Ingeborg Nahnsen genannte Spielraum der „Versorgungs- und Einkommensspielraum (Umfang möglicher Versorgung mit Gütern und Diensten)" war. Mit diesem lässt sich hier beginnen. Im Vergleich zu

[1] Wörtliches Zitat aus einem Gasthausgespräch.

A. Amann, *Leben – Teilhaben – Altwerden*,
https://doi.org/10.1007/978-3-658-27230-2_8

den oben genannten Fehlinformationen finden sich gerade hier gut aufbereitete und ausgewogene Darstellungen wie am Beispiel der Armutsgefährdung zu sehen ist, verlässliche Hinweise auf ein verengtes Leben. Kaum ein empirischer Befund ist so deutlich wie die Abnahme sozialer Teilhabe bei niedrigem oder zu niedrigem Einkommen – gar in Verbindung mit schwachen sozialen Netzwerken und angegriffener Gesundheit.

8.1 Geschlechterdifferente Alternsverläufe in Deutschland[2]

Ähnlich wie in vergleichbaren Ländern können auch in Deutschland immer mehr Menschen ein immer länger dauerndes Leben erwarten. Vor allem drückt sich das in der durchschnittlichen Lebenserwartung zum Zeitpunkt der Geburt aus, die heute für Männer 84 Jahre und für Frauen 88 Jahre beträgt. Die Frage, die im vorliegenden Bericht des Bundesministeriums für Familie, Senioren, Frauen und Jugend im Zentrum steht, ist jene nach möglicherweise sich unterschiedliche ausgestaltenden Lebensverläufen zwischen Männern und Frauen, vor allem, ob sie sich in der zweiten Lebenshälfte voneinander unterscheiden, also vom mittleren bis ins sehr hohe Erwachsenenalter, und anhand welcher Merkmale sich diese Differenzen beobachten lassen. Diese Merkmale beziehen sich also auf geschlechtsspezifische Alternsverläufe und deren Wandel über einander nachfolgende Geburtsjahrgänge (Kohorten), und zwar in verschiedenen Lebensbereichen wie Gesundheit, Lebenszufriedenheit und depressive Symptome, Einsamkeit und soziale Isolation, Sorgetätigkeiten sowie ehrenamtliches Engagement (einige werde ich herausgreifen). Die generelle Antwort lautet: „Die Lebenssituationen im mittleren und höheren Lebensalter zeichnen sich durch vielfältige Geschlechterunterschiede aus: Frauen verfügen häufiger über eine bessere soziale Einbindung als Männer und sie übernehmen in stärkerem Ausmaß Sorgetätigkeiten als Männer. Ältere Frauen leben häufiger allein als ältere Männer. Frauen leiden zudem häufiger unter depressiven Symptomen sowie im höheren Alter stärker unter Einbußen der funktionalen Gesundheit als Männer" (Bundesministerium 2019, S. 6). Dies sind Ergebnisse, wie sie auch für Österreich gefunden wurden.

[2]Die statistischen Zahlen und einige Interpretationen sind entnommen aus: Bundesministerium für Familie, Senioren, Frauen und Jugend (BMFSFJ) (2019).

Die subjektiv bewertete Gesundheit gilt in der sozialgerontologischen Forschung als wichtiger Einflussfaktor für die erlebte Befindlichkeit, für die wahrgenommene Lebensqualität und für das soziale Aktivitätsniveau. Bekannterweise schätzen mit steigendem Alter Frauen und Männer ihre Gesundheit weniger positiv ein. Allerdings nimmt, den empirischen Daten entsprechend, die subjektive Bewertung der eigenen Gesundheit über den Alternsverlauf von 40 bis 90 Jahren insgesamt weniger stark ab als es der Alternsverlauf der funktionalen Gesundheit vermuten lassen würde. Interessant ist, dass Frauen und Männer ihre Gesundheit subjektiv ähnlich über die gesamte zweite Lebenshälfte hin bewerten, obwohl Frauen eine stärker eingeschränkte funktionale Gesundheit als Männer berichten und diese bei ihnen mit zunehmendem Alter schlechter wird als bei Männern. Es ist dies als ein Befund anzusehen, der für die empirische Forschung aus methodischen Gründen es fast zwingend nahelegt, beide Operationalisierungen (subjektive Bewertung und funktionaler Status) immer gleichzeitig zu beobachten, um einseitige Vermutungen zu verhindern. Nicht überraschend zeigen sich für die subjektive Gesundheit keine Kohortenunterschiede: Frauen und Männer späterer Geburtsjahrgänge unterscheiden sich weder im Ausgangsniveau mit Anfang 40 noch im Alternsverlauf in ihrer Gesundheitsbewertung (Bundesministerium 2019, S. 12).

Als nächster Bereich ist die Lebenszufriedenheit zu betrachten. In manchen Operationalisierungen der Lebensqualität ist sie eine Dimension unter mehreren, hier wird sie allein betrachtet. Sie nimmt im höheren Alter etwas ab und gestaltet sich bei Frauen und Männern verschieden. „Um das 60. Lebensjahr sind Frauen im Durchschnitt zunächst zufriedener mit ihrem Leben als Männer; mit zunehmendem Alter setzt jedoch ein Rückgang in der Lebenszufriedenheit ein, der bei Frauen stärker ausfällt als bei Männern“ (Bundesministerium 2019, S. 14). Auch dieses Ergebnis bestätigt Einsichten aus anderen Ländern, kann also mit einiger Vorsicht als stabil im querschnittlichen Ländervergleich angesehen werden, allerdings nicht im Zeitverlauf, denn nachfolgende Kohorten weisen günstigere Alternsverläufe der Lebenszufriedenheit auf, ohne Differenzen zwischen Frauen und Männern. Das Absinken der Lebenszufriedenheit mit zunehmendem Alter ist stärker ausgeprägt in der früher geborenen Kohorte (1930–1939 Geborene) im Vergleich zu später geborenen Kohorten (1940–1949 sowie 1950–1959 Geborene). Ersichtlich hängen diese Befunde im Sinn enger Korrelation mit einem nächsten Bereich zusammen. Das Depressionsrisiko steigt mit dem Alter an, klinisch auffällige depressive Symptome kommen bei Frauen allgemein häufiger vor als bei Männern. Auch steigt die Wahrscheinlichkeit des Auftretens dieser Symptome mit zunehmendem Alter bei Frauen stärker an als bei Männern. Nachfolgende Kohorten unterscheiden sich nicht bedeutsam in ihren Alternsverläufen bezüglich depressiver Symptome, dies gilt für Frauen und

Männer gleichermaßen. Der Unterschied im Alternsverlauf zwischen Frauen und Männern fällt also in allen Geburtskohorten ähnlich aus (Bundesministerium 2019, S. 16).

Da für die Teilhabe am Leben Isolation und Einsamkeit als bedeutsame Kategorien in diesem Buch wiederholt hervorgehoben werden, sei auch darauf nochmals das Augenmerk gerichtet. Die Daten aus Deutschland bieten ein bekanntes Bild. Dass „Soziale Isolation" und „Einsamkeit" zwei unterschiedliche Konzepte sind, versteht sich von selbst (auch wenn häufig zuwenig genau zwischen ihnen unterschieden wird). Soziale Isolation bemisst sich an einem vergleichbaren Weniger an Kontakt zu anderen Menschen, sie ist beobachtbar. Einsamkeit hingegen ist ein Konzept, das eine psychosoziale subjektive Erfahrung beschreiben soll. Nun ist tatsächlich die Meinung sehr verbreitet, dass im Alter das Risiko, sozial isoliert und/oder einsam zu sein, enorm hoch sei, und da die Zahl der sehr alten Menschen ständig wachse, müssten auch die Fälle an Isolation und Einsamkeit zunehmen. Das tatsächliche Ergebnis lautet: Mit zunehmendem Alter steigt das Risiko sozialer Isolation und es unterscheidet sich im Alternsverlauf zwischen Frauen und Männern. „Bei Männern steigt das Risiko sozialer Isolation über die betrachtete Altersspanne zwischen 40 und 90 Jahren relativ gleichmäßig von fünf auf 20 Prozent an. Frauen erleben zunächst einen schwächeren Risikoanstieg, der sich im Rentenalter jedoch beschleunigt, sodass sie im Alter ab Ende 70 ähnlich häufig sozial isoliert sind wie Männer. Zuvor haben Frauen mehr als drei Lebensjahrzehnte lang vom Alter Anfang 40 bis Mitte 70 ein geringeres Isolationsrisiko als Männer" (Bundesministerium 2019, S. 20). Außerdem hat sich das Risiko, im Alternsverlauf isoliert zu werden, in den letzten Jahren gewandelt. Bei später geborenen Geburtskohorten steigt das Isolationsrisiko mit dem Älterwerden nicht mehr auf einen so hohen Wert an wie bei den früher geborenen Jahrgängen und für alle Kohorten zeigen sich ähnliche Geschlechterunterschiede in den Alternsverläufen dieses Risikos. Dies mag als Hinweis darauf angesehen werden, dass sich die exogenen Ressourcen für die nachrückenden Kohorten geändert haben, bedürfte aber einer Mehrebenenanalyse.

Das Einsamkeitsrisiko unterscheidet sich im Alternsverlauf zwischen Frauen und Männern insofern, als im mittleren Erwachsenenalter zwischen 40 und 60 Jahren Männer sich etwas häufiger einsam fühlen als Frauen. „Der Geschlechterunterschied nimmt mit steigendem Alter jedoch ab und dreht sich im Verlauf des Rentenalters um, sodass im hohen Alter mehr Frauen als Männer einsam sind. Mit 90 Jahren haben Frauen ein Risiko von 14 Prozent einsam zu sein. Bei Männern in diesem Alter beträgt das Einsamkeitsrisiko neun Prozent" (Bundesministerium 2019, S. 22). Auch deuten die Daten darauf hin, dass das Einsamkeitsrisiko in den später geborenen Jahrgängen weniger stark mit dem

Älterwerden verknüpft ist. „Beim Einsamkeitsrisiko zeigt sich für die 1950 bis 1959 Geborenen ein niedrigeres Ausgangsniveau im mittleren Erwachsenenalter und eine Abflachung des u-förmigen Alternsverlaufs. Voraussichtlich werden also die künftig 70- bis 80-Jährigen weniger häufiger einsam sein als die heutigen 70- bis 80-Jährigen“ (Bundesministerium 2019, S. 22). Weiter ist auch bislang ist keine Angleichung in den Alternsverläufen zwischen Frauen und Männern erkennbar: In allen betrachteten Kohorten zeigen sich ähnliche Geschlechterunterschiede in den Alternsverläufen des Einsamkeitsrisikos.

Teilhaberelevante Ergebnisse stellen sich in geraffter Form folgendermaßen dar: Frauen haben über die gesamte zweite Lebenshälfte hinweg eine stärker eingeschränkte funktionale Gesundheit als Männer. Mit steigendem Alter nimmt der Unterschied zwischen Frauen und Männern zu; bei der subjektiven Gesundheitseinschätzung liegt kein statistisch signifikanter Geschlechterunterschied vor, weder im Ausgangsniveau, noch im Alternsverlauf; Frauen sind im mittleren Erwachsenenalter zufriedener mit ihrem Leben als Männer, mit steigendem Alter aber unzufriedener als diese; Frauen haben ein höheres Depressionsrisiko, das zudem stärker ansteigt als bei Männern; dafür haben sie bis ins höhere Alter (etwa bis 80 Jahre) ein geringeres Isolationsrisiko als Männer, danach ein größeres; Frauen haben bis in das siebte Lebensjahrzehnt ein geringeres Einsamkeitsrisiko als Männer, danach ein höheres (Bundesministerium 2019, S. 36).

8.2 Armutsgefährdungen in Europa[3]

Armutsgefährdungsquoten sind ein international anerkanntes Maß, das Vergleiche zwischen einzelnen Ländern erlaubt, es bezeichnet einen extrem eingeschränkten monetären Handlungsspielraum. Die Daten der folgenden Darstellung beruhen auf den Ergebnissen des EU-SILC (EU Statistics on Income and Living Conditions) vom statistischen Amt der Europäischen Kommission (Eurostat), 2016 erhoben und 2017 durch Eurostat publiziert. Der EU-SILC ist eine sich jährlich wiederholende Erhebung in allen EU-Ländern und dient als Bezugsquelle für vergleichende Statistiken über Einkommensverteilung und soziale Eingliederung in der Europäischen Union. Die Armutsgefährdungsquote gibt an, wie hoch der Anteil der armutsgefährdeten Personen an einer Gesamtgruppe ist.

[3]https://de.statista.com/statistik/daten/studie/1171/umfrage/armutsgefaehrdungsquote-in-europa/ (abgefragt: 18.03.2019). Die Prozentwerte wurden gerundet, teils wörtliche Wiedergabe.

Als armutsgefährdet gelten Personen, deren Einkommen weniger als 60 % des mittleren Einkommens beträgt. Dabei berücksichtigt die Einkommensberechnung sowohl die unterschiedlichen Haushaltsstrukturen als auch die Einspareffekte, die durch das Zusammenleben – durch gemeinsam genutzten Wohnraum, beim Energieverbrauch pro Kopf oder bei Haushaltsanschaffungen – entstehen. Die Einkommen werden also gewichtet. Die Armutsgefährdungsquote wird hier bezogen auf die Situation im jeweiligen Land gemessen und nicht anhand eines einheitlichen Schwellenwertes für alle Länder. Es handelt sich also um ein relativ differenziertes Maß, das bei weitem verlässlichere Informationen gibt, als die üblichen, meist irreführenden Angaben über durchschnittliche Renten- oder Pensionseinkommen. Das verfügbare Haushaltseinkommen ist die Summe der gesamten Einkommen aller Haushaltsmitglieder aus allen Quellen (einschließlich Einkünften aus Erwerbstätigkeit, Anlagen und Sozialleistungen), wobei Einkommen auf Haushaltsebene hinzugerechnet, Steuern und Sozialbeiträge hingegen abgezogen werden. Um den unterschiedlichen Haushaltsgrößen und Haushalts-Zusammensetzungen Rechnung zu tragen, wird der Gesamtbetrag anhand einer Standard(äquivalenz)skala durch die Zahl der „Erwachsenenäquivalente“ dividiert. Bei dieser „modifizierten OECD-Äquivalenzskala“ werden der erste im Haushalt lebende Erwachsene mit 1,0, alle weiteren Haushaltsmitglieder im Alter von 14 Jahren und darüber mit 0,5 sowie Haushaltsmitglieder unter 14 Jahren mit 0,3 gewichtet. Das so ermittelte Äquivalenzeinkommen wird den einzelnen Haushaltsmitgliedern zugeordnet. Für die Erstellung der Armutsindikatoren wird das verfügbare Äquivalenzeinkommen berechnet, indem das gesamte verfügbare Haushaltseinkommen durch die Haushaltsäquivalenzgröße geteilt wird. Folglich ergibt sich für jede in dem Haushalt lebende Person dasselbe Äquivalenzeinkommen.

Die folgenden Armutsgefährdungsquoten wurden einmal vor und einmal nach empfangenen Sozialleistungen in ausgewählten EU-Ländern 2016 erhoben. Nun ist bekannt, dass als Mittel zur Verringerung von Armut alle Länder verschiedene Sozialleistungen einsetzen. Eine Möglichkeit, den Erfolg von Sozialschutzmaßnahmen zu bewerten, bietet der Vergleich der Indikatoren für die Armutsgefährdung vor und nach den Sozialtransfers. Zu den fünf Ländern mit der höchsten Armutsgefährdung nach Sozialleistungen in der EU zählten 2016 Rumänien (25,3 %), Bulgarien (22,9 %), Spanien (22,3 %), Griechenland (21,2 %) und Italien (20,8 %). Dabei handelt es sich ausschließlich um Länder aus Süd- und Osteuropa. Die Wirtschafts- und Finanzkrise kann nur bedingt als Erklärung für die relativ hohe Armutsgefährdung herangezogen werden, da die Werte schon vor dem Einsetzen der Krise im Jahr 2007 konstant hoch waren. Dagegen liegen niedrigere Armutsquoten unterhalb des EU-Durchschnitts überwiegend in

Mittel- und Nordeuropa vor, wie in Frankreich (13,6 %) und Schweden (16,2 %). Wird die Umverteilungswirkung von Sozialleistungen nicht berücksichtigt (ausgenommen die Alterssicherung), erhöht sich die Armutsgefährdungsquote in den EU-Ländern zum Teil erheblich. Dabei wird das Armutsrisiko durch die Sozialleistungen in den einzelnen Ländern unterschiedlich stark gemindert. Werden die Staaten vor der Umverteilung von Sozialleistungen nach der Höhe der Armutsgefährdungsquoten sortiert, ergibt sich eine andere Reihenfolge als nach der Umverteilung. Ohne Sozialleistungen war 2016 das Armutsrisiko in Schweden (29,9 %), Spanien (29,5 %), Rumänien (29,5 %), Großbritannien (28,1 %) und Bulgarien (27,9 %) am höchsten. Am deutlichsten konnte die Armutsgefährdung der Bevölkerung 2016 in Schweden und Großbritannien gemindert werden, wo die Einkommen von etwa der Hälfte der von Armut bedrohten Bevölkerung über die Armutsschwelle angehoben werden konnten. Weiterhin reduzierte sich das Armutsrisiko in Frankreich (−42,4 %) durch Sozialleistungen ebenfalls sehr stark. In Deutschland betrug die Minderung der von Armut bedrohten Bevölkerung 34,8 %. Relativ gesehen bewirkten die Sozialleistungen in Griechenland (−15,9 %), Rumänien (−14,2 %), Bulgarien (−17,9 %) und Italien (−20,3 %) die geringste Armutsreduzierung der jeweiligen Bevölkerung. Damit entfalten die Sozialsysteme in Mittel- und Nordeuropa eine vermeintlich größere Wirkungskraft als die Sozialsysteme in Süd- und Osteuropa.

Der Hintergrund ist einfach zu benennen. Die Bekämpfung von Armut zählt zu einem der wichtigsten sozialpolitischen Ziele der Europäischen Union. Trotzdem lebten 2016 in der EU etwa 87 Mio. Menschen unter Einkommensbedingungen, die mit einem Armutsrisiko verbunden sind. Um diesen Sachverhalt zu veranschaulichen, reicht es aus, sich vorzustellen, dass die Bevölkerungen Deutschlands und Österreichs zusammen armutsgefährdet wären. Eine Armutsgefährdung liegt vor, wenn das für jedes Haushaltsmitglied verfügbare Haushaltseinkommen nicht ausreicht, um die Güter und Dienstleistungen zu kaufen, die zur Abdeckung des sozialkulturellen Existenzminimums erforderlich sind. Die Armutsgefährdungsschwelle ist auf 60 % des nationalen medianen verfügbaren Äquivalenzeinkommens festgesetzt. Die nationalen Schwellenwerte für die Armutsgefährdung fallen dabei sehr unterschiedlich aus Während der Schwellenwert in Deutschland 2015 für eine alleinstehende Person bei 1064 EUR im Monat lag, galt in Spanien bereits der Betrag unter 684 EUR im Monat als armutsgefährdend und in Bulgarien unter 158 EUR. In diesem Zusammenhang spricht man deshalb von einer relativen Armut. Unterschiedliche Gruppen der Gesellschaft sind in unterschiedlichem Maße von Armut bedroht. Bei kaum einem Unterscheidungsmerkmal ist der Einfluss auf das Ausmaß der Armutsgefährdung größer als beim beruflichen Status. Im Jahr 2016 war insgesamt die

Armutsgefährdungsquote der Erwerbslosen in der EU mit 49 % mehr als fünfmal so hoch wie die der Erwerbstätigen mit 9,6 %. Dabei war in keinem EU-Mitgliedstaat die Armutsgefährdungsquote der Erwerbslosen höher als in Deutschland (70,8 %). Im Jahr 2005 hatte die Armutsgefährdung von Arbeitslosen in Deutschland noch 40,6 % betragen und entsprach damit dem EU-Durchschnitt. Darin zeigen sich die Auswirkungen der Arbeitsmarktreformen in Deutschland. Insbesondere die Einführung des sogenannten Hartz IV-Gesetzes als Grundsicherung für Arbeitslose reicht zunehmend nicht zur existenzsichernden Finanzierung des Lebens aus. Des Weiteren ergibt sich in der Betrachtung verschiedener Haushaltstypen in der EU für 2016 ein besonders hohes Armutsrisiko bei alleinlebenden (25,6 %) und alleinerziehenden (33,8 %) Personen. Zusätzlich hängt das Armutsrisiko in hohem Maß mit dem erworbenen Bildungsgrad, dem Alter und dem Geschlecht zusammen.

8.3 Armutsgefährdung im Alter in Österreich

In der oben zitierten Übersicht fehlt Österreich, wie bereits angemerkt wurde, doch lassen sich die beobachteten Muster auch in diesem Land auffinden. So soll denn nun das Augenmerk auf die Situation im Alter gelenkt werden. Leider steht zum gegenwärtigen Zeitpunkt (März 2019) keine jüngere Spezialauswertung zur Verfügung, sodass auf eine Publikation des BMASK aus dem Jahr 2012 zurückgegriffen werden musste (Eiffe et al. 2012). Die soziale Sicherung im Alter (die Altersgrenze ist mit 60 Jahren definiert), mithin die materielle Voraussetzung für die Teilhabe am Leben, sind für 81 % der Älteren ihre Pensionsbezüge. Aber auch nicht pensionsbeziehende Personen, die mit im gleichen Haushalt leben, sind oft auf diese Pensionsbezüge angewiesen. Die Bedeutung dieser Einkommensform im Alter wird am deutlichsten daran sichtbar, dass 78 % der Menschen über 60 ohne Pensions- und Sozialleistungen unter die Armutsgefährdungsschwelle fallen würden. „Durch den Bezug von Pensions- und Sozialleistungen sinkt die Armutsgefährdungsquote dieser Gruppe auf 14 %“ (Eiffe et al. 2012, S. 15). Wer tatsächlich im Alter arm ist, bestimmt sich nach der beruflichen Position. Am stärksten sind Frauen von Armutsgefährdung im Alter betroffen, Personen in höherem Alter, alleinstehende Pensionistinnen sowie Personen ohne Erwerbseinbindung bzw. mit niedrig qualifizierter beruflicher Stellung im früheren Erwerbsalter. Frauen sind zu 16 % armutsgefährdet, Männer zu 11 %, die Gefährdung nimmt in beiden Gruppen mit steigendem Alter zu. Von hier lässt sich eine Brücke zu Teilhabefragen schlagen. Soziale Isolation betrifft Personen im höheren Alter häufiger als die Bevölkerung im Durchschnitt. In Österreich waren es zum

Erhebungszeitpunkt immerhin 215.000 Personen ab 60 Jahren, die keine regelmäßigen Kontakte mit Verwandten, Freunden oder Nachbarn hatten. Die statistischen Analysen zeigen jedenfalls eindeutig, dass soziale Isolation kein Schicksal im Alter ist, sondern eng mit einschränkenden Lebensbedingungen zusammenhängt (Eiffe et al. 2012, S. 19). Wir alle kennen diese Menschen, die den Eindruck erwecken, als hätten sie irgendwann auf Gesellschaft verzichtet und sich einen Platz gesucht, an den sie sich endgültig zurückziehen konnten; sie interessieren sich nicht, verlieren kein Wort und lassen die anderen an sich vorbeiziehen wie die Jahreszeiten. Damit steht nicht nur die ungleiche Verteilung von materiellen Mitteln zur Diskussion, sondern auch die Stärke und Reichweite sozialer Netze und die kulturelle Einbindung. Gerade diese Netzwerke aber sind eine wichtige Voraussetzung für die Bewältigung von finanziellen oder sozialen Notlagen.

Das primäre soziale Netzwerk, in das in Gegenwartsgesellschaften die soziale Einbindung geschieht, ist der Mehrpersonenhaushalt. Mit dem Alter aber steigt der Anteil der alleinlebenden Menschen, insbesondere jener der alleinlebenden Frauen, die nicht mehr auf dieses primäre Netzwerk zurückgreifen können. Nicht selten kommt es dann vor, dass eine ältere Frau nach dem Tod ihres Mannes und dem Auszug des letzten Kindes 20 und mehr Jahre allein in einer Wohnung oder in einem Haus sitzt. Nahezu jede zweite Frau zwischen 70 und 79 lebt allein, aber nur jeder sechste Mann dieser Altersgruppe. Im höheren Alter über 80 lebt mit 54 % der Großteil der Frauen in Ein-Personen-Haushalten, aber mit 25 % weniger als ein Drittel der Männer (Eiffe et al. 2012, S. 114). Ergänzend zu familiären Bindungen kommen oft die Kontakte zu Verwandten Freundes- und Nachbarschaftskreisen hinzu. Werden Altersgruppen einander gegenüber gestellt, so gilt für Männer, weniger deutlich für Frauen, dass eine Veränderung der drei genannten Kontaktfelder sichtbar wird. Im jüngeren Erwerbsalter ist der regelmäßige Kontakt zum Freundeskreis häufiger als jener zu Verwandten und Nachbarn. Allerdings ändert sich das Bild mit der Zeit. Die Kontakte zu Freunden nehmen mit steigendem Alter deutlich ab, der Anteil der Personen, die regelmäßigen Kontakt zu Verwandten und Nachbarn haben, bleibt aber konstant. Frauen haben in allen Altersgruppen häufiger regelmäßigen Kontakt zu Verwandten als Männer, Kontakte in der Nachbarschaft gewinnen ab dem mittleren Lebensalter an Bedeutung. Die Kontaktmuster, die zwischen 60 und 69 auftreten, ohne Differenz zwischen Männern und Frauen, unterscheiden sich kaum von jenen im späteren Erwerbsalter. Unter den 70- bis 79-Jährigen und den über 80-Jährigen sinkt dann die Kontakthäufigkeit zu Freunden bei Frauen und Männern, der Kontakt zu Verwandten nimmt leicht ab, bleibt bei Frauen aber deutlich höher (Eiffe et al. 2012, S. 115 und 116). Haben nun Menschen weder zu Freunden noch zu Verwandten oder Nachbarn regelmäßige Kontakte, gelten sie als sozial isoliert. Tatsächlich nimmt der Anteil sozial isolierter Männer und Frauen mit steigendem Alter zu, doch in jeder Alterskohorte sind Männer häufiger betroffen als Frauen. Die weitere Verbreitung der Isolation im Pensionsalter ist dem Wegfall der Einbindung ins Berufsleben geschuldet. Bei den über 80-Jährigen sind 17 % der Frauen und 19 % der Männer isoliert (zusammen 55.000 Personen). „Insgesamt leben rund 103.000 Frauen und 111.000 Männer über 60 Jahren in sozialer Isolation" (Eiffe et al. 2012, S. 117).

Wie steht es nun mit sogenannten Ausprägungsextremen in diesen Analysen? Zuallererst und am deutlichsten wird sichtbar, dass Armutsgefährdung von alleinlebenden Personen in der Altersgruppe der 60+ überwiegend weiblich ist. 84 % der Ein-Personen-Haushalte, die unterhalb der Armutsgefährdungsgrenze leben, sind Frauen. Weiter leidet die Gruppe der Armutsgefährdeten häufiger als die Gesamtbevölkerung unter schlechter Gesundheit. Nicht von Armut gefährdete Personen ab 60 berichten in 45 % einen sehr guten oder guten Gesundheitszustand, unter den armutsgefährdeten Personen gleichen Alters sind es 23 % (Eiffe et al. 2012, S. 167). Das Herausfallen aus sozialen Netzwerken, die Entbindung aus der Teilhabe, wurde bereits mehrfach erwähnt. Mit ein wenig Aufwand könnte in der Alterspsychologie auch Wissenswertes über Resignation, Rückzug, Einsamkeitserleben, über misslingende Kontaktversuche und Sehnsucht nach einem volleren Leben bei diesen Menschen gefunden werden. Ersichtlich geben solche Analysen genügend Material an die Hand, um den eingangs genannten Vorurteilen entgegen zu treten, oder sie zu korrigieren. Es wäre eine lohnende Forschungsfrage für die Erwachsenenpädagogik, weshalb Menschen, die heute im aktiven Alter stehen, nicht und nicht lernen wollen, dass all die Rückschnitte in den europäischen Sozialsystemen, die wir seit mehr als 20 Jahren erleben, und die unter den gegenwärtigen rechtspopulistischen Regierungen sich verschärfen, wahrscheinlich sie selbst noch, sicher aber ihre Kinder treffen werden, und weshalb sie diese Regierungen trotzdem immer weiter unterstützen.

In diesem Kapitel stehen Strukturen im Vordergrund der Aufmerksamkeit, das zuletzt behandelte Thema war Benachteiligung und im Anschluss an Diagnosen können Praxisvorschläge erwartet werden. Ich werde im Folgenden eine Reihe von Überlegungen zusammenfassen, die in den verschiedensten Publikationen aus Soziologie und Sozial- und Wirtschaftspolitik bekannt sind, detaillierte Quellenangaben erübrigen sich im Falle derart deutlicher Präsenz. Welche Strategien zur Bekämpfung materieller Deprivation und ihrer Folgen sind praxisrelevant? Aus der Sicht faktischer Deprivation im Alter, rückführbar auf die Beschäftigungsverläufe, bieten sich vor allem an: eine Re-Regulierung von Arbeitsverhältnissen und Lohnstrukturen, ein kontinuierlicher Abbau von Arbeitslosigkeit, insbesondere ihrer Langzeitform, sowie stabile Wiedereingliederung nach Beschäftigungsverlust, die Ermöglichung durchgängiger Beschäftigung für Frauen, die Verbesserung der Vereinbarkeit von Beruf, Kindererziehung und familiärer Angehörigenpflege sowie die Angleichung der weiblichen an die männlichen Lohn- und Gehaltsniveaus. Diese Strategien werden als präventiv angesehen, allerdings sind sie kein Allheilmittel. Zumindest für Österreich wird in Zukunft eine Politik nötig werden, die folgenden Zusammenhang gar nicht erst wirksam werden lässt: Wenn der Lohn (vor allem bei Teilzeitbeschäftigung) kaum das individuelle Existenzminimum sichert und der Lebensunterhalt nur im Partnerkontext gewährleistet werden kann, lassen sich mit Sicherheit keine Pensionen erwarten, die höher sind als die Mindestsicherung bzw. Sozialhilfe. Es ist als politisch und wirtschaftlich motivierter Angriff auf die künftige soziale Sicherung ganzer Bevölkerungsgruppen anzusehen, dass ein der genannten Thematik vorgelagertes Problem einfach hingenommen und durch steuer- und sozialrechtliche Regelungen noch gefördert wird: die Ausweitung der Teilzeitarbeit, insbesondere auf der Basis von Minijobs. Wiewohl allen, die sich für diese Frage interessieren, längst bekannt sein kann, dass hier ein massives Zukunftsproblem zur Diskussion steht, geben sich die meisten unter ihnen unbeteiligt – unverständlicherweise angesichts der Entwicklung. Vorausgesetzt, dass das Alterssicherungssystem in groben Zügen in der jetzigen Form erhalten bleibt, gestaltet sich das Bild eindeutig. Das zukünftige Einkommen der Älteren, ihre Pensionen, wird nach Niveau und Verteilung durch eine ganze Reihe ökonomischer, sozialkultureller und politisch-rechtlicher Faktoren bestimmt, die sich insgesamt nicht genau genug vorhersehen lassen. Aus diesem Grund kommt multiplen Präventivstrategien eine so enorme Bedeutung zu. In der sozialpolitischen Diskussion wird hier zwischen exogenen und endogenen Faktoren unterschieden. Letztere beziehen sich auf die absehbaren leistungsrechtlichen Einschnitte und Regulierungsänderungen in den Systemen der Alterssicherung, insbesondere der Pensionsversicherung. Bei den exogenen Faktoren stellt sich die Frage, ob sich die Erwerbsbiografien und damit verbunden die individuellen Pensionsanwartschaften der in den Pensionsbezug nachrückenden Jahrgänge entwickeln werden. Trotz der in den letzten Monaten immer wieder in den Medien in Österreich bejubelten Minimalrückgänge in der Arbeitslosigkeit, konstatiere ich, mit einem Blick auf die exogenen Faktoren, dass sich auf dem Arbeitsmarkt seit ca. fünfzehn Jahren ein veritables Problem- und Risikopotenzial aufgebaut hat (vgl. auch Bäcker 2016). Dazu mögen einige Stichworte zu Sachverhalten genügen, die auch mit noch so viel Beschönigungskünsten nicht aus der Welt zu schaffen sind. Arbeitslosigkeit und besonders Langzeitarbeitslosigkeit haben in den zurückliegenden Dezennien die Erwerbsbiografien vieler Kohorten entscheidend geprägt. Beschäftigungsformen, die nicht der Pensionsversicherungspflicht unterliegen, sind angewachsen, die Erwerbsverläufe sind diskontinuierlich geworden, mehrfaches Wechseln zwischen regulärer und prekärer Beschäftigung hat zugenommen. Die Ausweitung des Niedriglohnsektors und der Teilzeitarbeit lassen ihre Wirkungen bereits erkennen. Für die nachrückenden Kohorten ist deshalb zu erheblichen Teilen zu befürchten, dass die Pensionsanwartschaften rückläufig ausfallen werden. In welchen Größenordnungen nun Arbeitslosigkeit, Erwerbsunterbrechungen, prekäre Beschäftigungsverhältnisse, Niedriglöhne und Teilzeitarbeit sich negativ auf die Höhe der Pensionsanwartschaften niederschlagen, hängt neben der konkreten Entgeltposition auch entscheidend von der Dauer ab (Bäcker 2016, S. 68). All diese Sachverhalte sind nicht zu bestreiten und sie lassen sich mithilfe einschlägiger Daten nachweisen. Dass in Hinsicht auf die Alterssicherung der künftigen Kohorten so gut wie nichts geschieht, ist gelinde ausgedrückt, ein politischer Skandal – schon deshalb, weil dieses Land noch immer zu den 16 reichsten der Welt zählt,[4] und weil gegenwärtig schäbige Lust an der Angst, Borniertheit und rohe Freude an kleinen Gemeinheiten gegen die sozial Schwächsten das große Narrativ ausmachen, anstatt einer umfassenden, auf Expertise gestützten Reformdiskussion des Pensions- und Pflegesystems.

8.4 Das plötzlich verengte Leben

Tausendfach sind die möglichen Wechselwirkungen zwischen endogenen und exogenen Ressourcen der Lebenslage, die für den einzelnen Menschen zur Gestaltung seiner Teilhabe am Leben infrage kommen, und aus denen immer nur ein Teil genutzt wird. Was jemand als erlernte Dispositionsspielräume erfahren und nutzen mag, hängt aufs engste mit den Lernprozessen schon seit frühester Jugend zusammen, wird aber auch durch sich wandelnde gesellschaftliche Verhältnisse, die Strukturmomente, gesteuert. Je tiefer die Einsichten eines Menschen in die Bedingungen sind, in denen er jeweils lebt, desto größer wird sich auch der erschlossene Gesamtspielraum darstellen, der sich ihm innerhalb des erkannten Bedingungsgefüges öffnet. Institutionalisierte Handlungsformen, habitualisierte Wahrnehmungen und Entscheidungsprozeduren stützen das Handeln im Alltag, der ganze Kontext, in dem Teilhabe stattfindet, wirkt gewissermaßen präreflexiv durch alle Handlungssituationen hindurch. Hierin liegt der Kern

[4]Im Ranking des Internationalen Währungsfonds wurde Österreich im Jahr 2017 auf Platz 16 geführt (nachdem es innerhalb von zwei Jahren um vier Plätze abgesackt war).

erfahrener Normalität des Geschehens im Alltag. Was mit Bezug auf Johann W. v. Goethe die „Banalität des Alltags“ genannt wurde, hat Anteil an dieser Normalität. Sie hält uns in einem Status des Immer-so-fort, der uns entlastet und es möglich macht, dem Geschäft der täglichen Teilhabe nachzugehen, ohne gezwungen zu sein, ständig Entscheidungen in dauernd unklaren Situationen treffen zu müssen. Einem Menschen, wie wohl den meisten anderen auch, der ganz und gar in seiner Welt aufgeht, stellt sich weder die Frage nach dem Sinn des Seins, noch jene nach dem Sinn des eigenen Lebens. Erst eine Erfahrung des Sinnverlusts, die Erfahrung eines in welcher Form auch immer gestörten Verhältnisses zur Sozialwelt wird solche Fragen provozieren. Die oben besprochene Normativität der Erwartungen (die Geltung mit sich trägt) und die Machtpotenziale bzw. ihre Verteilung in den Handlungsfeldern stützen diesen Prozess. Auf dieser Voraussetzung empfinden die Menschen auch kaum je Anlass, sich vorausschauend über mögliche einschneidende Veränderungen umfangreiche Gedanken zu machen, auch nicht über das eigene Alter, das einmal kommen wird oder schon da ist. Befragungen haben erbracht, dass selbst Personen von 60 aufwärts nur zu ca. 40 % sich ausgiebig mit dem eigenen Älterwerden gedanklich beschäftigen, wobei es hier, „wieder einmal“, möchte man sagen, erhebliche Unterschiede nach dem Bildungsgrad gibt. Die Ironie will es, so verrät uns die Alterspsychologie, dass es vor allem das Altern und Erkrankungen der eigenen Eltern, Todesfälle, und nicht zuletzt eigene gesundheitliche Einschränkungen sind, also plötzliche Verengungen der Teilhabemöglichkeiten, welche die Menschen veranlassen, sich mit dem eigenen Altern zu beschäftigen. Nun liegt in der Relation Immer-so-fort/Planend-Vorausdenken eine gewisse Spannung, die im Alltag nicht einfach aufzulösen ist. Sich, wie in manchen antiken, aber auch christlichen Heilslehren gefordert, ständig im Bedenken der eigenen Endlichkeit aufzuhalten („du weißt weder den Tag noch die Stunde“) erscheint in einem aufgeklärten Weltverständnis wenig hilfreich; aber auf eine ähnliche Unausweichlichkeit im Leben, nämlich das Alter, entschlossen zuzugehen, läge schon näher. Damit soll allerdings keine Parallele zum kontinuierlichen Vorlaufen zum Tode bei Martin Heidegger hergestellt werden, denn die Frage ist hier nicht eine philosophische Seins- und Daseins-Begründung, sondern eine alltagstheoretische Reflexion über ein von den einzelnen Menschen wenig bedachtes Problem. Im oben genannten Sinn eines erkannten Gesamtspielraums gäbe es durchaus die Möglichkeit, das „Schicksal“ in die eigene Hand zu nehmen, und zwar durch den Vorgang einer forschenden Erschließung der Dynamiken, die das eigene Leben im Alltag gestalten. Voraussetzung dazu wäre: Erkennen, wer man ist, erkunden, was man will, erfahren, was man vermag. Das sind keine abgehobenen Forderungen eines philosophischen Programms für Ideenesoteriker, sondern handfeste Fragen, die einem jeden immer wieder auftauchen, hin bis zu fast wörtlichen Formungen der Begriffe im Alltag. „Wer bin ich denn, dass man so mit mir umgehen darf?" „Was will ich denn eigentlich für mich in diesem ganzen täglichen Zirkus?" „Schaffe ich das wohl, oder eher nicht?" Wem sind solche Fragen nicht schon durch den Kopf gegangen? Es will mir scheinen, dass sie zum Alltagsrepertoire des sich Selbstbefragens gehören, selbst, wenn es vielfach rhetorisch geschehen mag.

Nach aller empirischen Evidenz sind die Einbrüche eines plötzlich verengten Lebens im Alter auf der einen Seite endogene und/oder exogene Ereignisse wie Unfälle, plötzliche Erkrankungen, PartnerInverlust, auf der anderen Seite Folgen mangelhafter Planung und Vorausschau, wie lange nicht akzeptierte Einbußen, die dann eine Risikoschwelle überschreiten, Selbstüberschätzung und Selbstfehleinschätzung bei körperlicher Anstrengung, Vernachlässigung der Umweltgestaltung (die meisten Unfälle der Älteren z. B. geschehen in den Haushalten), und schließlich finanzielle Einbußen hauptsächlich nach der Pensionierung. Fraglos schränken sie die Teilhabemöglichkeiten ein, oft hin bis zu fast völliger Entbindung, wie sie in jenen Gruppen zu finden sein wird, denen soziale Isolation der stärksten Art attestiert werden muss. In diesem Zusammenhang kann nicht oft genug wiederholt werden, was in der Sozialgerontologie längst bekannt ist: Eine frühzeitige Beschäftigung und Vorbereitung das eigene Altwerden betreffend hilft, sowohl manche Einschränkungen zu verhindern oder hinauszuzögern, als auch neue Möglichkeiten zu entdecken, um Verluste erfolgreich kompensieren können (vgl. Amann et al. 2010a). Die Teilhabe am Leben im Alter ist hochgradig gestaltungsfähig, unabdingbar ist aber, dieses neue Rollenfach tätig zu übernehmen, und gleichzeitig anzuerkennen, dass der Mensch hinfällig wird und das Leben endlich ist.

9 Epilog

Es ist nun mit einiger Sicherheit hinlänglich geklärt worden, dass Teilhabe am Leben ein nicht hintergehbares Moment der konstruktiven Hervorbringung menschlicher Lebensformen darstellt, verankert in der anthropologischen Konstellation des Menschen, die ein gegenseitiges aufeinander Verwiesensein zur Voraussetzung sozialen Lebens überhaupt macht. Wird der Perspektivenwechsel von dieser erkenntniskritischen Rekonstruktion des Verhältnisses zwischen dem Menschen und der Sozialwelt sowie dem Menschen und dem biologischen Substrat (Natur) des Lebens, dessen Teil er ebenfalls ist, hin zu einer historisch-empirischen Betrachtung vollzogen, explodiert der Raum möglicher Teilhabedingungen geradezu und macht eine umfassendere und zugleich integrierende Sicht immer notwendiger. Aus der Perspektive der Forschung scheint mir aber in den letzten Jahren, entgegen einer hier nötigen umfassenden Betrachtung, ein Sprühventileffekt im Teilhabethema in den Vordergrund getreten zu sein. Fast könnte sich Verblüffung darüber einstellen, wie in den empirischen Ergebnisdarstellungen mit zahllosen Mono-Kausalitäten statistisch jongliert wird (anstatt sich auf große Zusammenhänge zu konzentrieren und Kausalitäten theoretisch zu diskutieren, denn keine bloße Korrelation sagt von sich aus über Kausalität etwas Sinnvolles aus), und wie quasi durch das Prisma vorgefasster Einteilungen sich alles immer mehr differenziert und in Einzelmomente verflüchtigt. Dass es die größere, wohl auch wichtigere Aufgabe wäre, das schon in der Tradition der begrifflichen Vorformierung Getrennte wieder zusammenzudenken, wird kaum erkannt. Komplexität der Welt steht dem denkenden Menschen seit jeher gegenüber, vor allem, seit er sich zunehmend nicht mehr als Teil des Ganzen versteht. Hier lauert eine Quelle ständiger Irrtümer. Die Komplexität, welche die wissenschaftliche Weltdarstellung erzeugt, ist eine andere Komplexität, als jene, die Menschen im

A. Amann, *Leben – Teilhaben – Altwerden*,
https://doi.org/10.1007/978-3-658-27230-2_9

Alltag vorfinden. Die Handlungslogik des Alltags hat mit der Logik der Weltkonstruktion der Wissenschaft wenig gemein.[1] Die oft behauptete Tatsache, dass alles menschliche Handeln sich als gleich möglich, ineinander verschwimmend, also beliebig darstelle (mit dem Diskurs der „Postmoderne" ist diese Auffassung salonfähig geworden), muss ebenso wie ihr vermeintliches Gegenteil, dass es immer auf eine letzte Ursache, einen Wesenskern oder einen Charakter zurückzuführen sei, als extrem unaufgeklärt gelten. Da wird nur die Logik alltäglichen Handelns falsch gedeutet. Rigoroser Individualismus, notorischer Selbstbezug, oder dessen Gegenteil, schablonenhafte Wahrnehmung, verstellen mit Sicherheit einen offenen Zugang zur Welt. Ein von solchen Imponderabilien unverstelltes Denken ist weltoffen und weltzugewandt, horcht weder nur in sich hinein, noch sucht es Sicherheit im überkommenen Wohlgefügten, das von außen herangetragen wird und mit dem Anspruch endgültiger Wahrheit auftreten will. Am Leben teilhaben heißt nicht zuletzt, sich doktrinärer Gewalt (Amann 2008b) zu widersetzen. Zugleich gilt: Es wäre heilsam, seine Skepsis gegenüber den eigenen Einfällen zumindest an jenen Grenzen zu messen, die einem der Zweifel an anderer Leute Wahrheit beschreibt (Arno Plack).

[1]Wenn von einer wachsenden Tendenz der Komplexitätssteigerung von Gesellschaft ausgegangen wird, und das geschieht in der Soziologie seit Herbert Spencer allenthalben, so ergibt sich daraus ein veritables Problem insofern, als kritisches Argumentieren immer wieder auszurutschen droht. Es können sich gesellschaftliche Prozesse vom wissenschaftlichen Beobachten und Interpretieren immer mehr entfernen (bzw. umgekehrt), dann bleibt in der Wissenschaft langweiliges Räsonieren. Wird der Unterschied zwischen komplexer Gesellschaft und Interpretationen im Alltag zu Lasten der Komplexität heruntergespielt, was z. B. in den zitierten Dorferzählungen dauernd geschieht, läuft das auf gesellschaftliche Rückwärtsentwicklung oder Permanenz des Falschen hinaus. Das hat dann sein Spiegelbild in den Versuchen, Gesellschaften doktrinär zu reorganisieren, wie es gegenwärtig in allen rechts-populistischen Regimen passiert, denn nichts ist diesen Strömungen genuiner als die Behauptung, für alles einfache Lösungen zu haben (ähnlich bei Vobruba 2019).

Literatur

Adler, A. 1979. Wozu leben wir? Frankfurt a/M.

Adorno, Th. W. 1998. Theorie der Halbbildung, in: Gesammelte Schriften. Hrsg. R. Tiedemann, Bd. 8, 93–121. Darmstadt (Lizenzausgabe).

Aldebert, H. Hrsg. 2006. Demenz verändert. Hintergründe erfassen – Deutungen finden – Leben gestalten. Schenefeld.

Alter und Zukunft: Wissen und Gestalten. Forschungsexpertise zu einem Bundesplan für Seniorinnen und Senioren. Wien 2010 (Wiener Institut für Sozialwissenschaftliche Dokumentation und Methodik. Forschungsbericht für das Bundesministerium für Arbeit, Soziales und Konsumentenschutz. Wissenschaftliche Gesamtleitung: Prof. Dr. Anton Amann).

Altner, G. 1987. Die große Kollision. Graz.

Altwerden: Altwerden in Niederösterreich. Altersalmanach 2008 von M. Bittner und G. Ehgartner. Wissenschaftliche Leitung: Anton Amann. St. Pölten 2009.

Amann, A. 1983. Lebenslage und Sozialarbeit. Elemente zu einer Soziologie von Hilfe und Kontrolle. Berlin.

Amann, A. 1989a. Die vielen Gesichter des Alters. Tatsachen, Fragen, Kritiken. Wien.

Amann, A. 1989b. Älterwerden in der bäuerlichen Welt. Notizen über eine österreichische Gemeinde im Umbruch. Forschungsbericht. Wien.

Amann, A. 1990. In den biographischen Brüchen der Pensionierung oder der lange Atem der Erwerbsarbeit, in: Die doppelte Sozialisation Erwachsener. Hrsg. E. H. Hoff, 177–204. München.

Amann, A. 1996[4]. Soziologie. Ein Leitfaden zu Theorien, Geschichte und Denkweisen. Wien.

Amann, A. 2000. Sozialpolitik und Lebenslagen älterer Menschen, in: Lebenslagen im Alter. Gesellschaftliche Bedingungen und Grenzen, Hrsg. G. M. Backes und W. Clemens, 53–74. Opladen.

Amann, A. 2004. Die großen Alterslügen. Generationenkrieg, Pflegechaos, Fortschrittsbremse? Wien.

Amann, A. 2008a (2. Aufl. 2014). Sozialgerontologie: ein multiparadigmatisches Forschungsprogramm?, in: Das erzwungene Paradies des Alters? Fragen an eine Kritische Gerontologie. Hrsg. A. Amann, A. und F. Kolland, 45–62. Wiesbaden.

Amann, A. 2008b. Nach der Teilung der Welt. Logiken globaler Kämpfe. Wien.

A. Amann, *Leben – Teilhaben – Altwerden*,
https://doi.org/10.1007/978-3-658-27230-2

Amann, A. 2011. Alter und Zukunft. Wissen und Gestalten. Forschungsexpertise zu einem Bundesplan für Seniorinnen und Senioren. Wien. http://www.bmask.gv.at/site/Soziales/Seniorinnen_und_Senioren/Teilhabe_aelterer_Menschen/, 5.11. 2012.

Amann, A. 2012. Konstruktionen des Alters. Soziale, politische und ökonomische Strategien, in: Alter(n) anders denken. Kulturelle und biologische Perspektiven. Hrsg. B. Röder, W. de Jong und K. W. Alt, 209–225. Wien-Köln-Weimar.

Amann, A. 2017. Vom guten Leben und seinen Feinden. Eine Gegenwartskritik. Wien.

Amann, A. und R. Loos. 2016. Ältere Arbeitskräfte und „Arbeit“ im Alter, in: Bundesplan für Seniorinnen und Senioren. Evaluation. Wien (Büro für Sozialtechnologie und Evaluationsforschung, im Auftrag des BMASK).

Amann, A. und G. Majce. Hrsg. 2005. Soziologie in interdisziplinären Netzwerken. Wien-Köln-Leipzig.

Amann, A., G. Ehgartner und D. Felder. 2010a. Sozialprodukt des Alters. Über Produktivitätswahn, Alter und Lebensqualität. Wien.

Amann, A., G. Knapp und H. Spitzer. 2010b. Alternsforschung und Soziale Arbeit in Österreich, in: Altern, Gesellschaft und Soziale Arbeit. Lebenslagen und soziale Ungleichheit von alten Menschen in Österreich. Hrsg. G. Knapp und H. Spitzer, 553–566. Klagenfurt/Celovec-Laibach/Ljubljana-Wien/Dunaj.

Amann, A., Ch. Bischof und A. Salmhofer. 2016. Intergenerationelle Lebensqualität. Diversität zwischen Stadt und Land. Wien.

Amann, A. Ch. Bischof und I. Findenig (unter Mitarbeit von A. Fassl). 2018. Teilhabe im Alter: Theoretische Konzeptionen, praktische Gegebenheiten. Wien (Forschungsbericht für das Bundesministerium für Arbeit, Soziales, Gesundheit und Konsumentenschutz).

Aner, K. 2005. „Ich will, dass etwas geschieht!“. Wie zivilgesellschaftliches Engagement entsteht – oder auch nicht. Berlin.

Aner, K. und D. Köster. 2016. Partizipation älterer Menschen – Kritisch gerontologische Anmerkungen, in: Teilhabe im Alter gestalten. Aktuelle Themen der Sozialen Gerontologie. Hrsg. G. Naegele, E. Olbermann und A. Kuhlmann, 465–483. Wiesbaden.

Bachmann, I. 1996. Unter Mördern und Irren, in: Sämtliche Erzählungen, 159–186. München.

Bäcker, G. 2016. Altersarmut, Lebensstandardsicherung und Rentenniveau, in: Teilhabe im Alter gestalten. Aktuelle Themen der Sozialen Gerontologie. Hrsg. G. Naegele, E. Olbermann und A. Kuhlmann, 63–82. Wiesbaden.

Bähr, J. 1983. Bevölkerungsgeographie. Stuttgart.

Bayertz, K. 2012. Der aufrechte Gang. Eine Geschichte des anthropologischen Denkens. München.

Beauvoir, S. 1977. Das Alter. Reinbek/Hamburg.

Berelson, B. und G. A. Steiner. 1972. Menschliches Verhalten. Bd. II: Soziale Aspekte. Weinheim.

Bergener, M. und S. I. Finkel, Hrsg. 1995. Treating Alzheimer's and Other Dementias. New York.

Blumenberg, H. 1979. Arbeit am Mythos. Frankfurt a/M.

Blumenberg, H. 2010. Theorie der Lebenswelt. Frankfurt a/M.

Bongaarts, J. 2005. Long-Range Trends in Adult Mortality. Models and Projection Methods, in: Demography 42/1, 23–49.

Born, K. E., H. Henning und F. Tennstedt. Hrsg. 2000a. Quellensammlung zur Geschichte der Deutschen Sozialpolitik 1867 bis 1881. I. Abteilung, 7. Band (Erster Halbband): Armengesetzgebung und Freizügigkeit. Mainz.

Born, K. E., H. Henning und F. Tennstedt. Hrsg. 2000b. Quellensammlung zur Geschichte der Deutschen Sozialpolitik 1867 bis 1914. I. Abteilung, 7. Band (Zweiter Halbband): Armengesetzgebung und Freizügigkeit. Mainz.

Borscheid, P. 1989. Geschichte des Alters. München.

Brock, B. 1998. Warum diese Ausstellung, in: Die Macht des Alters. Strategien der Meisterschaft. Hrsg. B. Brock. Katalog zur gleichnamigen Ausstellung. Köln.

Brunner, O. 1956. Das „ganze Haus“ und die alteuropäische Ökonomik, in: Neue Wege der Verfassungs- und Sozialgeschichte. Göttingen.

Bundesministerium für Familie, Senioren, Frauen und Jugend (BMFSFJ). 2019. Frauen und Männer in der zweiten Lebenshälfte – Älterwerden im sozialen Wandel. Zentrale Befunde des Deutschen Alterssurveys (DEAS) 1996 bis 2017. Berlin.

Bundesplan für Seniorinnen und Senioren: Evaluation. 2016. Endbericht. Büro für Sozialtechnologie und Evaluationsforschung (Wiss. Leitung Prof. Dr. Anton Amann). Wien.

Burgess, E. W. 1962. Western European Experience in Aging as Viewed by an American, in: Social Welfare of the Aging. Hrsg. J. Kaplan und J. Aldridge. New York-London.

Butor, M. 1984. Der Roman als Sache, in: Alchemie und ihre Sprache. Hrsg. M. Butor, 53–60. Frankfurt a/M.

Campbell, D. und T. Barth. 2009. Wie können Demokratie und Demokratiequalität gemessen werden? Modelle, Demokratie-Indices und Länderbeispiele im globalen Vergleich, in: Sozialwissenschaftliche Rundschau 49, 209–231.

Camus, A. 1950. Die Pest. Reinbek/Hamburg.

Caplan, R. D. 1987. Person-environment fit theory and organizations: Commensurate dimensions, time perspectives, and mechanisms, in: Journal of Vocational Behavior 31, 248–267.

Clemens, W. 2010. Lebensläufe im Wandel – Gesellschaftliche und sozialpolitische Perspektiven, in: Soziale Lebenslaufpolitik. Hrsg. G. Naegele, 87–109. Wiesbaden.

Dahrendorf, R. 1975. Die neue Freiheit. Überleben und Gerechtigkeit in einer veränderten Welt. München.

Diamond, J. 2013. Vermächtnis. Was wir von traditionellen Gesellschaften lernen können. Frankfurt a/M.

Douglas, A. 1971. The Feminization of American Culture. New York.

Dux, G. 1992. Die Spur der Macht im Verhältnis der Geschlechter. Über den Ursprung der Ungleichheit zwischen Mann und Frau. Frankfurt a/M.

Dux, G. 2013. Demokratie als Lebensform. Die Welt nach der Krise des Kapitalismus. Weilerswist.

Dux, G. 2017. Die Evolution der humanen Lebensform als geistige Lebensform. Handeln-Denken-Sprechen. Wiesbaden.

Ebner-Eschenbach, M. v. 1985. Das Gemeindekind, in: Ausgewählte Erzählungen. Hrsg. P. Friedländer, Bd. 2, 5–201. Berlin.

Eiffe, F. F., M. Till, G. Datler et al. 2012. Soziale Lage älterer Menschen in Österreich. Sozialpolitische Schriftenreihe des BMASK, Bd. 11. Wien.

Eilenberger, W. 2018[9]. Zeit der Zauberer. Das große Jahrzehnt der Philosophie 1919–1929. Stuttgart.

Elwert, G. 1992. Alter im interkulturellen Vergleich, in: Zukunft des Alterns und gesellschaftliche Entwicklung. Hrsg. Baltes, P. B. und J. Mittelstraß, 260–282. Berlin-New York.

Erikson, E. H., J. M. Erikson und H. Q. Kivnick 1986. Vital Involvement in Old Age. New York-London.

Erlinghagen, M. 2008. Ehrenamtliche Arbeit und informelle Hilfe nach dem Renteneintritt. in: Produktives Altern und informelle Arbeit in modernen Gesellschaften. Theoretische Perspektiven und empirische Befunde. Hrsg. Erlinghagen, M. und K. Hank. Wiesbaden.

Fagan, B. 2012. Cro-Magnon. Das Ende der Eiszeit und die ersten Menschen. Stuttgart.

Findenig, I. 2017. Generationenprojekte. Orte des intergenerativen Engagements. Potenziale, Probleme und Grenzen. Opladen-Berlin-Toronto.

Franz, J. 2009. Intergenerationelles Lernen ermöglichen: Orientierungen zum Lernen der Generationen in der Erwachsenenbildung. Bielefeld.

Friedländer, P. 1985. Nachwort, in: Ebner-Eschenbach, M. v., Ausgewählte Erzählungen. Hrsg. P. Friedländer, Bd. 1, 5–17. Berlin.

Fries, J. F. 1983. The Compression of Morbidity, in: Milbank Quarterly 61/3, 397–419.

Gadamer, H.-G. und P. Vogler. Hrsg. 1975. Philosophische Anthropologie. Bde. 6 und 7 der Reihe „Neue Anthropologie". Stuttgart.

Gehlen, A. 1986a. Der Mensch. Wiesbaden.

Gehlen, A. 1986b. Urmensch und Spätkultur. Wiesbaden.

Gerhardt, V. 1999. Selbstbestimmung. Das Prinzip der Individualität. Stuttgart.

Geulen, D. 1989. Das vergesellschaftete Subjekt. Frankfurt a/M.

Giddens, A. 1995. Konsequenzen der Moderne. Frankfurt a/M.

Gilleard, Ch. und P. Higgs. 2000. Cultures of Ageing. London.

Glascock, A. O. 1986. Resource Control Among Older Males in Southern Somalia, in: Journal of Cross-Cultural Gerontology 1/1, 51–72.

Goethe, J. W., v. 1981. Maximen und Reflexionen: Nr. 1099, in: Werke, Hamburger Ausgabe. Komm. v. E Trunz, Bd. 12. München.

Gollner, H. 2012. Adalbert Stifter, in: Eine Literaturgeschichte: Österreich seit 1650. Hrsg. K. Zeyringer und H. Gollner, 327–351. Innsbruck-Wien-Bozen.

Gronau, M. 2016. Politische Aporetik als Ausweg aus der Ausweglosigkeit. Paradigmen der griechischen Antike, in: Politische Aporien. Akteure und Praktiken des Dilemmas. Hrsg. M.-L. Frick und Ph. Hubmann, 23–50. Wien-Berlin.

Habermas, J. 1970. Anthropologie, in: Arbeit, Erkenntnis, Fortschritt. Hrsg. J. Habermas, Amsterdam, 164–180.

Hafner-Fink, M., S. Kurdija und S. Uhan. 2017. Social Research: From Paradigmatic Divide to Pragmatic Eclecticism. Wien.

Hampel, H. und J. Pante. 2008. Aktuelle Frühdiagnostik der Alzheimer Demenz, in: Neurotransmitter 19, 26–32.

Harari, Y. N. 2015. Eine kurze Geschichte der Menschheit. München.

Hartenstein, W. und G.-U. Weich. 1993. Mobilität und Verkehrsmittelwahl, in: Bericht und Dokumentation zum Fachkongress „Verkehrssicherheit älterer Menschen." Hrsg. B. Schlag. Bonn.

Hauser, A. 1973. Kunst und Gesellschaft. München.

Hauser, A. 1988. Soziologie der Kunst. München.

Heimgartner, A. und I. Findenig. 2017. Biografie und freiwilliges Engagement. Wien (Forschungsbericht für das Bundesministerium für Arbeit, Soziales und Konsumentenschutz).

Heinze, R. G., G. Naegele, und K. Schneiders. 2011. Wirtschaftliche Potentiale des Alters. Stuttgart.

Henning, H. und F. Tennstedt. Hrsg. 2003. Quellensammlung zur Geschichte der Deutschen Sozialpolitik 1867 bis 1914. II. Abteilung, 1. Band: Grundfragen der Sozialpolitik. Hrsg. H. Henning und F. Tennstedt. Mainz.

Herder, J. G. O. J. Ideen zur Philosophie der Geschichte der Menschheit. Herders Werke. Hrsg. H. Kurz, Bd. 3 (nach der Ausgabe von 1784). Leipzig-Wien.

Hobsbawm, E. 2004. Das Gesicht des 21. Jahrhunderts. München.

Höfler, S., Th. Bengough, P. Winkler und R. Griebler. Hrsg. 2015. Österreichischer Demenzbericht. Bundesministerium für Gesundheit und Sozialministerium. Wien. (www.bmgf.gv.at).

Hüther, M. und G. Naegele. Hrsg. 2013. Demografiepolitik. Herausforderungen und Handlungsfelder. Wiesbaden.

Jenny, M. 1996. Psychische Veränderungen im Alter. Mythos-Realität-Psychologische Interventionen. Wien.

Kelle, U. 2008. Alter & Altern, in: Handbuch Soziologie. Hrsg. N. Baur, H. Korte, M. Löw und M. Schroer, 11–31. Wiesbaden.

Kidahashi, M. und R. J. Manheimer. 2009. Getting Ready for the Working-in-Retirement Generation. How Should LLIs Respond?, in: The LLI Review 4, 1–8.

Kment, A. 1996. On the Ontology of Biological Aging, in: Vitality, Mortality and Aging. Hrsg. A. Viidik und G. Hofecker, 5–11. Wien.

Kohli, M. 1978. Soziologie des Lebenslaufs. Darmstadt-Neuwied.

Kohli, M. 1985. Die Institutionalisierung des Lebenslaufs. Historische Befunde und theoretische Argumente, in: Kölner Zeitschrift für Soziologie und Sozialpsychologie 37/1, 1–29.

Kolland, F. 1996. Kulturstile im Alter. Wien.

Kolland, F. 2016. Bildungsmotivation im Alter. Modelle und Forschungserkenntnisse. Forschungsbericht. Hrsg. Bundesministerium für Arbeit, Soziales und Konsumentenschutz. Wien.

Kolland, F. und A. Amann. 2013. Alter und Altern, in: Forschungs- und Anwendungsfelder der Soziologie. Hrsg. E. Flicker und R. Forster, 30–45. Wien.

Kraus, K. 1968–1976. Die Fackel, Bd. 7, Nr. 398 bis 507, April 1914 bis Januar 1919. München (Neuausgabe Frankfurt a/M o. J.).

Kricheldorff, C. 2010. Bildungsarbeit mit älteren und alten Menschen, in: Handbuch Soziale Arbeit und Alter. Hrsg. K. Aner und U. Karl, 99–109. Wiesbaden.

Krüger, H. 2010. Familienpolitik und Lebenslaufforschung miteinander verknüpfen: ein zweifacher Gewinn, in: Soziale Lebenslaufpolitik. Hrsg. G. Naegele, 217–244. Wiesbaden.

Kuhlmann, A. G. Naegele und E. Olbermann 2016. Einführung, in: Teilhabe im Alter gestalten. Aktuelle Themen der Sozialen Gerontologie. Hrsg. G. Naegele, E. Olbermann und A. Kuhlmann, 45–60. Wiesbaden.

Kuzmics, H. und G. Mozetič. 2003. Literatur als Soziologie. Zum Verhältnis von literarischer und gesellschaftlicher Wirklichkeit. Konstanz.

Laslett, P. 1995. Das dritte Alter. Historische Soziologie des Alterns. München.

Lawton, M. P. 1990. Residential environment and self-directedness among older people, in: American Psychologist 45/5, 638–640.

Lee, R. und R. Daly. Hrsg. 1999. The Cambridge Encyclopedia of Hunters and Gatherers. Cambridge.

Lehr, U. 1991. Psychologie des Alterns. Heidelberg.

Leibfried, St. L. Leisering, P. Buhr et al. 1995. Zeit der Armut. Lebensläufe im Sozialstaat. Frankfurt a/M.

Lepenies, W. 1971. Anthropologie und Gesellschaftskritik, in: Kritik der Anthropologie. Hrsg. W. Lepenies und H. Nolte, 77–102. München.

MacGregor, N. 2017. Eine Geschichte der Welt in 100 Objekten. München.

Magris, C. 1966. Der habsburgische Mythos in der österreichischen Literatur. Salzburg (ital. 1963).

Malnar, B. und K. H. Müller 2015. Surveys and Reflexivity. A Second-Order Analysis of the European Social Survey (ESS). Wien.

Manton, K. G., E. Stallard und L. S. Corder. 1998. The Dynamics of Dimensions of Age-related Disability 1982 to 1994 in the U.S. Elderly Population, in: The Journals of Gerontology. Series A, Biological Sciences and Medical Sciences 53/1, 59–70.

Maturana, H. R. und F. Varela 1987. Der Baum der Erkenntnis. Bern-München-Wien (erstmals 1984).

Mayer, K.-U. 1990. Lebensverläufe und gesellschaftlicher Wandel. Opladen.

Menning, S. 2009. Wahlverhalten und politische Partizipation älterer Menschen. Hrsg. Deutsches Zentrum für Altersfragen Berlin (Report Altersdaten 3/2009). URN: http://nbn-resolving.de/urn:nbn:de:0168-ssoar-370243.

Mionis, G. 1987. Histoire de la vieillesse en Occident de L'Antiquité à la Renaissance. Paris.

Naegele, G. 2010. Soziale Lebenslaufpolitik – Grundlagen, Analysen und Konzepte, in: Soziale Lebenslaufpolitik. Hrsg. G. Naegele, 27–85. Wiesbaden.

Nahnsen, I. 1975. Bemerkungen zum Begriff und zur Geschichte des Arbeitsschutzes, in: Arbeitssituation, Lebenslage und Konfliktpotential. Festschrift für Max E. Graf zu Solms-Roedelheim. Hrsg. M. Osterland, 145–166. Frankfurt-Köln.

Neugarten, B. L. 1974. Age Groups in American Society and the Rise of the Young Old, in: Annals of the Academy of Social and Political Science 41/5, 187–198.

Neurath, O. 1981. Grundlagen der Sozialwissenschaften, in: Otto Neurath: Gesammelte philosophische und methodologische Schriften. Hrsg. R. Haller und H. Rutte, Bd. 2, 925-978. Wien (zuerst 1944).

Nietzsche, F. 1980. Vom Nutzen und Nachteil der Historie für das Leben, in: Werke, Bd. 1. Hrsg. K. Schlechta. München.

Oswald, F. und H.-W. Wahl. 2016. Alte und neue Umwelten des Alters – Zur Bedeutung von Wohnen und Technologie für die Teilhabe in der späten Lebensphase, in: Teilhabe im Alter gestalten. Aktuelle Themen der Sozialen Gerontologie. Hrsg. G. Naegele, E. Olbermann und A. Kuhlmann, 113–129. Wiesbaden.

Pantel, J. 2017. Alzheimer-Demenz von Auguste Deter bis heute. Fortschritte, Enttäuschungen und offene Fragen, in: Zeitschrift für Gerontologie und Geriatrie 50/7, 576–587.

Pascal, B. O. J. Gedanken. Nach der endgültigen Ausgabe übertragen von W. Rüttenauer. Biersfelden-Basel (Sammlung Dieterich).

Plack, A. 1979. Philosophie des Alltags. Stuttgart.

Plessner, H. 1975[3]. Die Stufen des Organischen und der Mensch. Berlin-New York.

Plessner, H. 1985. Schriften zur Soziologie und Sozialphilosophie, Gesammelte Schriften Bd. X. Hrsg. G. Dux, O. Marquard und E. Ströker. Frankfurt a/M.

Popper, K. 1970. Der Zauber Platons. Die offene Gesellschaft und ihre Feinde, Bd. 1. Bern-München.

Portmann, A. 1969. Biologische Fragmente zu einer Lehre vom Menschen. Basel.

Radebold, H., H. Bechtler und I. Pina.1981. Therapeutische Arbeit mit älteren Menschen. Freiburg i/B.

Radebold, H. und H. Radebold. 2009. Älterwerden will gelernt sein. Stuttgart.

Rehberg, K.-S. 1986a[13]. Arnold Gehlens Beitrag zur „Philosophischen Anthropologie". Einleitung in die Studienausgabe seiner Hauptwerke, in: A. Gehlen: Der Mensch, I-XVII. Wiesbaden.

Riley, M. W. und J. Riley. 2000. Age Integration. Conceptual and Historical Background, in: The Gerontologist 40/3, 266–270.

Rosenmayr, L. 1974. Die Revision der These vom generellen Leistungsverfall im Alternsprozeß, in: Aktivitätsprobleme des Alternden. Eine psychosomatische Studie. Hrsg. K. Fellinger, 101–123. Basel.

Rosenmayr, L. 1990. Die Kräfte des Alters. Wien.

Ruppe, G. und A. Stückler. 2015. Österreichische Interdisziplinäre Hochaltrigenstudie. Zusammenwirken von Gesundheit, Lebensgestaltung und Betreuung. Wien (Forschungsbericht).

Ryan, Ch. und C. Jethá. 2010. Sex at Dawn. The Prehistoric Origins of Modern Sexuality. New York.

Ryan, L. H., J. Smith, T. C. Antonucci und J. S. Jackson. 2012. Cohort Differences in the Availability of Informal Caregivers. Are the Boomers at Risk? in: The Gerontologist 52/2, 177–188.

Schaub, R. und H. v. Lützau-Hohlbein. 2017. Demenz – Sicht der Betroffenen und Angehörigen, in: Zeitschrift für Gerontologie und Geriatrie 50/7, 616–622.

Scheler, M. 1954[4]. Der Formalismus in der Ethik und die materiale Wertethik. Bern.

Scheler, M. 1988[11]. Die Stellung des Menschen im Kosmos. Bonn 1988 (erstmals 1928).

Schimank, U. 2000[2]. Theorien gesellschaftlicher Differenzierung. Opladen.

Schütze, Y. 1982[2]. Psychoanalytische Theorien in der Sozialisationsforschung, in: Handbuch der Sozialisationsforschung. Hrsg. K. Hurrelmann und D. Ulich, 15–49. Weinheim-Basel.

Schulz-Nieswandt, F. 2007. Lebenslauforientierte Sozialpolitikforschung, Gerontologie und philosophische Anthropologie. Schnittflächen und mögliche Theorieklammern, in: Alternsforschung am Beginn des 21. Jahrhunderts. Hrsg. H.-W. Wahl und H. Mollenkopf, 61–81. Berlin.

Schwenk, O. 1999. Soziale Lagen in der Bundesrepublik. Opladen.

Segalen, V. 1983. Die Ästhetik des Diversen. Aufzeichnungen. Frankfurt a/M-Paris.

Sieder, R 1987. Sozialgeschichte der Familie. Frankfurt a/M.

Simmons, L. 1945. The Role of the Aged in Primitive Societies. New Haven.

SIZE. 2006. Life Quality of Senior Citizens in Relation to Mobility Conditions. Final Report (Deliverable D18) of a Project in the EU's Fifth Framework Programme. University of Vienna (by Anton Amann and Barbara Reiterer).

Soeffner, H.-G. 1989. Auslegung des Alltags – Alltag der Auslegung. Frankfurt a/M.

Sombart, W. 1902. Der moderne Kapitalismus, Bd. II. Leipzig.

Stifter, A. 1951. Werke in zwei Bänden. Hrsg. I. E. Walter. Salzburg-Stuttgart.

Sting, S. 2010. Soziale Bildung, in: Enzyklopädie Erziehungswissenschaft Online (EEO), Fachgebiet Soziale Arbeit. Hrsg. W. v. Schröer, und C. Schweppe. Weinheim-München.

Streminger, G. 1994. David Hume. Sein Leben und sein Werk. Paderborn-München-Wien-Zürich.

Strigl, D. 2016. Berühmt sein ist nichts. Marie von Ebner-Eschenbach – Eine Biographie. Wien-Salzburg.

Strigl, D., E. Polt-Heinzl und U. Tanzer. 2015. Marie von Ebner-Eschenbach – Leseausgabe. Wien-Salzburg.

Sutter, T. 2003. Sozialisationstheorie und Gesellschaftsanalyse. Zur Wiederbelebung eines zentralen soziologischen Forschungsfeldes, in: Subjekte und Gesellschaft. Zur Konstitution von Sozialität. Hrsg. U. Wenzel, B. Bretzinger und K. Holz, 45–69. Weilerswist.

Tews, H.-P. 1993. Neue und alte Aspekte des Strukturwandels des Alters, in: Lebenslagen im Strukturwandel des Alters. Hrsg. G. Naegele und H.-P. Tews, 15–42. Opladen.

Tocqueville, A. de. 2016. Über die Demokratie in Amerika. Stuttgart (erstmals 1835).

Tomasello, M. 2013. Eine Naturgeschichte menschlichen Denkens. Frankfurt a/M.

Topp, H. H. 2001. Kürzere Wege, mehr Mobilität, weniger Verkehr, in: Ökologische Stadtentwicklung: Innovative Konzepte für Städtebau, Verkehr und Infrastruktur. Hrsg. M. Koch. Stuttgart.

UNECE. 2010. PolicyBrief: Integration und Teilhabe älterer Menschen in der Gesellschaft. UNECE Kurzdossier zum Thema Altern Nr. 4, Dezember (ECE/WG.1/4).

Vobruba, G. 2019. Aufklärung: der Theorie und der Leute, in: Aufklärung als Aufgabe der Geistes- und Sozialwissenschaften. Beiträge für Günter Dux. Hrsg. U. Bröckling, und A. Paul, 106–111. Weinheim-Basel.

Weber, M. 1922. Wirtschaft und Gesellschaft. Tübingen.

White, H. 1981. The Value of Narrativity in the Representation of Reality, in: On Narrative. Hrsg. W. J. Th. Mitchell, 1–23. Chicago.

WHO. 2002. Active ageing. A Policy Framework. Geneva, Switzerland: World Health Organization.

Wolfgruber, G. 1985. Die Nähe der Sonne. Wien-Salzburg.

Zeyringer, K. und H. Gollner. 2012. Eine Literaturgeschichte: Österreich seit 1650. Innsbruck-Wien-Bozen.

Zinnecker, J. 2000. Selbstsozialisation – Essay über ein aktuelles Konzept, in: Zeitschrift für Sozialisationsforschung und Erziehungssoziologie 20/3, 272–290.